ドローンの哲学

グレゴワール・シャマユー●著
渡名喜庸哲●訳

Théorie du drone
Grégoire Chamayou

遠隔テクノロジーと
〈無人化〉する戦争

明石書店

ドローンの哲学　グレゴワール・シャマユー 著　渡名喜庸哲 訳

目次

凡例

・〔〕内の記述はすべて訳者による補足である。
・［］および（）内の記述はすべて原著者の補足である。
・欧文のイタリック体は原則として傍点で示した。
・大文字で始まる単語は原則として〈〉で示した。

プレリュード

その夜、アフガニスタンの山々に朝日が昇る少し前、彼らは地上に見慣れない動きがあるのを観察していた。

――もう少し拡大してくれるか。ちょっと見るだけなんだが。

――小型トラックの後ろに少なくとも四人いる。

――この、矢印の北のところにいる奴は、胸に何かもっている。

――あぁ、胸のところにある低温のスポットがおかしい。

――さっきからここでそうしている。奴らは服のなかに忌々しい武器を忍ばせていて、戦闘員かどうか識別できないようにしているんだ。

操縦士とオペレーターが、モニターでこの場面を注視している。彼らはカーキ色の制服を着て、肩には記章をつけている――赤の背景にフクロウの羽根が広げられ、爪のところに閃光が走る紋様だ。耳にはヘッドホンをつけ、フェイクファーの座席に隣りあって座っている。あちこちで表示ランプが点灯している。とはいえ、この場所は通常のコクピットのような感じではない。
彼らは、ここから何千キロも離れた場所を追尾しているのだ。車両の映像はアフガニスタンで撮られ、衛星によってここまで転送されている。ネヴァダ州の、インディアン・スプリングスからも遠くないクリーチ基地だ。

一九五〇年代、この場所ではアメリカの核実験が行なわれていた。当時は、ラスベガスからでも遠くに立ち上る原子雲を目にすることができた。今日、国道九五号線を走るドライバーたちが頭上に目にするのは、定期的に現れる別のシルエットだ。先端が丸く、細長い、目のない太った白い幼虫みたいなものだ。

クリーチ基地は、アメリカ空軍のドローン船団の発祥の地である。軍人はここを「ハンターたちの住処（home of the hunters）」と名づけている。反戦団体「コード・ピンク」は、「不信、混乱、悲しみの場」と呼んでいる。[1]

ここでの作業はきわめて退屈だ。毎晩スクリーンを前にして、ドリトス〔スナック菓子〕やM&M〔チョコレート〕をがつがつ食べながら、たいていは地球の反対側のまた別の砂漠のいつも同じ画像を眺め、何かが起こるのを待っているのだ。「数秒の騒動のための単調な数ヶ月」だ。[2]

あくる日の朝には、別の「乗組員」がやってきて、装置の操縦を引き継ぐことになる。操縦士とオペレーターは、今度は自分の四輪駆動車のハンドルを握り、そこから四五分くらいの、ラスベガスの一戸建てが並ぶ郊外の閑静な住宅に住む妻と子どもたちのもとに戻るだろう。

数時間前に、ダーイクンディー地方〔アフガニスタン中部〕の小さな村を、三つの乗り物に乗って出発した人々には知る由もなかったが、かなり長い時間、何十もの瞳が彼らを観察していたのだ。この不可視の視聴者のなかには、操縦士、「センサー・オペレーター」だけでなく、「任務調整官」、「安全監察官」、映像分析チーム、さらに、最終的に空からの攻撃にゴーサインを出す「地上部隊司令官」がいる。このような監視ネットワークはつねに情報を交換しており、たがいに連絡を取りあっている。この二〇一〇年二月二〇日の夜の彼らの会話は、いつものように、録音されていた。

0:45（グリニッジ標準時）―**5:15**（アフガニスタン）

操縦士：あれはミサイルか。

オペレーター：おそらく奴が座っていた場所で熱反応しているただのスポットだろう。確実ではないが、たしかに何かの物体のようだ。

操縦士：武器を特定できたらいいんだが、仕方ない。

1:05

オペレーター：このトラックなら良い標的になるな。よし、シボレーの四駆だ。サバーバンだ。

操縦士：ああ。

オペレーター：ああ。

1:07

調整官：スクリーニングすると四駆の近くに少なくとも子どもがいるみたいだが。

オペレーター：くそ……どこだ。

オペレーター：その画像とやらを送ってくれ。でもこんな時間に奴らが子どもを連れているなんて信じられないな。奴らがうさんくさいのは分かっているが。無茶はするな。

……

オペレーター：よし。たぶん、若者だろうが、そんなに幼い子ではなかったな。奴らはみな集まっているが。

調整官：何か確認しているな。

操縦士：ああ、ろくでもないものを確認している。なんで、「子どもらしきもの」と言わなかったんだ。なんで子どもというときにはあんなに急ぐのに、武器のときはそうじゃないんだ。

調整官：四駆の後ろに子どもが二人いる。

1:47

調整官：あれは毛布のようだ。奴らは祈っている途中だった。……

操縦士：Jag25〔統合末端攻撃統制官のコードネーム〕、Kirk97〔ドローン操縦士のコードネーム〕、数は合ってるか？　まだか？

オペレーター：奴らは祈っている、祈っている。

1:48
オペレーター：結局これが奴らの力か。祈るだって？　つまり、真面目に言って、奴らがしているのは祈ることなんだ。
調整官：奴らは何か企んでるんだ。

1:50
調整官：四駆の後部近くに若者が。
オペレーター：ああ、まあ若者か。戦えるからな。
調整官：武器をもったら戦士になれるさ。そういうもんだ。

1:52
オペレーター：もう一人がまだトラックの前で祈っている。
操縦士:Jag25、こちらKirk97、奴らはみな祈るのを終えて、いま三台の車の近くに集まっている。
オペレーター：おぉ、いい標的だ。後ろから行って中心に命中させてやる。
調整官：おぉ、そうしたら完璧だな！

2:41

オペレーター：急いでトイレ休憩をとってもよろしいでしょうか。

操縦士：いやだめだ、お前は。

3:17

不明：では、お前たちのプランはなんだ。

操縦士：知りません。このトラックをなかの奴ら丸ごと撃つことができれば。

オペレーター：ああ。

［プレデター・ドローンはミサイルを一つしか搭載していない、つまり三台の車を狙うには不十分なため、二台のヘリコプター「カイオワ」に攻撃体制に入るよう司令が下りた。Bam Bam 41というコードネームだ。ヘリコプターがまずミサイルを撃ち、最後に生き残った者たちに向けてドローンがヘルファイアミサイルを発射するというプランが決まった］

3:48

司令官：［ドローンの操縦士にヘリコプターについて説明している］……地上部隊司令官の合図で、兵力を集めて、標的をアクティヴにし、ヘルファイアで掃射してよい。

操縦士：Kirk97、了解。よしきた。

4:01

オペレーター：オペレーター準備よし。祭りの始まりだ！

……

オペレーター：分かるか。ここの「プレッド〔プレデターのこと〕」の艦隊を全部使ったらどうなるか。

操縦士：あぁ、せめてお前……。

4:06

操縦士：……聞こえるか。おそらくこれから、あちこちに散らばった奴らを追跡することになる。あぁ、〔ドローンの機体が〕下に下がっていったら、俺やジャッガー〔Jag25〕の誘導のことは気にするな。お前は一番よく見える奴を追うだけでいい。こちらが一番撃ち落とす確率の高いと思う奴のところにとどまれ。攻撃のときは俺も一緒だ。概要については指示する。目標が何か分かったら攻撃についてのブリーフィングをしよう。

4:11

ヘリコプター：Kirk97、Bam Bam41ははっきり聞こえている。

操縦士：了解、Bam Bam41、Kirk97もよく聞こえている。そちらも、こっちの三台の車を追っているといていますが、何か説明は要りますか。すでに情報はありますか。
ヘリコプター：指示された枠の小道のちょうど南側に車を捉えている。白いハイランドが一台、その後を二台の四駆が続いている。
操縦士：こちらKirk97、了解。その三台です。戦闘に適した年代の男がだいたい二一名、集団のなかには武器と識別できるものが三つ、そして、あぁ、以上があなたの標的です。

4：13
操縦士：発射はクールだ。
オペレーター：おぉ、すばらしい！

……

ヘリコプター：[聴取不能]……武器と戦術についての連絡。待て。ううむ、われわれは交戦許可が出ていると理解しているが。
操縦士：了解。交戦許可は出ています。タイプ3です。われわれもこちらのミサイルを回します。

4：16
オペレーター：了解。おぉ……いったぞ！［ヘリコプターが車列に発射］

……

オペレーター：こっちは別の奴を……ヘリも奴を？　そうだ。
操縦士：ヘリは一番目の奴と、おぉ、最後の奴を撃ち落とした。戻ってくるみたいだ。

4:17

調整官：別の群衆のほうに移動しましょうか。
操縦士：やってみたのですが、誰もそのことについては言っていないので。
オペレーター：奴らは降参している様子だ。
オペレーター：走ってない。

4:18

オペレーター：こいつは倒れているのか？　走ってない。
監察官：変だな。
オペレーター：奴らは歩いているだけです。

……

監察官：後ろに誰かいないか見てくれますか。

不明：はい……［解読不能］。
監察官：この三つ目の残骸の近く……。
オペレーター：何人か——二人か三人……。
操縦士：はい、奴らは少し休んでいます。
オペレーター：ちょっとそこをズームしてくれ。そこの、三番目の。
操縦士：三番目？
オペレーター：そう。爆破させたんだろ？ やったんだろ？ ちがうか。
監察官：やった、そうだ！
オペレーター：いや、やってない。
操縦士：やってない。
オペレーター：いや、奴らはそこにいる。
パイロット：ああ、あれは破壊されたようだが、ちがうのか。
監察官：あぁ、命中したよ。煙が出てる。
オペレーター：命中した。あなたは……［解読不能］……奴らはただ……。［ロケット弾が中央の車両に命中］
不明：おぉ！
操縦士：なんてこった！

4：22

オペレーター：武器を特定してください。俺にはどれか分からない……。
監察官：右側のところで何か光っているものがある。
オペレーター：はい。
オペレーター：おかしいな……。
操縦士：奴らはいったい何をしているんだ。
オペレーター：多分、何が起きたのかと思っているよ。
監察官：スクリーンの左にもう一人いる。
オペレーター：はい、見えてます。
監察官：ブルカを着ているか？
オペレーター：ともかくそう見えます。
操縦士：でも彼らは全員男だと識別されているので、集団には女はいないはず。
オペレーター：この男は女みたいに宝石か何かを身につけているようだが、女じゃない……こいつが女なら、でかすぎだ。

4：32

監察官：上部左側の人物が一人、動いている。
オペレーター：はい、見えてます。さっきも動いていた奴だと思います。ただ、奴がなんなのか……、動いているのか、痙攣を起こしているのかは分かりません。
監察官：あぁ、動いたように思う。たくさんではないが……。
オペレーター：奴ら二人とも追跡することはできません。
調整官：座っている奴がいる。
オペレーター：[地上の人物に向かって] 何で遊んでるんだ？
調整官：自分の骨だよ。

4：33
監察官：あぁ、なんてこった。そこに血があるのを見たか。その脇の……。
調整官：あぁ、さっき見たよ。

4：36
調整官：あれは二人か？　一人がもう一人を支えているのか。
監察官：そうかもしれない。
オペレーター：はい、そうかもしれません。
調整官：応急手当だ。
監察官：忘れてたよ。腹がパックリいった傷をどうやって治すんだ。
オペレーター：中に戻すなよ。ナプキンで包むんだ。それで上手くいくよ。

4:38

操縦士：なんてこった、奴らは降伏しようとしているんじゃないか？　そう思うが。

オペレーター：そう見える。

調整官：あぁ、そうしていると思う。

4:40

オペレーター：奴らは何だ。真ん中の車両にいたのか。

調整官：女と子どもたちだ。

オペレーター：子どものようだ。

監察官：あぁ。旗を振っている。

4:42

監察官：奴らが自分たちの……を振っていると言おうとしたんだが。

オペレーター：あぁ、いまはもう、個人的には、奴らを撃つのは気分が悪い。

調整官：ああ。[3〔訳注〕]

序文

米軍の公式用語では、ドローンは「遠隔的ないし自動的に制御される陸上、海上ないし航空の乗り物」と定義されている。[1] ドローンは、飛行物体だけではない。兵器の種類と同じくらい多くの種類がある。陸上ドローン、海上ドローン、潜水ドローン、さらに、機械仕掛けの大きなもぐらを想像させる地下ドローンすらある。どのような乗り物も、どのように操縦されるマシンも、それに乗る人間がもはやいなくなるときから「ドローン化」されうるのだ。

ドローンは、人間のオペレーターによって遠隔的に制御されることもあるし――遠隔操作の原理[2]――、ロボット装置によって自動的に制御されることもある――自動操縦の原理――。実際は、現在のドローンはこれら二つの制御様式を組みあわせている。実用的な「自動的に殺傷可能なロボット」を備えた軍はまだないが、これから見てゆくように、この方向で進められているプロジェクトはいくつもある。

「ドローン」とは、とりわけ世俗的な言葉による呼び方だ。軍事関係者たちの隠語では、別の語彙が用いられている。彼らはむしろ、マシンに武器が付いているか否かに応じて、「無人航空機(Unmanned Aerial Vehicle, UAV)」や「無人戦闘航空機(Unmanned Combat Air Vehicle, UCAV)」と呼んでいる。

本書が焦点を当てるのは、武器を装備した飛行型ドローンである。つまり、現在、報道でも定期的にその反響が見られるように、攻撃に使用される「ハンター・キラー〔狩猟–殺人者〕」と呼ばれるドローンである。その歴史は、眼が武器となる歴史である。「もともとUAVは、諜報、監視、偵察の任務に特化して用いられていたが〔…〕リーパーとともに、「ハンター・キラー」という真の役割へと移行したのです」[3]。リーパーとは、フランス語では「刈り取り機」のことだ。米空軍の大将はこう付け加える。「それはまさに、新たな武器システムの殺人的な性質をとらえたものです」。殺人機械と化した飛行監視機としてのドローンの最良の定義は、おそらく次のようになるだろう――「ミサイルを装備した飛行型の高解像度ビデオカメラ」だ[4]。

米空軍の将校であるデイヴィッド・デプチュラは、基本となる戦略的な指針を次のように述べた。「操縦士なしの航空機システムの真の利点は、脆弱性〔ヴァルネラビリティ。被害を受ける可能性のこと〕を発揮することなく、力を発揮することにある」[5]。「力を発揮する」とは、ここではとりわけ軍事力が国境を越えて展開するという意味で理解すべきだ。それは、どのように外国へ軍事介入すべきかという問題であり、中心を起点に円周をなしている世界に対して自らの力をいかに発揮するかという帝国主義的な権力の問題である。軍事帝国の歴史にあって、非常に長いあいだ、「力を発揮する」ことは、「軍隊を派遣する」ことと同義であった。しかしいまや、まさにこの等式こそが断ち切られようとしているのである。

ドローンによって、脆弱性をもつ軍隊を撤退させることができるようになったのだ。軍隊を〔敵の〕射程外に置く保障がもたらされるからだ。遠くにいる敵に対してリーチを伸ばすことで、敵がこちらに到達する前に敵に到達できるようになる。これまで弾道兵器〔の発展〕を推進してきた古くからの夢が実現されるのだ[6]。しかし、ドローンの特殊性は、もう一つの距離区分にも関わっている。人が指をかけている引き金と、弾丸が飛び出る大砲とのあいだに、いまや何千キロメートルもの距離が挿入されることになる。武器と標的のあいだの射程の距離に、オペレーターと武器のあいだの遠隔指令の距離が付け加わるのである。

しかし、「力を発揮する」というのは婉曲語法でもある。それが包み隠しているのは、負傷させること、殺傷することだからだ。しかも、「脆弱性を発揮することなく」のほうは、武器による暴力に晒される脆弱性として残り続けるのは、単なる標的の地位へと格下げされた敵の脆弱性くらいだ、ということを意味している。軍事的なレトリックによって弱められているけれども、エレーヌ・スカリーが見抜いたように、実際の主張はこういうことだ。「勝利を収めたのは、致傷力が一方向にだけ行使されるという戦略だ。[…]もともとの定義では、非致傷と致傷とが対立するように見えたが、実のところそれが意味しているのは置き換えである。すなわち、二方向的な致傷力が、一方向的な致傷関係に置き換えられたのだ[7]」。軍用ドローンはそれまでの傾向を延長し、また徹底化することで、極限までの移行をもたらす。これを武器として使用する者にとって、殺すか殺されるかということがアプリオリに不可能になるのだ。戦闘は、かつては非対称となることはありえたが、いまや絶対的に一方的になる。かつて戦闘行為として生じることがありえたものが、いまや単なる切り倒し作戦へと姿を変えるのである。

今日、こうした新たな武器の使用が、もっとも目立ったかたちで現れているのはアメリカである。本書の議論の展開に際して、私が土台として用いる事実や事例の大部分がアメリカに関わっているのはそのためである。

アメリカの軍事力は、本書の執筆時点において、さまざまな型のドローンを六千機以上保持しており、そのうちの一六〇機以上のプレデターというドローンが空軍の手中にある。[8] 軍部にとってもCIAにとっても、ドローン戦闘機の使用はここ十数年で珍しくなくなり、習慣と化しているほどだ。これらの装備は、アフガニスタンのような軍事衝突が起きている地域で展開されているが、ソマリア、イエメン、さらにとりわけパキスタンなど、公式には平和状態にあるとされる国でも展開されている。パキスタンでは、CIAのドローンにより、平均して四日に一度の攻撃が行なわれている。[9] 正確な数字を出すのは非常に難しいが、この一国だけをとっても、二〇〇四年から二〇一二年のあいだで二六四〇人から三四七四人が殺害されたと見積もられている。[10]

このドローン兵器は、指数的な進展を見せている。アメリカの軍用ドローンによる偵察斥候の回数は、二〇〇五年から二〇一一年のあいだに一二〇〇パーセントも増加している。[11] アメリカでは、今日、戦闘機と爆撃機のパイロットを合わせた数よりも多くのドローンのオペレーターが育成されている。[12] 二〇一三年の国防予算は、多くの部門でのコストカットにより減少したが、乗員なしの武器システムに割り当てられた財源は三〇パーセントの伸びを見せた。[13] この急速な増加は次のような戦略的な計画を示している。すなわち、アメリカの軍事力において今後ますます増えてゆく一部門を、中期的にはドローン化させるという計画だ。[14]

ドローンは、オバマ大統領の標章の一つにもなり、「捕獲するよりも殺害する」という公式の反テロ綱領の道具となった。[15] すなわち、拷問やグアンタナモより、標的殺害とプレデター・ドローンを、ということだ。

このような武器や政策は、アメリカのマス・メディアでも日常的に議論の対象となっている。反ドローンの市民団体も生まれている[16]。国連も軍用ドローンの利用についての調査を始めている[17]。言い換えるならば、一触即発の政治問題となっているのだ。

本書の目的は、ドローンに対して哲学的な探究を行なうことにある。私はこの点についてジョルジュ・カンギレム〔二〇世紀フランスの科学哲学者〕の次のような教えに従っている。「哲学とは、どんな異質な素材も適切なものとなるような省察である。あるいはあえてこうも言える。哲学とは、どんな適切な素材も異質なものでなければならないような省察だ[18]」。

ドローンがとりわけこの種の〔哲学的〕アプローチに適しているのは、それが「未確認暴力物体」だからである。それをさまざまな既存のカテゴリーのもとで考えようとするやいなや、次のような基礎的な概念に激しい動揺がもたらされることになる。たとえば、（地理学的・存在論的カテゴリーとしての）領域や場所、（倫理的カテゴリーとしての）美徳や勇敢さ、（戦略的であると同時に法的・政治的カテゴリーとしての）戦争ないし紛争といったカテゴリーがそれだ。私は、なによりもまず、これらのカテゴリーに見られるさまざまな矛盾に光を当てることで、これまでの理解のしかたがどのような危機を迎えているかを解明したいと考えている。これらすべての根っこにあるのは、あらゆる相互的関係がなくなってゆくという事態である。この事態は、これまでもじわじわ進行していたものだが、ここで絶対的に徹底化されるのだ。この点が、本書が注目する第一の——分析的な——次元となるだろう。しかし、一つの武器について理論をこしらえることは、こうした特徴づけ以上にどのような意味をもちうるだろうか。このような企ては、具体的にはどのようなものか。

　ここで、哲学者のシモーヌ・ヴェイユの省察が導きの糸となる。彼女は一九三〇年代にこう警告していた。「ありうるかぎりもっとも欠陥を有した方法」とは、「用いられる手段の性格によってではなく、追求されている目的によって」、戦争や武力による暴力の現象を捉えようとすることだ[19]。それとは逆に、「唯物論的な方法は、なによりもまず、どのような人間的事象を検討する際にも、追求されている目的ではなく、用いられる方法のはたらきそのものがどんな帰結を必然的に含んでいるかを考慮することである[20]」。彼女が勧めているのは、場合によっては正当化を求めたり、あるいは、別の言い方をすれば、説教したりといったことではなく、まったく別のこと、すなわち暴力のメカニズムを解き明かすべきだということだ。武器を見て、その特殊性を検討すべき、つまり、あるしかたで、自分自身が技術者になるべきだということだ。とはいえ、あるしかたで、にかぎられる。というのも、実のところ、検討の目的は技術的な知ではなく、政治的な知だからだ。ここでは、その手段の行使自体がどう機能するかを把握するのではなく、その手段に固有の特徴から出発して、それが用いられる活動にとって、それを用いることがどんな帰結をもたらすのかを把握することが重要だ。つまり、手段は拘束力をもっており、各々の手段にはそうした特殊な拘束のさまざまなはたらきが関連していると考えるべきだろう。手段はたんに活動のために役立つだけではなく、活動の形態も決めるのであって、どの点でそうなのかを検討しなければならないということである。目的が手段を正当化しているかを問うよりもむしろ、ある手段を選択するということ自体が、何をもたらすのかと問うことだ。武器を用いた暴力を道徳的に正当化するよりもむしろ、武器についての技術的かつ政治的な分析を試みるということだ。

　武器についての理論とは次のようなものだと言えるかもしれない。すなわち、この武器を専有することによって何がもたらされるかを説明すること、この武器がその使用者に対し、またその標的となっている敵に対し、そして両者の関係の形態それ自体に対し、どのような効果を生み出すことになるのかを探ることである。つまり、戦争状況に対するドローンの効果とは何か。敵に対する関係において、しかしまた国家とその国民との関係において、それは何をもたらすのか。その帰結はしばしば錯綜してはいるが、一定の傾向をもち、一義的な結果として導出できるというよりも、さまざまなダイナミズムを通じて描かれる。「軍事闘争のメカニズムを解き明かすこと」、言い換えれば「軍事闘争が含んでいる社会的な関係」を戦略的に分析すること[21]——結局、これが、武器を論じる批判理論の綱領となるだろう。

　しかし、そのように〔手段から帰結へという〕決定関係を検討することは、〔そもそもの戦略的な目的をめぐる〕志向性の分析を断念することを意味するのではない。つまり、どのような技術的な選択をとるべきか命じたり、あるいは同時にそうした選択によって規定されたりする戦略的な計画を見分けようとすることを断念するのではない。単純化しがちな二元論主義者たちが主張するのとは逆に、技術的な決定論と戦略的な志向性、メカニズムと目的は、それぞれ概念的には対立しているけれども、実戦上は両立不可能なものではないのだ。逆にこれら二つが、非常に調和的に関係しあうことも可能だ。ある戦略を選択する際に、この戦略こそが永続的なものだとするのにもっとも確実な方法は、さまざまな方策を用いてこの戦略を具体化することで、この戦略だけを唯一実現可能なものにすることだろう。

というのも、ここではこうも指摘しておかなければならないからだ。このようにして引き起こされた危機的な状況が生み出す全般的な不確実性に棹差《さお》すかたちで、戦争の靄《もや》のなかに広げられた絨毯のように、大いなる知的策略が準備され、言葉の意味に対する強権発動が画策されているのである。名前をつけたり思案したりすることで、合法的な暴力の行使を可能にする諸々の概念を専有し、曲解し、再定義するために、一連の理論的な攻撃が始まっているのである。哲学はかつてないほど戦場となる。その錯綜のなかに入ってゆかなければなるまい。本書のテーマは率直に言って論争的なものである。本書にはさまざまな分析的な貢献があるかもしれないが、その目標は、それにとどまらず、ドローンを道具とした政治に対抗したいと考えている人々に、そのための言説的な道具を提供することにある。

私は、次のように問うことから始めたい。ドローンはどこから来たのか。それは技術的、戦術的にどのような系譜をもっているのか。さらにそこからどのような根本的な定義づけができるのか。この武器は、戦闘行為を抹消するほどにまで既存の遠隔戦争のやり方を延長し、かつ徹底化する。しかしそれゆえ、ここでは「戦争」という観念そのものが危機に瀕することになる。そこで提起される中心的な問いはこれだ。「ドローン戦争」が、正確にはもはや戦争ではないのだとすれば、それに対応する「暴力状態」とはどのようなものなのか。[22]〔第1章〕

このような、敵対関係において双方が暴力に身を晒す相互性を根絶するという企てによって、武器を用いた暴力の物理的な行使が、技術的、戦略的、心理的に再編成されるだけではない。それによって、これまで公式には勇敢さや犠牲精神に基づくものであった軍人のエートスのための伝統的な原理もまた再編成されることになる。古典的な〔軍事的な〕カテゴリーに照らせば、ドローンは卑怯な武器に見えるのだ。〔第2章〕

とはいうものの、ドローンの賛同者たちは、この武器を、人類がこれまで有したなかでもっとも倫理的な武器だとみなしてもいる。このような道徳的な転換、価値の変容をもたらすことこそが、今日、軍事倫理という小さな領域で働く哲学者たちをつなぎとめる任務となっている。彼らに言わせてみれば、ドローンは群を抜いて人道的な武器なのだ。彼らの言説は、この武器が社会的にも政治的にも受け入れられることを保証している点で重大だ。こうした合法化の言説においては、言葉を通じた錬金術という粗雑なプロセスでもって、武器商人および軍事権力のスポークスマンたちの「言語要素」がリサイクルされ、新たなジャンルの倫理哲学、すなわち死倫理学の指導的原理となる。これに対する批判は急務だろう。〔第3章〕

しかし、攻撃は、同時に——もしかすると際立ってというべきかもしれない——、法理論の領域においても進められている。ドローンは、おそらく「リスクなき戦争」のもっとも完成した道具立てとなっているだろうが、そこで危機に晒されるのは、戦争で殺害する権利を定めるメタ法学的な原理である。このような根本的な不安定化をもとに、生と死に関わる至高の権力を定義しなおそうとする企図が現れてくる。そして、その代わりに——作戦を遂行することで軍事紛争の権利までも粉砕されてしまうかもしれないが——「標的殺害」の権利が現れことになる。〔第4章〕

だが、それで終わりではない。人々は、軍用ドローンを発明することで、ほとんど知らぬ間にではあるが、まったく別のものもまた発見してしまった。それは近代における政治的主権についての理論を、戦争に関わる次元で、何世紀にもわたり中心から蝕んでいた矛盾に一つの解決策を与えるものでもある。このような武器が一般化してゆくにつれ、戦争権力を行使するための条件が徐々に変容してゆくのである。この変容は、とくに国家とその国民との関係において現れる。武器の問題を外的な暴力の領域のみに縮減してしまうのは誤りだろう。人々にとって、ドローン国家の国民となることは何を意味するのだろうか。〔第5章〕

第1章　技術と戦術

1　過酷な環境での方法論

医学の進歩だけが死亡者ゼロの戦争を実現する唯一の手段なのではない。

ロバート・L・フォワード『火星の虹』[1]

被曝区域、深海、遠い惑星など、人を寄せつけない環境に危険を伴わずに介入するにはどうしたらよいだろうか。一九六四年、技師のジョン・W・クラークは「過酷な環境での方法論」の調査目録を作成した。[2]「こうした環境での操作が予想されるときには、通常二つの可能性が検討される。いや、検討されるのはこの二つのほかにない。そこにマシンを置くか、あるいはそこに防護装備をつけた人間を派遣するかだ。しかし、第三の道がある。すなわち［…］安全な環境にいる人間によって遠隔的に制御された、過酷な環境でも作業できる媒体を用いることだ」[3]。ダイバーや自動機械よりもむしろ、遠隔操作のマシンを用いること。あるいは「遠距離操作のテクノロジー」のために、クラークが古いギリシア語の語源をもとに粗野な造語をこしらえて付けた呼び名によれば、「遠隔手（téléchiriques）」を用いるということだ。[4]

彼はこう書いている。遠隔手が操作するマシンは「それに指令を下す人間のもう一人の自分《アルター・エゴ》と考えることもできる。彼の意識は、実際に、脆弱性をもたないマシン組織体へと移される。そのおかげで、

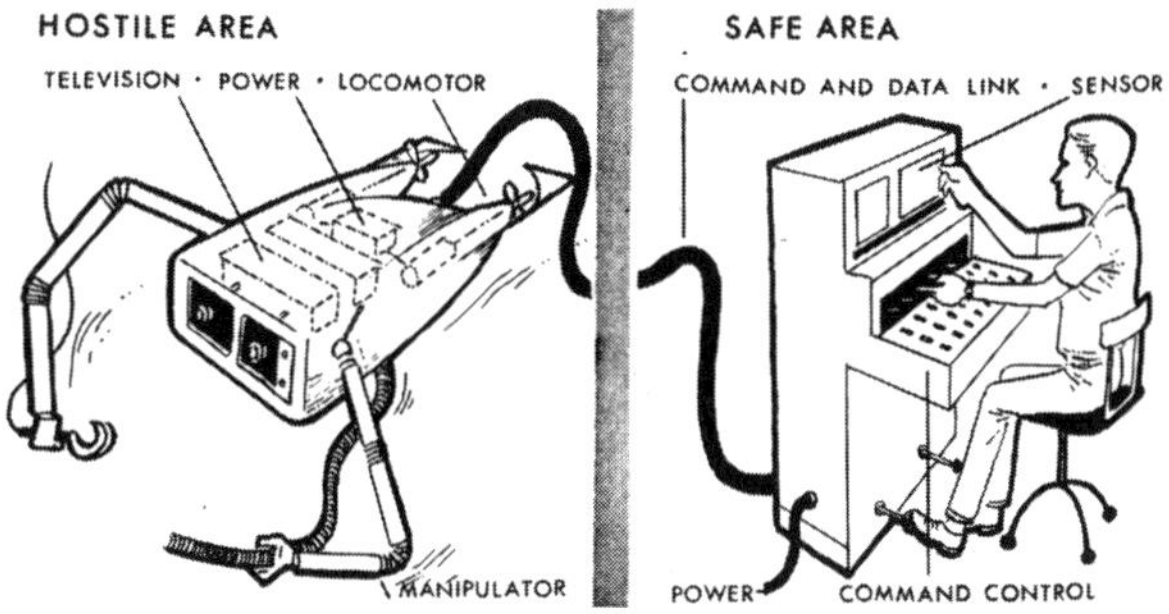

遠隔手のトポグラフィー。J・クラーク氏によるバチスカーフの例（1964年）[6]

彼は、ほとんどあたかも自分自身の手で操作しているように、道具や装備を動かすことができるのだ」[5]。この第二の身体に足りない唯一のもの、それは第一の身体がもつ生きた肉体だ。しかしそこにこそ、その利点のすべてがある。すなわち、脆弱性をもった身体を過酷な環境から撤退させることができるのだ。

このような装置が内包しているのは、特殊な地形学、つまり空間についての考え方、空間を組織するしかたである。これについて、クラークは、バチスカーフ〔深海用の潜水艦〕の例をもとに、上のような本質的な図を描いている。

空間は過酷な区域と安全な区域の二つに分割される。神聖な空間から、リスクをはらんだ外部へ介入するという保護された権力のイメージだ。このような権力は、遠隔統治的（téléarchique）権力と呼ぶこともできるが[7]、そこには境界線がある。ただし、この境界線は非対称的だ。それは外部からの侵入を防ぐと同時に、過酷な環境に介入する任務を負ったマシンの偽足に自由な動きをさせるために、少しだけ開くことができなければならないのだ[8]。

過酷な区域のほうは、見捨てられた空間として残る。もちろん、潜在的な脅威の温床としてこれを制御したり、資源の埋まった区域として活用しなければならない場合もありうるが、言葉の正しい意味で占有することはできない。介入したり、パトロールしたりはするが、——同じ地形学的な図式に従って構築された安全な基地ないしプラットフォームなどの新たな区域を切り出さないかぎり——住みに行くのは論外だ。

遠隔指令の伝道者にとって、この発明は、極限状態で作業する者たちの受難に対し、ついに見出した特効薬のように見えた。というのも、原子力や宇宙開発の時代には「過酷な環境で作業する需要がますます増大する」ことが予想されていたが、同時に次のような良き知らせをうれしそうに告げてもいたからだ。「現在のようにテクノロジーが進歩すると、人間が生計を立てるために物理的な危険に身を晒す必要性はもはやなくなる。［…］現在は原理的に遠隔制御されたマシンによって行なわれることができないために人間が行なっている危険な作業はいっさいなくなるだろう」[9]。

博愛主義的な道具たる遠隔操作は、いっさいの危険な作業から人類を解放せんとしていた、というわけだ。地底の鉱夫、消防士、原子力に携わる作業員、宇宙や海洋での作業員、彼らはみな遠隔操作手に変身することができるだろう。雄々しい肉体を犠牲にすることはもはや必要ではない。生きた身体とそれを操作する身体は分離されるのだから、後者のみが完全に機械化され犠牲にすることができるものとなり、今後は危険な状態に置かれることになる。「負傷する人間はもはやいなくなる。崩落や爆発があったとしても、こうした反応で迎え入れられるだけになるだろう。「あぁ、それは残念だ。ロボットを六体失ってしまった」[10]」。

クラークが、こうした遠隔手のために応用可能なもののリストを嬉々として挙げてゆくなかで、忘れたものが一つあった。とはいえそれはあまりにも明白なものだったため、ある読者が欠かさずこれを指摘することになった。「遠隔手は、暑さや、放射性物質、深い海底などの危険に身を晒すような、人間が行なう民生部門の任務を遂行する遠隔操作マシンの調整でくたくたになる。彼らには優先順位の感覚があるのだろうか。安全という点で、まず気にかけるべきは、世界でもっとも危険な仕事、つまり戦争産業ではないだろうか。［…］二〇世紀にもなって、一兵卒の遠隔手が代わりをうまくこなせるにもかかわらず、なぜ人間が弾丸や砲弾の被害を受け続けなければならないのか。［…］これまでのような戦争はすべて、遠隔操作された軍用ロボットの武器が戦場で対面しつつ行なうことができる。勝利や敗北は、完全に中立的なコンピュータによって計算され仲裁されるだろう。他方で、人間は自宅にいて、現場において、自分たちの血が流れる代わりに、油が排出され、粉塵に跳ねかかるのをテレビ画面で平穏に見ているだけとなるだろう[11]」。

戦争がマシン同士の試合へと転換される、つまり兵士なき戦闘、犠牲なき衝突になるというユートピアだ。しかし、この読者は騙されやすいたちではなく、まったく別のシナリオに行き着いた。残念なことに、こちらのシナリオのほうがいっそうありそうなものだ。「こうした新たな偉業を見て思い出されるのは、地の果てで、われわれがマキシム機関銃をもち、対面している奴らが投げ槍しかもっていないような、かつてわれわれが行なっていた帝国主義的な征服だ。そこではもう血は流れることはない。あるいは少なくともわれわれの側ではもう流れない。というのも、われわれには遠隔手部隊がいるが、奴ら貧者の側には、それに対抗するにはナパーム弾やマスタードガスしかないからだ[12]」。

遠隔操作されたマシンが戦争マシンとなるとき、敵は危険な物質として扱われることになる。人はそれを遠くから排除し、エアコンの効いた「安全区域」の快適な温室のスクリーンでそれが死んでゆくのを眺めるのである。非対称戦争は徹底化され、一方的な戦争になる。というのも、もちろん人はそこであいかわらず死ぬのだが、ただ一方の側でだけだからだ。

レイディオ・プレーン社の女性従業員……（1944 年）

2 〈捕食者〉の系譜学

「人間は自らを欲した。するとそれはすぐさま存在した」
ヘーゲル[1]

一九四四年にドローンのプロペラを手にしているこの若い女性は、当時はまだノーマ・ジーン・ドハティという名前だった。彼女は、レイディオ・プレーン社についてのルポルタージュを撮るためにやってきたある写真家によって不朽の名声を得ることになる。この会社は、無声映画の元俳優で、模型飛行機産業に鞍替えしたレジナルド・デニーによって設立された。こうして見出された女性はまだ女工にすぎなかったのだが、彼女こそ、後のマリリン・モンローである。ドローンは部分的にはハリウッドで生まれたわけだ。ということはつまり、虚飾という徴のもとに、ということでもある。

英語では、このドローンという語はもともと「ぶんぶん蜂」を意味していた。これは、昆虫を指すと同時に音の響きのことでもある。第二次世界大戦の初期になると、この語は別の意味をもちはじめる。アメリカの見習いの砲兵が、訓練用に狙う無線操作された小型飛行機を指して「ドローン標的」という語を用いたのである。この隠喩は、たんにこの装置のサイズないし、そのモーターのゴロゴロした音を表していたにすぎない。ぶんぶん蜂というのは、ミツバチが結局殺してしまう、針なしの雄のことだ。古典的な伝統では、それはまがい物やとるに足らないものの象徴であった。[2] ところで、ドローン標的もそうだった。それは、撃ち落とされるために作られた模型だからだ。

しかし、ドローンが戦場の上を漂うようになるには、さらに長いあいだ待つ必要があった。もちろん、考え自体は古くからある。第一次世界大戦末期には、「カーチス・スペリー・エアリアル・トーペード」や「ケタリング・バグ」があった。さらに、一九四四年にナチス・ドイツによってロンドンに投下された〔飛行爆弾〕V1やV2ももちろんある。しかし、これらの古い空中魚雷は、現在のドローンよりもむしろ巡航ミサイルの祖先とみなすことができる。本質的な差異は、後者が一度しか使えないのに対し、前者は再利用可能な点にある。[3] ドローンは弾丸ではなく、弾丸を運ぶマシンなのである。

米空軍が、多大な損失をもたらしていたソ連の地対空ミサイルに対抗するために、偵察ドローン計画に力を入れだしたのはベトナム戦争のときだった。ライアン工場の「ライトニング・バグ」である。[4] アメリカの高官は当時、このように説明していた。「遠隔操作された媒体があれば、そのおかげで乗務員が殺されたり捕虜になることが避けられる。[…] 生き残れるかどうかは、もはや考慮に入れるべき決定的なファクターではなくなった」。[5]

戦争が終わると、このマシンは放置された。[6] 一九七〇年代の終わりには、軍用ドローンの開発はアメリカ合衆国では実質的に放棄されていたのだ。だがそれは、別の場所で続けられていた。イスラエルだ。イスラエルはこのマシンをいくつか受け継ぎ、その潜在的な戦略上の利点に気づくことができたのだ。

一九七三年、ツァハル〔イスラエル国防軍〕は、エジプトを前に、地対空ミサイルの戦略上の問題に直面していた。キプール戦争〔第四次中東戦争〕の初期、このヘブライ国家は三〇もの飛行機を失ったために、戦略を変えることにした。敵の防御を攪乱するために、一群のドローンを送ることにしたのだ。そのおかげで、「エジプト軍がドローンに対して最初の一斉射撃をした後、敵がふたたび装填しているあいだに、戦闘機による攻撃ができた」[7]。この計略によってイスラエルは制空権を得ることができたのだ。同種の戦略は、一九八二年にベッカー高原においてシリア軍に対しても再利用されることになる。イスラエルは、多数のドローン「マスティフ」と「スカウツ」をあらかじめ展開し、それから敵のレーダーに向けて囮の飛行機を飛ばし、敵に地対空ミサイルを無駄撃ちさせた。空中からこの光景を観察していたドローンは、地対空ミサイルの砲台の位置を容易に突き止め、それを戦闘機に知らせることができた。そのため、これらの砲台を壊滅させることができたのだった。

「一九八三年一〇月、ベイルートに駐留するアメリカ海兵隊の兵舎がテロリストによって破壊された二日後、米軍の将官P・X・ケリーは隠密裏に現地を訪れた。彼の来訪を告げる情報漏洩はまったくなかった。しかしながら、国境の向こうでは、イスラエルの諜報部門の将校たちがこの将官の到着と視察の映像をテレビ画面で直接観察していたのだった。彼らはズーム・アップして、この将官の頭に照準を合わせることすらできた。数時間後、テルアビブで、イスラエル政府は、ケリーに短い動画を見せて仰天させた。野営地の上空で人から見られないように斥候するドローン「マスティフ」から送られたものだと説明したのだ[8]」。これが、一九八〇年代にアメリカのドローン計画の再開に収斂する諸々の小さな出来事のうちの一つだ。イスラエルのドローンの生みの親であるアル・エリスはこう打ち明けた。「私がしたことは、模型飛行機を作って、それにカメラを備えつけ、写真を撮ることだけでした。[…]しかしそれが一つの産業を生み出すことになったのです[9]」。

とはいえ、ドローンは当時、「諜報、監視、偵察」のマシンにすぎなかった。ドローンは武器ではなく、眼にすぎなかったのだ。それが変貌するのはほとんど偶然による。コソボとアフガニスタンのあいだで、新たな千年が始まろうとしていたときのことだ。ゼネラル・アトミックス社は、一九九五年にはすでに、遠隔操作のスパイ飛行機、「プレデター」〔捕食者〕のモデルを構想していた。すでにこの気がかりな名前が何を予想させていたかはともかくとして、この獣にはまだ鉤爪も牙もついていなかった。これが一九九九年にコソボで展開されることになるのだが、そのときにはこのドローンはまだ、たんに標的を撮影し、「照らし出し」、F16戦闘機の攻撃のために指示するだけにとどまっていた。「プレデターが本当に捕食者になるには、突如、「新たなジャンルの戦争」が生じる必要があった[10]」。二〇〇一年九月一一日のわずか数ヶ月前、コソボでドローンが使われているのを見た将校たちは、これに実験的に対戦車用のミサイルを備えることを思いついた。「二〇〇一年二月一六日、ネリス空軍基地でのテストの際に、プレデターはヘルファイア AGM-114C ミサイルを標的に命中させることに成功した。プレデターは捕食者になったのだ。しかし、これがその年の終わりにアフガニスタンで生きた標的を獲物にするようになると想像した者はまだ誰もいなかった[11]」。

ヘルファイアミサイルを放つドローン「プレデター」

　戦闘が始まってわずか二ヶ月後、ジョージ・ブッシュはこう宣言した。「アフガニスタンにおける戦争は、シンポジウムやシンク・タンクが集まって議論していた一〇年間よりも多くのことをわれわれの武器の未来について教えてくれた。プレデターはその好例だ［…］。はっきりしているのは、軍がまだ操縦士なしの機体を十分保有していないということだ[12]」。

3　人間狩り《マンハント》の理論的原理

求人：特殊作業でのマンハント・プログラムのための分析官。
職務概要：マンハントのオペレーターのためのイノベイティブな体制構築に携わる。
条件：関連分野で学士号を保持していること。「シークレット」レベルの能力が認められる者、および自らが「トップ・シークレット」レベルにあると自認する者。

民間軍事請負会社ＳＡＩＣが
二〇〇六年に出した広告より

二〇〇四年、ジョン・ロックウッドはLive-shot.comというインターネットサイトを開設した。コンセプトは単純だが画期的なものだ。利用者は、数ドルを支払って登録すると「ヴァーチャル・ハンター」になることができる。可動式の火器にカメラが据えつけられ、ヴァーチャルな遠隔操作と結びつくことで、自宅から離れることなく、テキサスの飼畜農場に放たれた生きた動物を撃ち倒すことができるのだ。

これに対しては、周知のイニシアチブでもって全般的な抗議がなされた。雑誌『アウトドア・ライフ』の編集長は、こうした企てが深刻な「倫理的問題」を引き起こすとあけすけに述べ、狩り《ハンティング》とは何を意味するのかについて見事な定義を提案した。「私にとって、それはたんに動物を狙って引き金を引くということではありません。それは全体的経験です。［…］そこに、外にいることなのであって、たんに、マウスをクリックして引き金を引くことではないのです」[1]。ウィスコンシン州選出の議員は、この定義を暗唱して繰り返し、実のところいささか奇妙にも環境保護論者と同じように、こう述べた。「私たちにとって、狩りとは、外にいることです。［…］自然と一体になることにほかなりません」[2]。非常に保守的な全米ライフル協会（ＮＲＡ）ですら[3]、一度だけなら癖になるまいと動物愛護協会と共同陣営を張り、その反対意見に賛同した。「私たちは、狩りは外で行なわれなければならないと考えます。したがって、遠く離れたほかの州でコンピュータの前に座っていることは「狩り」の実際の定義には対応しないのです」[4]。ヒューストンの警察官はいっそうきっぱりとこう言った。「そんなのは狩りではなく、殺害だ。誰かがコンピュータの前に座って、何かが理由なく死ぬなんて」[5]。

たしかに、ロックウッドは、自分の最初の目的は、ハンディキャップをもった狩り好きの人が自分のお気に入りの過去に思いをはせることができるようにすることにあったと主張したり、「いつまた狩りに行けるか」分からないと打ち明けてきたイラクのアメリカ兵が、こういうすばらしい機会をくれて感謝すると言ってきたという証言を引用したりして、自分の善意を訴えることもできたはずなのだが、それはなかった。オンラインでの狩りは禁止されたのだ。ロックウッドは恨みがましく新たに舵をとりなおし、自分の顧客に対し、オサマ・ビン・ラディンの像が描かれたボール紙の標的を狙うのを提案したのだが、インターネット利用者たちは、おそらくはいっそうエキサイティングな別の相互接続系の快楽のほうに流れていった。こうして、この小さなスタートアップは、とはいえかなり有望なものであったのだが、窮地に陥ることになったのである。
道徳的な憤りにはさまざまな要因があるが、不可解なこともある。動物に対するヴァーチャルな狩りはほとんど満場一致のスキャンダルを引き起こしたが、遠隔操作された人間狩り《マンハント》のほうは、同じ時代に、似たようなかたちで、平穏に出立していったからだ。しかも、同じ関係者のなかで、それに難癖をつける者はいなかったのだ。

九・一一の翌日からすでに、ジョージ・W・ブッシュはこう予告していた。アメリカ合衆国は、新たなジャンルの戦争に乗り出すだろう。それは「国際的なマンハントを必要とする戦争」である、と[6]。当初これは、テキサスのカウボーイの風変わりなスローガンのように響いただけだったが、それ以降、専門家、計画書および武器を携え、国家の基本原則へと転換することになった。それから一〇年のあいだに、これまでにないほどの国家的暴力が打ち立てられることになった。それは、戦争と警察活動の多種多様な特徴を混ぜあわせているが、本当のところそのいずれにも対応しているわけではない。それを概念的および実践的に表す一つの単位を見出すとすれば、それは、軍事化されたマンハントという考えなのだ。

二〇〇一年に、ドナルド・ラムズフェルドはこう確信していた。「イスラエルがパレスチナに対して用いている技術は、端的にいってより大きな規模で展開することができる[7]」。ラムズフェルドがとりわけ念頭に置いていたのは、先ごろイスラエルが公式に存在を認めた「標的殺害」というプログラムである。被占領地域は、エイヤル・ワイツマン〔イスラエルの建築家・著述家〕が言うように「空輪できる「死の戦略」の世界最大の実験場」となったのだから、[8]この戦略が輸出されることに驚くべきことはない。

しかし、問題が残っていた。「国防省でマンハントの部門をどのように組織するか」という問題だ。ラムズフェルドは二〇〇二年にこう打ち明けていた。「明らかに、目下われわれはそうした組織をもっていない」[9]。二〇〇〇年代初頭の合衆国には、嫌疑をかけられた個人の特定、追跡、位置標定、拿捕――ただし、事実上はむしろ物理的な排除――といった、通常、国内で警察に割り当てられる任務を世界規模で実効的に引き受けられるような軍事機構は整っていなかった。

こうした新たな指針を知らされた内部の高官たちは、この計画全体を熱烈に歓迎したわけではない。当時、シーモア・ハーシュ〔アメリカのジャーナリスト〕はこう報告している。「提案のあった作戦を、ペンタゴンのある顧問官は「予防的マンハント」と名づけたが、これが新たな「フェニックス作戦」になりはしまいかと懸念する者は多かった」。ベトナムで行なわれた悪名高い殺害および拷問の秘密プログラムのことだ[10]。

もちろん、さらに別な領域でも困難は生じていた。警察と軍隊、戦争と狩りといった、異種混淆的な作戦を法的にどのように正当化するかという問題だ。これは、戦争理論の面でも国際法の面でも、怪物のような概念を生み出すことになるが、この点については後で言及しよう。

いずれにしても、戦略上の新たな基本原則を定義し認めさせることが必要だった。研究者のなかには、この作戦の枠組みとなる「マンハントの理論的原理」を発表しようとする者も出てきた[11]。ジョージ・Ａ・クローフォードは、二〇〇九年に統合特殊作戦大学（ＪＳＯＵ）で公刊されたレポートで、この原理を要約している。このテキストでは、「マンハントを合衆国の戦略の土台の一つとする」ことが提案され[12]、とりわけ「マンハントについての国家機関」の設立が訴えられている[13]。「未来のマンハントのための軍事力を築く」ために不可欠な手段だというのだ[14]。

現代の狩猟戦争の基本原則は、前線、単線的戦闘、対面的な衝突といった概念に立脚した従来型の戦争モデルとは一線を画している。一九一六年、米軍のパーシング将軍は、革命家のパンチョ・ビリャを捕えるために大規模な軍事侵攻に出た。戦力を大量に展開したが失敗に終わった。この歴史的な先例を反例として引用する米軍の戦略家らは、発想を逆転させるべきだとした。少人数で動き回る「非国家的なアクター」による「非対称的な脅威」に対しては、標的攻撃の論理に基づいて、人間によるものであれ、あるいは――こちらのほうがいっそう望ましいのだが――遠隔操作されたものであれ、柔軟性のある小規模な部隊を用いる、ということである。

クラウゼヴィッツの古典的な定義とは異なり、こうした戦争は、その根本的構造からして、もはや二者間のものと考えられることはない。対面しあう二人の戦闘員から、パラダイムは別のものとなったのだ。すなわち、前進するハンターと、逃亡し身を隠す獲物というパラダイムだ。ゲームのルールも同一ではない。「戦闘する二人の敵同士のあいだの対抗戦では、目的は敵を敗北させることで勝利を収めることだ――二人の戦闘者は勝つためにはおたがい衝突しなければならない。マンハントのシナリオがこれと異なるのは、各々のプレイヤーの戦略がたがいに異なっているという点だ。逃亡者は捕獲から逃れようとし、逃亡者を追跡する者は自らの標的に追いつき、捕獲しようとする。ハンターは勝利するためには衝突を必要とするが、逃亡者は勝利するためには逃げなければならない[15]」。ここでは、敵対性の関係が、隠れん坊のように、「身を隠す者と探し出そうとする者の競争」に帰着することになる。[16]

第一になすべき任務は、もはや敵を釘づけにすることではなく、識別し、場所を特定することである。これは、探査の作業をまるごと行なうということだ。現代の追跡技術は、上空からのビデオ監視、信号傍受、マッピングによる位置測定を組みあわせた、新たなテクノロジーの集中的な活用に基づいている。今日、マンハントの職務は技術者特有の俚諺《ジャーゴン》を用いるようになっている。「さまざまな接続の場所を特定することは、重要人物のプロファイルをいっそう明らかにするために用いられるSNA〔ソーシャル・ネットワーク・アナリシス〕の全般的な実践を拡張したものだ［…］。さまざまな接続の場所をマッピングによって特定することで、個々人をたがいに結びつけている社会的ないし環境的「フォーラム」を追跡することができる」[17]。

このモデルにおいて、敵の個人はもはや、ヒエラルキー的な命令の連鎖のなかの一つの要素とはみなされていない。それは、社会的ネットワークのなかに挿入された結節点ないし「ノード」なのだ。ネットワーク中心の戦い（Network Centric Warfare : NCW）や影響重視型軍事作戦（Effects Based Operations : EBO）の考えに従うと、こう仮定することができる。敵のネットワークの鍵となる「ノード」を実効的に狙うことで、このネットワーク自体が解体され、実質的に壊滅させられるほどになる。この方法論の製作者は次のように主張している。「ただ一つの鍵となる「ノード」に照準を合わせることで［…］さまざまな二次的、三次的、さらにはn次的な影響がもたらされる。そしてその影響は精確に計算することができる」[18]。このような予測計算の企図にこそ、殺人ハンター的ドローンを特権的な手段とする予防的排除政策は基づいている。というのも、軍事化されたマンハントの戦略は、本質的に予防的だからだ。問題は、特定の攻撃に対し応戦するよりも、潜在的なアクターを早めに排除することによって、脅威が忽然と出現するのを予防することにある。「被害を受ける前に、そのネットワークを探知し、抑制し、破壊し、分裂させる」ことだ[19]。そしてこの戦略は、直接切迫した脅威からいっさい独立しているのである[20]。

この種の実践の根底に政治的合理性があるとすれば、それは社会的防衛だ。そこには、安全性の尺度という古典的な道具も付随している。それは、「処罰することを目的とするのではなく、社会に危険なものが存在することで危険に晒されることのないよう、社会を保護することのみを目的としている」[21]。こうした危険分子の予防的な排除を基盤とした安全化という論理のもとで、「戦争」は、裁判管轄外の死刑執行を求める大キャンペーンという形態をとる。「捕食者《プレデター》」ないし「刈り取り機《リーパー》」――肉食の鳥と死の天使――、ドローンの名前はどれもうまく選ばれている。

4　監視することと壊滅させること

「それはいささか、自分の頭上に神がいるようなものだ。そして、稲妻は「ヘルファイア」ミサイルのように襲いかかる」

セオドア・オソウスキー大佐[1]

「神の眼を探して私が見たものは、広く、黒く、底なしの眼窩だけだった。そこから、そこに住む夜が世界に拡散し、つねに濃くなってゆく」

ジェラール・ド・ネルヴァル[2]

神の眼は、上にせり出したその眼差しによって世界全体を包み込む。その視界は、ただの視界ではない。現象の表面の内部、腎臓や心臓も調べられるからだ。不透明なものは何もない。それは永遠であるから、過去も未来も、あらゆる時を包み込む。最後に、その知はただの知ではない。全知には全能が対応する。

多くの点で、ドローンが夢見ているのは、テクノロジーを用いて、この神の眼のフィクションの縮小版を実現することである。ある軍人もこう書いている。「全能の眼〔プロビデンスの目〕を用いると、ネットワー

神の眼（1551年）[3]

クのなかで何が重要なのか、彼らがどこに住んでいるのか、誰が彼らを支えているのか、誰がその友人かを見つけることができる」[4]。さらに、「彼らが周囲から隔絶した道路の一区画に歩を進め、ヘルファイアミサイルで彼らを排除できるようになるには」、もう待っているだけでよいのだと[5]。

ドローンの推進者たちが強調するのは以下の点だ。このマシンは、「敵につねに視線を向けるというわれわれの能力に革命をもたらした[6]」。そこには視線における革命という根本的な貢献がある。どのような貢献だろうか。このイノベーションは、いくつかの大原則に分けて考えることができる。

(1)　持続的な視線ないし恒常的な監視の原理。かつては、飛行機にはその操縦士の身体という制約があったが、この制約から解放されたドローンは、空中に非常に長い時間とどまることができる。その視線は、二四時間恒常的にはたらくことができる——機械の眼はまぶたをもたないのだ。機体がパトロールしているあいだ、地上にいるオペレーターはスクリーンを前に三交代制をとる。乗組員がコクピットの外部に移されることによって、抜本的に労働が再編成される。現実としては、機械テクノロジーの偉業よりも、この点こそが、人間の瞳が社会的に増大することを通じて、制度的な視線の「恒常的な地理・空間的な監視」を保証するのである。[7]

(2) 視野の全体化ないし総覧の原理。二つ目の大原則は、視線の恒常性に視線の全体化を付け加えたものだ。これは「広域監視（wide area surveillance）」、つまり、すべてを、つねに見るという考えである。このような視野の拡張は、いまだ開発途上にある革命的で新しい光学的装置に委ねられようとしている。「総覧《シノプティック》画像」のシステムを備えたドローンは、全方向に向いた高解像度の小型カメラを何十も備えることになる。ハエの眼に多数の個眼があるのと同様だ。ソフトウェアによって、リアルタイムでこれらのさまざまな画像をまとめ、いくらでも分割できる一つの全体的な画像ができる。[8] こうして、高解像度の衛星画像と同等のものが、一つの都市ないし地域全体の規模で、ただし映像信号を用いダイレクトに中継されて、入手できるようになる。いくつものチームのオペレーターたちは、あれこれの地区、あれこれの個人について望むときにいつでもズーム・アップできるようになる。こうしたシステムを備えた空中静止できる飛行装置が一つでもあれば、一つの街全体に散らばった監視カメラのネットワークの能力と同等のものがもたらされるようになる。ドローンは「すべてを見通すもの」となるのだ。

しかしながら、実際には、われわれはまだそこから遠いところにいる。ある軍事報告書は、現存の装置は実用化に適していないとみなしている。とりわけ効果的に人物を追跡するには解像度が不十分であり、位置測定システムも懸念すべき欠陥を示しているため、実効的でなく、採用されていないという。[9] しかし、本書にとってさしあたって重要なのは、現時点での実効性について即断することではなく、とりわけこうした合理性を導いている原理が何かである。

(3) 全体的アーカイブ化ないし生活全体の映像化の原理。視覚的な監視は、リアルタイムでの監視に限定されない。それは、録画およびアーカイブ化という非常に重要な役割によって支えられてもいる。「恒常的な監視という観念の背後にあるのは、一つの都市全体を撮影して、そこに見られるあらゆる交通手段やあらゆる人の移動を追跡できるようにするという考えである」[10]。こうして、あらゆる生活やあらゆる事柄の映像化が実現されると、この映像を何千回と再放映し、その都度異なる人物に焦点を当て、その人物をズーム・アップしてその人の尺度で歴史をもう一度見直すことができるようになるだろう。断片を選択したり、前に戻ったり、場面を繰り返したり、急いで先に進んだりすることもできる。たんに空間的だけではなく、時間的にも、思うままに行き来することができる。ある出来事が生じたら、その前にさかのぼって時系列をたどりなおすこともできる。「一つの都市全体を一挙に監視することができたら、発火装置を仕掛けられた車両がもともといた地点までたどりなおすことができるだろう」[11]。全体的なアーカイブ化によって、暫定的にではあるが、あらゆる足取り、あらゆる発生を過去にさかのぼって追跡する可能性が確保されうるかもしれないのだ。

とはいえ、このことは、現在のシステムにはない記憶容量、インデックス、分析能力を必要とするだろう。[12] 報道によれば、二〇〇九年の一年だけでアメリカのドローンは二四年分に相当する録画を生み出している。[13] そして、新たなシステムであるＡＲＧＵＳ－ＩＳ〔自律型リアルタイム地上ユビキタス監視画像化システム〕によって、「先行世代の装置にくらべて百倍に相当する、一分間に何テラバイトものデータを生み出すこと」が可能になる。[14] しかし、問題はまさにそこにある。「データのオーバーロード」、すなわち、データが過剰ないし夥しい量になり、結局この多量さによって情報が活用できなくなってしまうという問題が遍在化するのだ。

この問題に対処するため、アメリカ国防総省はスタジアムに行った。アメリカンフットボールという、比類なきテレビ用のスペクタクルは、ビデオ処理の領域では先進的なイノベーションの舞台となっている。それぞれの試合で、何十ものカメラがあらゆる角度から選手たちを撮影する。各々のシークェンスは瞬時にデータベースにインデックス化される。高性能のソフトウェアのおかげで、演出家は、統計データが画面に表示されるのと同時に、どの試合のどのプレーもさまざまな角度から再演することができる。米空軍の「諜報、監視、偵察」部門を指揮するラリー・ジェイムズが説明するように、「データの収集および分析の点では、スポーツ・チャンネルは、軍事部門よりもはるかに先に行っている」のである。[15] 米軍は、スポーツ・チャンネルＥＳＰＮのスタジオに密使を派遣し、その後、そこで用いられているソフトウェアの改良版を入手することに決めた。[16] 結局のところ、関心は同じである。「スポーツイベントの配給元は、特定の選手や勝利を決めるシュートに関連した映像を集め分類したがるが、軍のほうも反乱者を追跡するために同様の能力をもちたい」のだ。[17] かなり前にヴァルター・ベンヤミンが予言していたように、未来の戦争は、「戦争のカテゴリーを決定的に取り除き、スポーツのカテゴリーにしてしまい、作戦からはどのような軍事的性格も取り除き、記録という論理のなかにそれらをすべて整理するという新たな相貌」を示すだろう。[18]

テクノロジーの次なる段階は、画像のインデックス化を自動化することだ。手作業によって「タグ」やメタデータを入力する必要をなくし、このうんざりする仕事をむしろ機械に委ねるのである。とはいえそのためには、事柄および行為を描写することのできるソフトウェア、すなわちピクセルの集合体を名詞や動詞、命題に自動的に翻訳することのできるソフトウェアが必要となる。ＤＡＲＰＡ〔アメリカ国防高等研究計画局〕はこの方面の「自動ビデオ監視のための統合認知システム」の構築をめざす研究に出資しており、そこには認知科学の研究者らが参加している。[19]

究極的には、下方の世界におけるあらゆる微小な活動の調書をリアルタイムで作成するような、飛行型の代書機械ないし書記ロボットを想像する必要がある。あたかも、人間の世界と並行して、その動画を撮るカメラが、同時に詳細な報告書を描くかのようになるのだ。しかし、こうしてできた文書、すべての事実、すべての挙措についての綿密な時系列記事は、同時にもう一つの、巨大なインデックスを作り上げる。あらゆる生活が、カメラが追っている場面の各々において遡及的に「検索可能」になるような、巨大な映像館の情報処理済みのカタログだ。

(4) データ融合の原理。ドローンはたんに眼をもっているだけではない。耳や、ほかの器官ももっている。「ドローンのプレデターやリーパーは、ラジオ、携帯電話などほかの通信機器からの電子化された情報通信を傍受することができる」[20]。アーカイブ化を目的とした場合に重要になってくるのは、さまざまなレイヤーの情報を融合させ、それらをたがいに関連づけ、一つの出来事のさまざまな情報的な側面を組みあわせて一つの項《アイテム》にすることだ。たとえば、一本の電話の会話を、特定のビデオのシークェンスやGPSによる座標と結びつけるといった具合だ。これが「データ融合」の概念である。[21]

(5)　生活形態のパターン化の原理。デレク・グレゴリー〔イギリスの地理学者〕は次のように記している。「「いつ」、「どこ」、「誰」を組みあわせたさまざまなレイヤーからくるデータを三次元の図面で視覚化する」能力は、「スウェーデンの地理学者トルステン・ヘーゲルストランドが一九六〇年に作り出した時間地理学のグラフを想起させる」[22]。この人文地理学の非常に創発性に富んだ潮流から出てくるのは、まったく新しいジャンルの地図だ。生活過程について、そのサイクル、道順、しかし同時に事故や逸脱など、すべてを三次元で見えるようにする時間・空間的なグラフが描かれるのである。このようなあらゆる生活についての地図作成の企ては、冷酷な流用というべきか、今日では、軍用の監視の主たる認識論的基盤の一つとなっている。その目的は、「さまざまなソーシャル・ネットワークを通じて複数の個人を追跡し、今日の対反乱作戦の方針の核心をなしている「生活活動に基づいた情報収集」のパラダイムに従って、生活の一形態ないし「生活パターン」（pattern of life）を作り出すこと」にある。[23]

ここから陥りやすい考えとは逆に、こうした恒常的な監視装置の主たる目的は、既知の個々人を尾行しつつ把握することにはない。そうではなく、異常な行動をとったという信号が送られる疑わしい要素を出現させることである。この情報収集のモデルは「生活活動に基づい」ている、つまり、名前を有したアイデンティティの認知よりもむしろ行動の分析に基づいているため、このモデルが

「特　定《アイデンティファイ》」しようとしているのは、逆説的にも匿名なままの個々人なのである。つまり、その行動が特定のプロファイルに基づくというその典型性によって個々人を特徴づけようとしているのだ。ここでの〔身元の〕特定は、もはや個々のものではなく、総称的なものである[24]。

(6) 異常の探知および予防的予期の原理。それぞれの映像はスキャンされ、大量の活動のなかから、安全保障の視線にとってふさわしい出来事を標定できるようになる。こうした出来事は、そのアノミー〔規律や秩序を欠いた状態〕性や非規則性によって指示される。日常的な活動の骨組みから除外される振る舞いはどれも、脅威を示すものとなる。空軍の分析官はこう述べている。「今日、ドローンが撮った映像は、警察の任務と社会科学の中間に位置する活動となっています。「生活形態」の理解と、こうした形態からの逸脱とに焦点が当てられるのです。たとえば、いつもは多くの人で埋め尽くされている橋から突然人がいなくなれば、それは、人々が、誰かがそこに爆弾を置いたことを知った、ということを意味する場合もあります。いまや、文化研究に携われば、人々の生活を観察できるようになるのです[25]」。この任務の骨子は、「いっそう自律化するある種の軍事的なリズム分析において「正常な」行動と「異常な」行動を区別すること」にあるとグレゴリーはまとめている[26]。

異常な振る舞いを自動的に探知することは、そこからどのような展開が可能かを予言することにつながる[27]。任意の状況において認知されたシークェンスの主たる特徴が標定されると、分析家は、その行動が今後どういう筋道を通るかを推論し、その線を延長させてゆき、そしてその延長で生じる事態を防ぐために先行的に介入できるようになるということだ。この措置は、次のような「早送り」の機能をもっている。「いくつかのシナリオを自動的に認識することによって、脅威に対して早期の警戒が与えられる」のである。[28] 未来の予防は、過去の認識に基づいている。生活のアーカイブを基盤として、規則性を突き止めたり再発を予期したりすることで、未来を予言すると同時に、先取り的な行為によってその流れを修正できるようになるのである。このような主張の認識論的な基盤は明らかにきわめて脆弱なものだが、それでもやはり、いやそうであるがゆえに逆に、非常に危険なものであることにかわりはない。

ここでもまた、「アルゴス（Argus）」[29]や「ゴルゴンのまなざし（Gorgon Stare）」[30]といった、これらの措置に与えられた名前は示唆するところが多い。ギリシア神話において、アルゴスは百の眼をもった人物で、パノプテース、すなわち「すべてを見る者」とも呼ばれていた。フーコーが分析したベンサムのパノプティコンは、まずは建造物から始まっていた。同じ図式を延長し、ここ数十年で、都市の壁に監視カメラが埋め込まれることになった。ドローンによる監視はいっそう節約的だ。空間的な整備も、建具への接続も必要ない。空気と空があれば足りるからだ。映画『アイボーグ』[31]のように、カメラは壁から外れ、羽と武器も備えるようになる。われわれは、武装飛行パノプティコンの時代に入ったのだ。ゴルゴンのまなざしのほうは、不幸にもそれに遭遇してしまった人々を石にしてしまうものだ。まなざしによって殺されるわけだ。したがって、問題はもはや「監視することと処罰すること」〔フーコーの『監獄の誕生』の副題〕ではなく、監視することと壊滅させること、なのだ。

『ニューヨーク・タイムズ』紙のジャーナリストであるデイヴィッド・ロードは、二〇〇八年に誘拐され、九ヶ月のあいだ〔パキスタン北部の〕ワジリスタンに勾留された。彼は、こうした殺人的な恒常的監視が、それを被る人々にどのような影響をもたらすかを描いた最初の西洋人であった。彼は「地上の地獄」と述べ、こう付け加えている。「ドローンは恐ろしかった。それが私たちの頭の上で円を描いているあいだ、地上からは、それが何をあるいは誰を尾行しようとしているのか特定することは不可能だった。モーターのうなり声が、死が差し迫っていることをつねに知らせるかのように響いていた[32]」。「ドローンの下で生きること」という二〇一二年の報告書の著者たちが、この地域で集めた証言も同様である。

> ドローンは私たちを恒常的に監視しています。つねに私たちの頭上にあります。そして、ドローンがいつ攻撃してくるかはけっして分からないのです[33]。
>
> みんな、いつも恐れを抱いています。私たちが会合をもとうとしても、攻撃があるのではないかと恐れてしまいます。ドローンが空中を回っている音が聞こえたときにはドローンが私たちを攻撃できるのだと分かります。絶えず恐れています。いつも私たちの頭にはこうした恐れがあるのです[34]。
>
> 私の頭のなかにはつねにドローンがいます。そのせいで眠れないのです。蚊みたいなものです。目に見えないときでも、音は聞こえますから、そこにいるのだと分かるのです[35]。

子どもたち、大人たち、女性たち、みんな怯えています……恐怖で叫んでいます[36]。

ダッタ・ケル――ここ三年間で三〇回以上もドローンの攻撃を受けた〔パキスタン北西部の〕地域――の住人は、隣人について次のように付け加えている。「大勢が頭をやられました。〔…〕彼らは一つの部屋に閉じ込められました。人々を牢獄に入れるのとまったく同じです。彼らは、一つの部屋に閉じ込められた囚人なのです[37]」。

実際、ドローンは人を石にする。そこに住むすべての人々に、集団的な恐怖を生み出すのだ。この点こそが、死者や負傷者、残骸や怒りや喪に加えて、殺人的な恒常的監視が生み出す効果である。心理的な閉じ込めだ。その区域は、もはや格子や柵や壁によって規定されるのではなく、空飛ぶ監視塔が頭上で終わりなく旋回することで描かれる、目に見えない円によって規定されているのである。

5 生活パターンの分析

「敵のリーダーは誰にでも似ている。敵の戦闘員は誰にでも似ている。敵の車両は民間の車両に似ている。敵の施設は民間の施設に似ている」

米国国防科学委員会[1]

「あれは行政の儀式のなかでももっとも奇妙なものです。毎週、国家安全保障の四方八方の機関のメンバーが百人以上集まって、セキュリティのかかったビデオ会議で、テロリストとみなされた人物の経歴について議論し、次に死ぬべき人物を大統領に指名するのです」[2]。この毎週の会議は、ワシントンでは、「恐怖の火曜日」と呼ばれていた[3]。候補者のリストが出来上がると、ホワイトハウスに送られ、大統領が個人として、口頭で各々の名を認定する。この「殺害リスト」が承認されると、あとはドローンが請け負うことになる。

このように裁判なしで死刑宣告者リストを作成する際の適切な基準は、未知のままだ。行政はこれについてどのような説明も拒んでいる。しかしながら、ホワイトハウスの法律顧問ハロルド・コーは、安心してよいという。「正当なターゲットを特定するためのわれわれの手続きおよび行動はきわめて堅固なもので、技術の進歩によってわれわれのターゲットの特定もいっそう精緻なものになっている」[4]。要するに、目を閉じて、われわれを信頼しなさい、ということだ。

　しかし、こうした指名制の「人物攻撃」に加えて、「識別特徴（signature）攻撃」というものもある。「識別特徴」というのは、ここでは、痕跡、指標ないし定義づけできる特性という意味である。まだ身元は判明していないものの、その行動から「テロリスト組織」への帰属が推定される、あるいはその目印ないし識別特徴が送られるような人物にこの攻撃は向けられる。

　この場合には、「標的となっている個人の正確な身元が分からなくても」、空から見て、その行動が「合衆国が軍事活動に関連づけている、あらかじめ定められた振る舞いの「識別特徴」に対応して」さえいれば攻撃が向けられる[5]。未知の容疑者に対するこの種の攻撃が、今日では大部分のケースとなっている[6]。

　こうした戦闘員とみなされた匿名の人物を突き止める際の基盤は、「当局が「生活パターン分析[7]」と呼んでいるものである。ここでは、ドローンによる監視カメラやその他の情報源から収集されたさまざまな事実が活用される。[…]これらの情報を元に、戦闘員とみなされた人物の正確な身元が不明の場合でさえ、その人物にターゲットが定められる[8]」。ドローン・リーパーのオペレーターが説明するように、「われわれはこの生活パターンを引き延ばして、誰が有害なのかを特定して、許可を求めることで、見つける、ロックオンする、追尾する、照準を定める、攻撃するというサイクルを始動させることができる」のである[9]。

　人にはそれぞれの生活パターンや生活のモチーフがある。あなたの日常的な行動が反復性をもつものであれば、あなたの振る舞いには規則性があることになる。ほとんど同じ時刻に起き、規則的に同じ道を通って仕事やその他の場所に行く。よく同じような場所で、同じような友人に会う。もしあなたを監視すれば、あなたの移動はすべて記録され、あなたの馴染みの経路についての時間・空間的な地図を作ることができる。あなたの通話記録を調べあげ、この地図にあなたのソーシャル・ネットワークの地図を上書きして、どこに個人的な関係があるか、そしてそのなかで、何があなたの生活にとって相対的な重要性をもっているかを特定することもできる。米軍のマニュアルが説明する通りだ。「敵がある地点から別の地点に移動すると、偵察ないし監視部隊がこの敵を追跡し、訪れた場所や人物を記録する。こうして標的、場所、人物間のコネクションが出来上がり、敵のネットワークの「ノード〔結節点〕」が浮かび上がる」[10]。このような二重のネットワーク――場所のネットワークと関係性のネットワーク――が出来上がると、あなたの行動を予言することもできるようになるだろう。すなわち、雨が降っていなければ、おそらくあなたは次の土曜日に某公園で何時にジョギングをするだろう、と。しかし、疑わしい不規則性が現れているのを確かめることもできる。たとえば、いつもとちがう場所で待ちあわせがあった、今日あなたはいつもと同じ道を通らなかった、という具合だ。あなた自身が日常の行動から作り上げた規範に背くものや、あなたの過去の行動の規則性から逸脱するものすべてに、警告音が鳴らされることになる。何か異常なこと、つまり潜在的に疑わしいことが、いま生じつつある、と。

よりはっきりと言えば、生活パターンの分析は、「関係性分析と地理・空間分析の融合」と定義される[11]。ここで何が問題になっているかを理解するには、一つのデジタル地図に、フェイスブックとグーグルマップ、それにアウトルックのカレンダーが重ね書きされているのを想像すればよい。つまり、社会的データ、空間的データ、時間的データの融合である。ソキウス（socius）、ロクス（locus）、テンプス（tempus）という、規則性の点でも不整合さの点でも実際の人間の生活そのものを構成する三つの次元が絡みあった地図作成術だ。

こうした方法は「活動ベースの情報収集[12]」に立脚している。ある個人、集団ないし場所に関して集められた大量のデータから、標定可能ないくつかの「パターン」やモチーフが徐々に浮かび上がってくる。活動が、身元の同一性にとって代わるようになる。つまり、もはや、名前を有した標的が指示されてその場所を特定したり、その逆をしたり、あるいはまずは監視し、データを集め、大きな尺度のグラフを描き、その後で「ビッグ・データ」を分析して小さな結節状の地点をいくつも浮かび上がらせたり――ここでは色のついたドットが図表全体の上で示す場所および大きさによって無害化すべき脅威が同定される――するのではない。それよりもむしろ、「活動ベースに関連するデータと時間に関するメタデータとを合わせることで［…］、生活パターンやネットワーク、さらにややもすると見逃されていたかもしれない異常性などを採取することができる豊かなアーカイブが形成される」のだ[13]。こうして、人文地理学やネットワークの社会学の道具立てては、「恒常監視」によって危険な個々人を追跡し、根絶やしにする政策のために徴集されることになる。さまざまな生活のアーカイブ化を辛抱強く行なっていれば、匿名の書類が徐々に蓄積されてゆき、それが一定の厚さに達するやいなや、死刑宣告に匹敵するものとなるのである。

当局は、こうした方法をとることで、ターゲットの識別が確かなものになると言う。「個人を追跡して、そして――辛抱強く、また綿密に――その個人がどう移動するか、どこに行くか、何を見ているかを映像に残すことができるのです」[14]。最終的に殺害されるのは、「時間の経過とともに、その行為によって、脅威を表していることが明白となった人々」だ[15]。

しかし、この問題は認識論的であると同時に政治的なものでもあるのだが、まさに問題なのは、蓋然的な指標を変換して構築された映像を、合法的なターゲットという確かな地位へとしかるべく変換する際にどのような能力が要求されるのか、という点にある。

実際、この措置および方法論はいくつかの明白な限界を示している。まずは、視力に関わる限界だ。CIAの元担当官が告白するように、「高度六〇〇〇メートルからだと、たいしたものは見られない」[16]。ドローンが識別できるのは、多かれ少なかれ不鮮明な形態のみだ。たとえば、二〇一一年四月には、アメリカのドローンは「完全武装した二人の海兵隊のかなり特異な戦闘服と、非正規の敵とを区別できなかった」[17]。ドローンが見るのはぼやけたシルエットなのだ。この点に関しては、ある示唆的な冗談がアメリカの官庁を駆けめぐった。「CIAがエアロビクスをしている最中の三人の男を見たら、テロリストの訓練キャンプだと思うだろう」[18]。

二〇一一年三月一七日、パキスタンのダッタ・ケルに集まった人々の集団が、「彼らの行動はアルカイダに関連した戦闘員の行動様式に対応している」という根拠で、アメリカの攻撃によって殲滅させられた[19]。彼らの集まり方が、テロリストの行動の疑いがあるものとしてあらかじめ規定されたマトリックスに対応していたのだ。しかし、空から観察されていたこの集まりは、実際には、地域の共同体で諍いが起きたときにそれを解決するために召集されるジルガという伝統的な集まりであった。この攻撃で命を失った民間人の数は一九から三〇人と推定されている。空から見ると、戦闘員の集まりも村の集まりもさしてかわらないのだ。

二〇一〇年九月二日、アメリカ当局は、アフガニスタンのタカールでタリバンの重要なリーダーを排除したと発表した。しかし、ミサイルによって実際に殺害されたのは、選挙キャンペーン中の民間人ザベト・アマヌラーほか九名であった。こうした混同がありえたのは、定量分析に過度に信頼を置いていたことによる（とはいえこの種の措置には必要な信頼なのだが）。すなわち、分析官はＳＩＭカード、通話記録およびソーシャル・ネットワークのグラフに集中していたのだ。「彼らは名前〔をもった人物〕を追跡していたのではなく、通話にターゲットを合わせていた」のだ。[20]

証拠を確立することに関しては、さまざまな指標の量が質へと転換することはありえない。ところで、そこにこそまさしく問題がある。ガレス・ポーター〔アメリカの歴史家〕はこう説明する。「諜報部門が用いた連関分析の方法では、彼らが用いている「ノード」のあいだの連関の地図に描かれているさまざまな関係性のなかで、ほんのわずかな質的な区別を設けることすら不可能だ。この方法は、たんに定量的なデータを基盤にはたらくにすぎない。たとえば、既存のターゲット、あるいはこのターゲットと関係したほかの数名の人物への電話の回数、訪問回数などだ。その不可避的な帰結として、非戦闘員の民間人でも、電話の回数が増えれば増えるほど、反乱者のネットワークの地図に徐々に現れてくるようになる。電話の記録によって、すでに「殺害／捕捉」リストに掲載されている番号との多数の関連が現れれば、問題の個人自身がこのリストに加えられることもありうるだろう」[21]。要するに、各個人の帰属や身元は彼らの性質から独立した関係性の数や頻度から導出されるということの論理においては、ある仕官がまとめているように、次のことはどうしても避けられない。「ある個人について有害であるとわれわれが判断すれば、その個人と頻繁に交際する人々もまた有害となる」のである[22]。

このようなプロファイリングの方法が通用するのはいくつかの図式だけだ。ただし、たがいに異質なさまざまな現象が、一つの同じ図式に対応していることはありうる。ここで問題なのは、影絵をめぐる認識論的な問題だ。大型犬の像は大型犬に似ているが、しかし、影にしか通じていなければ、どのような対象が影を生み出しているかを確信をもって知ることはできるだろうか。それを生み出しているのは手にすぎないこともありうるのだ。

それでもやはり、アメリカのドローンの「識別特徴攻撃」は、今日、このような認識論的基盤の上で行なわれている。当局が基づいているのは影絵なのだ。「多くの場合そうであるように、その帰結は、たとえ作戦中に無実の者を殺害することになっても、ターゲットとなるのは実際にわれわれがそうみなしている人物だという理由で、直接確認することなく「生活パターン」のインジケータに基づいて無差別攻撃をすることだ[23]」。

これは、家族とともにドローンの攻撃の犠牲となった若いパキスタン人の男性が述べていることでもある。

「なぜ彼らはあなたたちを攻撃したのだと思いますか?

彼らはテロリストだと言いますが、これはただの私の家族なのです……テロリストではありません。ただ、ヒゲの生えた、普通の人なのです[24]」。

6　キル・ボックス

「人間が地上で何をしたとしても、三次元を自由に移動する飛行機を妨げることはできない」
ジュリオ・ドゥーエ[1]

「テロに対するグローバルな戦争」という概念とともに、軍事的暴力は伝統的な限界を失った。それは時間的にばかりでなく、空間的にも無際限のものとなった。[2] 全世界が戦場となったと言われるが、おそらく、全世界が狩猟場となったと言うほうがいっそう正確だろう。というのも、軍事的暴力の範囲がグローバル化したのは、狩り出しという至上命令の名においてだからだ。

戦争が結局のところ戦闘行為によって定義されるとすれば、狩猟《ハンティング》のほうは本質的に追跡によって定義される。これら二つの活動には、異なる二つの地理学が対応している。戦闘行為が勃発するのは、力と力が衝突する場所においてである。狩り出しのほうは、獲物が行くほうに自分も動いてゆく。ハンターとしての国家の精神のもとでは、軍事的暴力の場所は、もはや限定可能な領域の境界線に従って規定されない。そうではなく、獲物としての敵がたんに存在しているということによって規定されるのであり、こう言ってよければ、敵対性を示す個人の領域が小さな暈《かさ》を伴って移動してゆくのである。

獲物は追跡者を逃れるために、自分の身を探知できないように、アクセスできないようにしようとする。ところで、このアクセス不可能性は、たんに、生い茂った密林や深い溝といった物理的な地理のでこぼこだけではなく、政治的な地理の凹凸にも関わっている。たとえば、人間狩りの理論家はこう想起している。逃亡者にとって、「主権国家の国境は最良の支援者だ」[3]。イギリスのコモン・ローはかつて、農村地帯において、「キツネやイタチなど、獲物となる有害な獣の狩りを他人の領地まで行なうこと」を認めていた。というのも、「そうした生き物を撲滅することは、公の利益に適うとみなされていたからだ」[4]。今日、アメリカ合衆国が、世界規模でのマンハントのために専有としようとしているのはこの種の権利である[5]。ポール・ヴォルフォヴィッツはこうまとめている。「彼らはどんな至聖所も否定しなければならない」のだ[6]。

ここで浮かび上がるのは、征服ではなく追跡の権利を基礎にした侵略権力である。つまり、古典的に国家主権に結びつけられてきた領土保全原則を踏みにじったとしても、獲物が逃げるところならどこでも追撃できるようにする普遍的な侵入ないし侵食の権利だ。というのも、このような考えのもとでは、ほかの国家の主権は、せいぜいのところ副次的なものとなるからである。国家が主権を十全に享受することが認められるのは、自国内でこの帝国的な追跡を代行する場合だけである。逆に、そうすることができない場合――「役立たず国家」――あるいはそうすることを欲しない場合――「ならずもの国家」――、その国の領土はハンター‐国家によって合法的に侵されるのである。

領土の閉域に立脚した領土主権が陸上というかたちをとっているのに対し、ドローンは空へと伸びる連続性を対置する。この点では、ドローンは制空権力という偉大な歴史的約束を引き継いでいる。

ジュリオ・ドゥーエが書いていたように、空軍とは、地上の凹凸とは無関係に「三次元を自由に移動」する。[7] 空に自分自身の線を引くのである。

帝国主義的な権力は、成層圏まで到達すると、空間に対する関係性を変える。問題は、領土を占領することではなく、制空権を確保することで、領土を上からコントロールすることになる。エイヤル・ワイツマンは、現代のイスラエルの戦略の主要部分を、垂直性の政治と呼び、次のように説明している。このような「占領というよりもテクノロジー的な」モデルにおいて、[8] 問題となるのは、「明け渡された区域において、地上のコントロールとは別のしかたで支配権を維持する」ことだ。[9] この権力の垂直化に対応しているのが、上空権威だ。そこでは各々の個人、家、街路など、「地上のどんな些細な出来事ですら監視され、警察の措置に従い、あるいは空から攻撃されることになる」。[10]

主権の問題も、ここでは、領空政治という次元をもつようになる。[11] つまり大気や電波に対し権力を握るのは誰かという問題だ。[12] アリソン・ウィリアムズは、今日の政治地理学は三次元の現象として考えることが必要だと強調しつつ、「領空主権の危機」を喚起している。[13] アメリカのドローンによって低空の領域が繰り返し侵犯されていることは、現在そのもっとも際立った現れの一つである。主権はもはや平面的、平面領土的ではなく、体積的で三次元的であるために、その再検討もまた同様の観点からなされるのだ。

スティーヴン・グラハムによれば、古典的な軍事理論は、「本質的に「平面的」で、凹凸のない地政学的な空間に対して権力を水平的に投射すること」に基づいていた。[14] こうした権力の投射のあり方は、現在では、異なるあり方にとって代わられている。非常に図式的に言えば、水平性から垂直性へと、参謀本部の古い地図の二次元的空間から体積的な地政学へと移行したのだ。

現在の領空権力の基本原則においては、作戦の対象となる空間はもはや同質的で連続的な空間とはみなされていない。それは、「反乱者の目的や戦術が地域ごとに変化しうる力動的なモザイク」となっている[15]。その都度別個に定められる規則に対応した、さまざまな色の升目からなるパッチワークを想像してみるべきだろう。

しかし、この升目はとりわけ立方体（cube）のようでもある。その中心的な概念が「キル・ボックス」だ。これは、「致死的箱」とか「死のキューブ」とか不完全に翻訳されてきたが、一九九〇年代初頭に生まれている。「「キル・ボックス」とは、図像的には、内部に対角線のある、特定の空間を区切った黒い実線によって表される[16]」。スクリーン上に、３Ｄで、碁盤目状の平面に立方体が置かれているのを想像してみるべきだろう。

「キル・ボックス」にはライフサイクルがある。開いたり、動作したり、凝固したり、閉じたりする。いささかハードディスクのデフラグのようなかたちで、この進捗状況をスクリーン上で追うことができる。小さなクラスターが作動し、その使用具合に応じて色を変えてゆくのだ。

「「キル・ボックス」の設置の直接的な目的は、司令部との調整なしに、地上のターゲットに対する妨害を行なえるよう、空中の戦力に許可を与えることにある[17]」。「対反乱作戦は「モザイク的」な性質を帯びるために、「キル・ボックス」はとりわけ分散型の武力行使に適応している[18]」。それゆえ、各々のキューブこそが、それを担当する戦闘部隊にとって、「自律的な作戦区画」となるのである[19]。はっきり言うと、任意のそれぞれのキューブが別個に射撃するということだ。「キル・ボックス」は、殺害を行なう一時的な自律的区域なのである。

　このモデルにおいて、紛争地域は、柔軟かつ官僚主義的な様態で作動する多数の一時的なキル・ボックスへと細分化された空間のようになる。米軍の将官のフォーミカは、Eメールで興奮を隠さずにこう説明している。「「キル・ボックス」のおかげで、われわれは、何年ものあいだやりたかったことができるようになる［…］。戦闘区域の見取り図をできるだけ早く調整することだ。いまでは、自動化したテクノロジーと、空軍による「キル・ボックス」の利用によって、時間的にも空間的にも、かなり柔軟なかたちで戦闘区域の境界を定めることができる」[20]。

　ランド研究所〔アメリカの軍事部門の研究開発のシンクタンク〕の所長は、二〇〇五年にドナルド・ラムズフェルド〔当時の国防長官〕に宛てたメモのなかで、対反乱作戦のために「「キル・ボックス」の非線形システムを採用すべき」だと提言している[21]。トムソンは重要な点としてこう強調している。「「キル・ボックス」のサイズは、開けた土地でも市街戦でも通用するよう調整できる。「キル・ボックス」は、活発な軍事状況に対応してすぐに閉じたり開いたりできる」[22]。

「キル・ボックス」のもつ〔時間的・空間的な〕断続性およびスカラー調節という二重の原理は重要である。それによって、公認の紛争領域の外部へと同様のモデルを拡張して考えることが可能になる。世界のどこにおいても、正当なターゲットとみなされる個人の場所を特定しさえすれば、その時点の情勢に応じて、致死力のある一時的なマイクロ・キューブが例外的に開かれるのである。

　米軍の戦略立案者が、ドローンが今後二五年でどのようになるかを想像するときに、最初に行なうのが、コンピュータグラフィックの担当者に、モスク、家屋、ヤシの木のある典型的なアラブの街のモンタージュ画を描いてもらうことである。上空にはトンボが飛んでいる。実際にはこれはナノ・ドローンだ。つまり、群れをなして荒らしたり、「ますます閉塞した空間を動き回」ったりできる自律型の昆虫型ロボットである。[23]

この種のマシンのおかげで、きわめて狭い空間、致死力のあるマイクロ・キューブのなかで軍事的暴力を行使できるようになる。一人の人間を排除するために家屋全体を破壊するのではなく、武器を小型化し、壁穴を通れるようにすることで、遠隔操作された爆破の衝撃をたった一部屋に、さらにはただ一人の身体にとどめることができるようになるだろう。あなたの部屋、あるいはあなたのオフィスが戦争区域になるということだ。

こうした未来の超小型マシンを待たずとも、ドローンの推進者たちはすでに自らの武器を技術的に精緻化することにこだわりを見せている。しかし、それには逆説がある。このような精緻化の利点とされるものが何の役に立つかと言えば、それは射撃場を全世界に拡大するための論拠としてなのだ。そこには、軍事的「紛争区域」という空間的・法律的な概念にハサミを入れつつ、それをほとんど完全に取り払ってしまうという二重の動きがある。この逆説的な解体には、次の二つの原理がある。

①軍事的紛争区域は、小型化可能な「キル・ボックス」へと細分化され、理想的には、獲物としての敵の身体だけをめざして縮減される――身体が戦場のようになる。これが、精緻化ないし特定化の原理である。②しかし今度は、このような可動式の微小空間は、追跡の必要性や、攻撃の「外科手術的」性格といった名のもとで、どこにあったとしても標的にすることができるとされている――世界が狩猟場となる。これが、グローバル化ないし均質化の原理である。われわれが標的に対し精確に照

準を定めることができるからこそ、好機があればいつでも、しかも戦争地域の外部においてさえ、攻撃を行なうことができる――軍部やＣＩＡが主張しているのはおおよそこういうことだ。

これに歩調を合わせるかたちで、アメリカの一部の法律家は、今日、「軍事的紛争区域」という概念はもはや地理的な狭い意味では解釈してはならないと主張している。かつての地理を基軸とした考え方は時代遅れのものとみなされ、それに対し、彼ら法律家は、獲物としての敵の代わりに、照準を合わせた標的という考え方を提起する。この考え方によれば、軍事的紛争区域は「地理にはもはやなんの関わりもなく、敵が向かうところどこにでも進んでゆく」[24]。それは、「戦闘地域の境界線は地政学的な線によって規定されるのではなく、むしろ軍事的紛争に参加する者たちの場所を特定することによって規定される」という主張である[25]。

彼らの主要な論点の一つは、法律的というよりも実践的な次元にあるものだが、彼ら法律家たちはこの論点をアメリカの行政的な文言から借り受けている。彼らが素直にも繰り返し述べるところによれば、戦時法についての地理を基軸にした解釈を厄介払いしなければならない理由はこうだ。こうした解釈を実践へと延長すると、「警察の力が実効的ではないとされる国家ならどこでもテロリスト組織のための聖地となりうる」ことになってしまうからだ[26]。しかし、このような論点は、意味論的な議論の下で、次のような政治的な争点を露わにしてもいる。つまり、問題となっているのは、致死力のある警察権力を国境外で行使することを正当化しうるかどうかなのだ。

もちろん、デレク・グレゴリーが指摘するように、一つの問題は「〔実際の〕戦闘地域が、公認の紛争区域以上に拡張されるという法律的な論理自体もまた、無限に延長できる」ところにある[27]。軍事的紛争区域という観念を、敵の人格に結びついた可動的な場と再定義することによって、軍事的紛争に関する権利という装いのもと、世界規模に拡大された裁判を経ない刑執行の権利に相当するものが要求されることになる。これは、非戦闘地域であっても同様だ。どんな疑いがあろうとも、手続きを踏むことなく、自国の市民に対しても当てはまることになる[28]。

この拡張はどこで止まるのだろうか。これが、二〇一〇年にNGOのヒューマン・ライツ・ウォッチがバラク・オバマに提起した問いである。「世界中で、自動的に、また拡大して、戦時法が適用される戦場になるという考えは国際法に反しています。行政的には「グローバルな戦場」はどう定義されるのでしょうか。［…］この表現は字義通りに捉えられるのでしょうか。パリのアパルトマンでも、ロンドンのギャラリーでも、アイオワ・シティのバス停でも、テロリストとみなされた人物に対しては、法的に、致死性の力を用いることが許容されるということなのでしょうか[29]」。

先の解釈にはこうした危険があることから、これに批判的な法律家たちは、軍事的紛争区域についての古典的な考えを根本的なものとして擁護している。すなわち、軍事的な暴力およびそれを規制する法は、空間的に確定された限界を有する。また、法律的な概念としての戦争は、地理的に画定される対象であり、またそうでなければならない、という考えだ。〔とはいえ〕軍事的紛争は、画定可能な場ないし領域を占めることをその特性としているのだろうか。このような存在論的な問いは、抽象的なものに見えるかもしれないが、今日、その政治的な含意は決定的である。この問いに肯定形で答えるとすれば、まずは一連の自明の理を唱えただけになるだろう。すなわち、戦争と平和は、時間的に相次いで起こる状態としてだけでなく画定可能な空間としても考えられるという、戦争と平和についての合法的な地理学だ。領域は領域だ――空間の一部を囲い込み、境界線でもって内部と外部を分けることができる。軍事的な紛争は軍事的な紛争だ――すなわち、紛争は、暴力の強度の点で測定可能なレベルによって指示される。しかし、こうした単純な定義には、きわめて重要な規範的な含意がある。まずは次のものだ。もし、戦時法に関する特殊な法律が、戦争が行なわれている場所にしか適用されないのならば、戦争以外のところでは、戦士として振る舞う権利はない、というものだ。

法律家のメアリー・エレン・オコネルは、パキスタン、ソマリア、イエメンにおいて実際に行なわれたドローンによる攻撃は非合法だとしている。オコネルによれば「ドローンはミサイルを発射したり、爆弾を投下したりする――これらの武器が合法的に用いられるのは、武力紛争における敵対勢力に対してのみである[30]」。ところで、「パキスタンの領土では武力紛争はなかった。というのも、武装し組織化された集団間には武器による戦闘行為がなかったからである。国際法は、実際上の武力紛争以外には、戦争に用いられる武器による殺害の権利を認めていない。「テロに対する戦争」と呼ばれるものは、武力紛争ではない[31]」。したがって、これらの攻撃は、戦時法の甚大な侵害となるわけだ。

グローバル規模のマンハントという企図は、このような伝統的な法の読み方と即座に矛盾をきたすことになる。それゆえ、このような企図を促進しようとする者たちは、かようなものの見方に異議を申し立てるために、加えて、武力紛争に関する法は言外の地理学的な存在論を前提とするという主張を無に帰すために、並々ならぬ努力を払おうとするのである[32]。マンハントの領域を拡張せんとする現在進行中の闘争において、法律家は第一線を占めている。そして、彼らの戦場をなすのは、応用存在論だ[33]。すなわち、「場所とは何か」という問いが、生きるか死ぬかの問いとなるのだ。もしかすると、法の根本的な目論見は、暴力の合法的な行使を地理的に限定するために、暴力を囲い込むことにあった、と想起すべきときなのかもしれない。

7　空からの対反乱作戦

空軍の力は、われわれ自身に対する破壊の萌芽を含んでいる。われわれがこの力を責任あるかたちで用いなければ、われわれはこの戦いに敗れるだろう。

マクリスタル司令官[1]

「軍隊が好む兵力の一つは飛行機だが、しかし飛行機はゲリラ戦の第一局面ではまったく実際の活動はできない。そこでは敵の数も少なく、起伏に富んだ地域に拡散しているからだ。飛行機が有効なのは、組織化され、よく目につく防御部隊を一網打尽にするときだ。これはわれわれのゲリラ戦にはまったく当てはまらない[2]」。エルネスト・チェ・ゲバラがこう書いた一九六〇年代には、これはまだ正しかった。

つい最近までは、かつて「帝国主義陣営」と呼ばれていた国々における、対反乱戦争の戦略家たちは彼の意見に賛成していた。素早く消え去り、社会のなかの秘密の場所など、領土の曲折に隠れることに長けた戦闘員の一群に対し、航空兵器は完全に無力、ひいては反生産的ですらあると考えられていた。空から標定可能な一群が集中していなければ、爆撃は必然的に非戦闘員を血の海にすることを意味していた。しかし、学説がそれを拒んでいたのは、実のところ道徳的理由からというよりも戦術的な理由による。対反乱戦争の公然たる目的は、住民たちを自分たちの側に引き寄せることにあったのだが、行き当たりばったりの暴力の行使は、逆に、住民たちを敵の手中に投入するおそれがあったのだ。だから、この種の戦略において航空兵器は理論的には周縁化されていた。二〇〇六年においてもなお、米軍の「対反乱フィールド・マニュアル」は、この点について、附録として数ページを割いているにすぎなかった。

しかし、実際には、事態はすでに転換しはじめていた。ドローンの使用は急速に一般化し、二〇〇〇年代の終わりから、事実上、飛行機はアメリカの対反乱作戦の本質的な兵力の一つとなっていった。このような音も立てぬ変異について、学説的に大混乱が起きようとも、軍事的な実践の理論化を意識的に行おうとする戦略家も出てきた。

空軍に属する戦略家たちは理論が実践に追いついていないことを嘆きつつ、そろそろ空からの対反乱作戦を基本原則として明白に採用すべきだとしている。この「空からの力」の信奉者たちは、対反乱戦争についての「陸上を基軸とした」正統派の理論家たちに正面から対立している――彼らにしてみれば、それは「偏狭な枠に収まった時代遅れのパラダイム」であり、嘆かわしいことに、そこでは「空からの力〔航空戦力〕」は付随的な役割に格下げされており、陸上の力だけが「真の」仕事をなすとみなされている」[3]。このような古風なモデルに対して、彼らは自らの正しさを認めさせ、空を基軸とした新たな戦略を十全に引き受ける必要があるとする。ドローンがすでに、久しく前から、その特権的な道具となっているからだ。パルチザンのほうは、カール・シュミットの言い方によれば、本質的に地に属しているが[4]、現代の対パルチザン作戦は、成層圏的にならねばならないのである。

ゲリラ戦争は、超大国をたびたび非対称な紛争に巻き込み、つねに問題の種となっていた。パルチザンのほうは、自分たちの一時的な弱点を補うためにも、直接的な対決より前哨戦や待ち伏せを好む。攻撃してはすぐさま後退し、自らを捕えにくい存在にするわけだ。ドローンは、こうした歴史的な問題に対する遅まきの返答として現れてくる。ドローンはゲリラに対し、その古い原理、すなわち、敵から敵を奪うという原理を——ただし今回は根底的に絶対的なかたちで——送り返すのである。ドローン兵器に直面したパルチザンにとっては、もはや攻撃すべき標的はない。「われわれは殺すべきアメリカ兵がいることをアラーに祈った。空から降ってくるこの爆弾とは戦うことができない」のだ。[5]アメリカ軍の士官たちは、『ニューヨーク・タイムズ』紙がアフガニスタンの村人のものだとするこの文句を、パワーポイントによるドローンの説明のなかに喜んで挿入する。彼らの新たな兵器がもつ、局所化できないという有効性を肯定してくれるからだ。

戦闘を不可能にし、兵器による暴力を刑執行に変容させた後は、敵対する戦闘員の意志それ自体を無化することが問題となる。というのも、「死の脅威だけでは戦闘に向かう意志を挫くことができないとしても［…］戦うことのできないところにいる相手から不可避的に死がもたらされるという無力さの場合ならば事情は別だろう」からだ。[6]空軍少将のチャールズ・ダンラップはこう説明する。「ドローンは、反乱者たちの心理を挫くための機会を生み出す」と。[7]こうした考えは新しいものではない。ジョン・バゴット・グラブ卿は、かつてイギリスが戦間期に現地人の反乱を押さえつけるために空爆を用いたことに関して、ほとんど同じ表現でこう述べた。「その恐るべき道徳的な効果は、部族の男に対して、攻撃に対し効果のあるかたちで応戦できない無力感から生じる士気喪失に基づいている」[8]。

ここで問題となるのは、身を隠すことができないという恐怖《テロル》による戦闘だ。「アメリカの精確な航空戦力は（より広大で、より効力のあるレベルにあるとはいえ）、反乱者たちが、即興の爆発性の火器を用いて［…］生じさせようとしている効果になぞらえられる」[9]。これ以上明晰に述べることができるだろうか。戦術的な面では、ドローンによる攻撃は——テクノロジーの洗練は脇に置くとすれば——〔テロリストによる〕爆弾攻撃に相当するというのだ。つまりそれは、国家的なテロリズムの武器なのである。

空軍の戦略家たちは、もちろん、「歴史的な経路」において対反乱作戦の理論家が必ず対置するはずの反論のことを知らないわけではない。彼らは概ねこう言ってくる。過去の教訓を覚えておいででしょう。あなた方が新たな戦略として紹介なさったものは、すでに試みられていますが、それはどういう帰結をもたらしたでしょう。あなた方の「空からのコントロール」という原則は、第一次世界大戦の後、英国空軍が規定した空爆についての学説と少しも変わることがありません。英国空軍は「地元の住人たちがイギリスの委任統治に賛成するようにするために村々を混乱させ、破壊する」ことが目的だったのですが[10]、こうした政策は、苦い失敗に終わったのですよ——こういう反論だ。ちなみに、一九二三年にイギリスの士官が記した総括を引用するだけで、それから三世代のちの現在、世界の同じ地域で用いられている同種の戦略の倒錯的な効果を、奇妙にも同時代の描写と感じるには十分だろう。「そうした攻撃は、爆撃を受けた地域の住民たちを完全に激昂した状態で家から追い出す。彼らはそうした攻撃を「卑怯」な戦争のやり方だと考え、憎しみをいっぱいにして、近隣の氏族や部族のもとへと散らばってゆく。このような攻撃によって生み出される政治的な効果はまさしく、われわれ自身の利益にとっても避けるべきものだ。すなわち、長きにわたって国境地域の部族たちに深い敵意と疎外感を生じさせてしまうのである」[11]。

特殊作戦の司令部付きの情報部門の士官であるアンジェリーナ・マギネスが巫女のような口調で指摘するように、「英国空軍が実施した空からのコントロールの歴史的な教訓があったにもかかわらず、空軍の優れた理論家の幾人かが、こうした選択肢を、対反乱戦略における地上勢力の広大な展開に対する代替案として提示しているのは興味深い」[12]。彼女は、いっそうはっきりした表現で、対反乱戦略の本質そのものについて根本的な誤解があるとし、航空戦力を基軸にしたモデルの推進者たちを非難している。「メイリンガーは、反乱および対反乱の真の性質を認識できていない。作戦の重点が住民にあるのならば、そして、住民が地上に住み、行動し、そこに自らをアイデンティファイしているのならば、合衆国が対反乱戦の性質を、失敗せずに、指摘された方向へと修正しうるなどと考えるのはむろん愚かなことだ。［…］反乱は、性質上、本源的に地上へと向かってゆくものである。したがって、対反乱作戦もまた、必然的にそうである」[13]。

地と天とのほとんど形而上学的な論争だ。対反乱作戦は、その精髄を失うことなく、空中政治の域へと上りつめることはできるのだろうか。もちろん、作戦中に、戦略が――そしてそれとともに政治が――雲のなかに消えてゆくというリスクはあるだろうが。

これに対し、ドローンによる対反乱作戦の推進者たちは、古くからの悪癖を免れることに成功したと主張している。しかも、テクノロジーの進歩によってだ。もちろん、過去を見ると、「不精確な武器は、ネガティヴな効果として、副次的な被害《コラテラル・ダメージ》をもたらし、〔飛行機による〕戦術上の利点を阻む以上のことをしたように見える」。さらに、こうした不遇な歴史上の経験こそが、「対反乱作戦は「地上のブーツ」〔実際に戦地で戦う部隊〕の問題であるとか、航空戦力は反生産的だという自明の理」に信憑性を与えてきた、と彼らは付け加えもする。[14] とはいうものの、〔ドローンの信奉者らにとって〕こうしたことはすべて過ぎたことだ。ドローンは高度なテクノロジーに基づく道具なのだ。視線の持続性と標的化の精確さという二重の革命によってこそ――彼らの言うところを信じるならば――古くからの反論は歴史のゴミ箱のなかに放り込まれることになったのだ。

ハンナ・アーレントが警戒を呼びかけたように、政治における嘘の問題は、嘘をついている者がついに自らその嘘を信じるにいたることにある。[15] ここで浮び上がってくる印象はまさにそれ、すなわち、言説による自家中毒という現象だ。ドローンおよびその他の外科手術的な攻撃は、もはや副次的な損害は無視しうる程度にしか引き起こさないほど精確になっていると何度も繰り返すことによって、ドローンの信奉者たちは、深刻な敵対的影響がすべて消失したと実際に結論づけられると信じはじめているのである。とはいえ、事実というのは頑固なもので、まったく別のことを語っているのだが。

デイヴィッド・キルカレンはまったく平和主義者ではない。彼は陸軍大将ペトレイアスのイラクにおける元顧問官で、今日では、アメリカにおける対反乱作戦の原則についてのもっとも優れた専門家の一人と目されている。二〇〇九年に、彼は、『ニューヨーク・タイムズ』紙の論壇にアンドリュー・マクドナルド・エクサムとの共同署名論文を寄せ、パキスタンにおけるドローン攻撃の実施猶予を要請している。[16] 二人の著者の診断は単純なものだ。この作戦は、アメリカの利益にとって危険となるほど反生産的だ。人々は短期的な戦術の成功に得意になって、こうした成功が戦略的な面では高い犠牲を払うことを理解していない、というのである。

彼らの主張によれば、第一に、この攻撃は、非戦闘員の住人たちを、過激主義者らの集団の腕のなかに投入することにしか帰着しない。結局、住人たちにとっては、過激主義者らは、「遠くから戦争をしかけ、しばしば戦闘員よりも多くの民間人を殺害する顔のない敵ほど憎むべき相手ではない」ように見えてくるだろう。[17] 彼らはさらにこう付け加える。「ドローンの戦略は、一九五〇年代のアルジェリアにおけるフランスの空爆や、一九二〇年代に、現在はパキスタンの部族地帯となっている場所でイギリスが行なった「空からのコントロール」の方法に類似している。こうした歴史的な反響という現象から［…］部族地帯に住む住人は、ドローンによる攻撃に植民地政策の継続を見てとるようになる」[18]。

第二に、こうした憤怒や、世論が一定の傾向を示して激化することは、攻撃を受ける地域に限定されない。グローバル化された世界において、武力による暴力は多国籍的な反響をもたらす。そこで、卑怯であると同時に人を馬鹿にするような、憎むべき権力というイメージが広く共有されるようになる。そうした反響には注意しなければならない。

第三に、おそらくこれがとりわけ重要なものだが、「ドローンの使用は、策略が——あるいはより正確に言えば、あるテクノロジーの要素が——戦略にとって代わりつつあることのあらゆる特徴を示している」[19]。これが彼らの診断の根本であった。真に戦略を用いるべきところで、テクノロジーによる新奇な装置に広範に依拠してしまえば、国家機構は、政治が急速に愚鈍化するリスクを負うことになる、というのである。

実際、合衆国の軍事機構の内部での議論において、きわめて深刻なことが起きている。それは、政治をどう理解するかにほかならない。何が問題かを捉えるために、非常に簡潔かつ部分的ではあるが、ここで痛手を負っている原則がどのような由来をもつかを素描する必要がある。

幾人かのフランスの戦略家をはじめとして、対反乱作戦の戦略を練り上げることにあくせくしていた人々は、毛沢東、ゲバラらの著作を紐解いていた。それらの革命的戦争理論を手早く読むことで、彼らは、自分たちの目的に合わせて、以下のような根本的な主張を引き出した。すなわち、闘争とはなによりもまず政治的なものだ、というのがそれである。ダヴィッド・ガリュラは、アルジェリアで兵役についたのちに、アメリカの士官学校で教鞭をとった人物だが、彼はそうした教訓を次のような正典的な文句に凝縮している。「住民に対する戦闘こそ、反革命戦争の主要な特徴だ」[20]。戦争は、ゲリラとまったく同様に、なによりもまず政治的となる。重点は住民にある。住民が敵と団結しないようにすると同時に、自分たちの味方に引き入れなければならない。戦略的な目標は、敵を周縁に追いやり、敵に対して民衆的基盤を与えないようにすることだ[21]。それが済めば、勝利がもたらされる。

たとえばキルカレンをはじめ、こうした考え方を支持する人々にとって、反乱と対反乱作戦の対立は、「渦中の政治的空間をコントロールするための戦い」とみなされる[22]。ところで、これは外部からはなしえない。土地は地理的なものであると同時に政治的なものであり、それを取り戻すには、その場にいなければならないのだ。そして土地に対するコントロールは、垂直に、空からすることはできず、水平に、地上で行なわれる。真の「土地」が人間であるならば、つまり、住民自身が何を考え、信じ、感じとっているかがこの「土地」を意味するならばなおさらそうだ。対反乱の技術は、「行動がどう感じとられるか、またそれがどういう政治的帰結をもたらすかが、戦場での策略の成功如何よりも重要となる「政治的戦争」の技術なのであるから、[23]住民自体に向けられる軍事的作戦の政治的な効果がどう感じとられるかが紛争の争点となるのであって、これこそが用いるべき策略や武器の妥当性を規定するのである。さらにまた、誉れ高い文句を用いれば、「住民の心と精神」の征服は、「軍事的、政治的、経済的、心理的、民生的」な手段の全面的な活用を前提にしている。[24]そのなかで、公然たる武力は必ずしもつねに主たる構成要素であるわけではない。もちろん、こうした美辞麗句は、対応する歴史的実践とくらべてみなければならないが。

いずれにしても、こうした対反乱をめぐる根本的に政治的‐軍事的な理解は、逆説的にも武力闘争についてのマルクス主義的‐革命主義的な理解を引き継ぐものなのだが、こうした理解ゆえに、民衆や土地を基軸とした原則の主張者たちは、今日、ドローンをアメリカ式の対反乱作戦のほとんど排他的な武器へと格上げすることを拒否しているのである。キルカレンがドローンのテクノロジー・フェティシズムに反論するとき、そこにはガリュラに連なる以下のような戦略的な考えがある。「戦術のレベルで言うと、対反乱作戦は、複数の陣営が住民を自分の側に引き寄せようとする、陣営間の競争にとどまる。争点は、人々にある[25]」。

対反乱作戦の専門家たちの目の前で生じつつあるのは、パラダイムの深刻な変容だ。アメリカの軍事力の戦略ばかりでなく、その只中で自分たちの制度的な立ち位置が脆くなっていっているのだ。彼らにとって、戦術のドローン化が現実に示しているのは、対反乱作戦のパラダイムに対する反テロリズムのパラダイムの優越なのである。

彼らはこう説明する。もともとは、これら二つの表現はほとんど同義語であり、差異があるとすれば使用法だけだった。「反テロリズム」というレッテルは、とりわけ、そのネガティヴな含意ゆえに、敵対する反乱運動を非合法なものとするためのレトリックとして、プロパガンダ用に用いられていた。[26]〔だが〕ヨーロッパにおける〈ドイツ赤軍〉や〈赤い旅団〉の活動に直面した一九七〇年代から、反テロリズムという表現は徐々に自立的なものとなり、古典的な対反乱作戦の理論とは区別され、ほかの理論に基づく独立したパラダイムとなるにいたったのだ。その差異は特筆すべきものである。

対反乱作戦が本質的に政治的‐軍事的なものであるのに対し、反テロリズムは根本的に警察的‐保安的なものである。こうした根本的な方向性のちがいは、ほかのさまざまな弁別的な特徴にも現れる。まずは、どのように敵を認識するかという点に差異がある。前者のパラダイムでは、反乱者は「社会の深奥にある要求の代弁者」とみなされ[27]、実効的な戦いを行なうためには、その存在理由を突き止める必要があるとされる。これに対し、後者のパラダイムでは、「テロリスト」というレッテルを貼られ、「異常な人物」、危険分子とみなされる。ただの狂人や、純粋に悪を体現するような人物であれば話は別なのだが。

このようにカテゴリーが分けなおされることで、標的はもはや、倒すべき政治的敵対者ではなく、逮捕ないし排除すべき犯罪者になる。対反乱作戦の戦略がなによりもまず、「特定の行為の遂行者を逮捕することよりも、反乱者の戦略を失敗させること」をめざすのに対し[28]、反テロリズムのパラダイムにおいて採用されるのは正反対の手法だ。その警察的な論理のもとでは、問題が個人化され、ケースに応じて、容疑者を最大限無力化することへと目的が縮減される。対反乱作戦が民衆を基軸にするものであるのに対し、反テロリズムは個人を基軸とする。敵を住民から切り離すことではなく、個人としての敵を有害な状況の外部に置くことがもっぱら問題となるのである。それゆえ、解決策も、こうした反乱者が表現する対立図式がどのような社会的ないし地政学的な理由に基づくかを考慮することなく、彼らを一人ずつ狩り出すことになる。政治的分析が、警察的な理解範疇のなかに溶解してゆくのである。

反テロリズムのパラダイムは、説教家であると同時にマニ教徒〔善悪二元論で知られる宗教〕でもあり、敵対するものの根源についても、それに対して自らがどのような影響を及ぼすかについても、少しも分析の名に値するものを試みない。善悪二元論はもはや単なるレトリック上のモチーフではなく、さまざまな戦略的な関係の複雑性を考慮するのにとって代わる、分析カテゴリーとして現れる。対反乱作戦の戦略が、粗暴な暴力ばかりでなく、妥協、外交的行為、圧力、強制力を伴う協定等を含んでいたのに対し、反テロリズムのほうは紛争に関する政治的な対応をいっさい排除している。「テロリストとは交渉しない」とは、根本的に無‐戦略的な思想のモットーなのだ。

ドローンによるマンハントが物語っているのは、実践的にも原則の上でも、反テロリズムが対反乱作戦に勝利を収めたということだ。この論理においては、死者数を算出したり、狩りの戦利品をリスト・アップしたりすることが、武力行使の政治的な影響を戦略的に評価することにとって代わる。成功は、統計的にもたらされることになる。評価は、その土地で実際にどのような影響が生じたかとは切り離されるようになるのである。

これに対し従来の原則の支持者たちは不安を覚えている。このような方針転換は、中長期的には、アメリカの利益にとって戦略的に破局的な影響をもたらすほかはないだろうと考えるからだ。もちろん、ドローンは遠くにいる物体を粉砕することには秀でているが、「心と精神」を捉えるには適していない。ピーター・マチュリックはこう書いている。「現在パキスタンの反テロリズム攻撃でドローンが用いられているが、これは、合衆国がここ数十年行なってきた対反乱戦争の実効性についての原則と矛盾をきたしている。［…］現在行なわれているドローン作戦の有用性は限定的であり、さらには反生産的ですらある。ドローンは民衆を基軸とした対反乱戦争の目的を実現することはできない。「剪定」作戦においてドローンを用いることは、ネガティヴな影響をもたらす。なかでも、副次的な被害と現地の住民の軍事化という影響だ。それは、住民をわれわれから離反させるだけにとどまらず、新たな反乱を育みうる」[29]。

パキスタンのタリバンの指導者バイトゥッラー・マフスードの証言は、この主張のもっともらしさを例証してくれる。「私は三ヶ月かけて兵を集めようとしたけれども、一〇人か一五人しか見つけられなかった。だがアメリカの攻撃が一度あっただけで、一五〇人の義勇兵がきた」[30]。このような行動―抑圧の図式は、対反乱作戦の策略のイロハに属するのだが、アメリカ軍によって忘れ去られているようだ。これは、こうした図式が、彼らのマニュアルにはっきりと書かれているだけにいっそう驚くべきことだ。「もっぱら軍事行動による衝突は、ほとんどの場合に反生産的になる。それは、民衆のなかに遺恨を生み出し、殉死者や復讐の連鎖を作り出す危険がある」[31]。だが、本当に忘却したのだろうか。

おそらくそうなのかもしれない。ただし、それとは別のことが問題になっているのならば話は別だ。というのも、従来の原則の擁護者たちが訝しんでいるように、空からの力という戦略が提示する修正案は、実のところ、はるかに根本的なものなのであって、古典的な対反乱作戦の理論の政治的な公理と純粋かつ単純に袂を分かつものだからだ。たとえばダンラップが強調するのは、公的な原則が、「占領軍によって心と精神を捉え」ようとする努力に、あまりに不釣りあいな意義を認めているという点だ。[32]ところで、彼の主張によれば、「手に負えない反乱者を抹消するための力の役割を過小評価」してはいけない。[33]「たとえ歴史的に、敵対する国の住民たちに対する空からの力〔…〕の影響について多くのことが議論されてきたにせよ、今日では問題は別である。今日の問題は、民間の住民ではなく、反乱者自身に対する心理的なインパクトに焦点が当たっている」のである。[34]

ここでわれわれが目の当たりにしているのは、恐怖を与え、撲滅することをめざす政治的な効率が、住民に対する政治的な影響の考慮を凌ぐにいたっているという事態である。ドローンによってわれわれは住民を敵に回すことになる――それがどうした、もはやワジリジスタンやその他の地域の村人たちの「心と精神」はどうでもよい、ということだ。いずれにしても、かつての植民地戦争とは異なり、目標は、もはや一つの領土を占領することではなく、たんに「テロリストの脅威」を遠くから排除することになるのである。

この点に照らすと、ドローンへと過度に依拠することにはもう一つの意味が見えてくる。空軍特別顧問官のリチャード・アンドレスはこう指摘する。かつての空からの兵力の戦術的な限界は、それが「敵の徴兵を相殺できるほど早く反乱者を殺害ないし除去することができない」点にあった。[35]行間から理解しなければならないのは、多量のハンター・キラー・ドローンが、今日ついに、速度競争に勝利し、個々人の徴兵と少なくとも同じくらい素早く彼らを除去できる能力を手に入れているかもしれないということだ。空からの対反乱作戦の戦略的な図式がこうして明らかにされる。頭が出てくるやいなや、それを切り取る、というものだ。それゆえ、この予防的手段によって、攻撃と報復のスパイラルがほとんど制御不能になり、新たな任務がますます増えるという倒錯した効果が生じるとしても、それはさほど重要ではない。この観点からすると、行動−抑圧という古典的な図式では〔空からの〕攻撃は敵がいっそう徴兵できるようになる点で反生産的などという反論は無効になる。敵の陣営がふくらむかどうかもさほど重要ではない。というのも、新たに徴兵された新兵が現れるやいなや彼らを定期的に無力化することがいつでも可能となるからだ。定期的な剪定を新たに始めればよいのだ。これは、無際限な撲滅という図式である。ここで理解しなければならないのは、反テロリズムが対反乱作戦に着手するとき、その目的は、周期的な刈り入れのようにして、出現する脅威をかなり定期的に除去することで足りるということである。「十分やっつけたまえ、そうすれば脅威は消えるだろう。しかし、「殺しのリスト」は〔…〕、短くなったりはしない。名前と顔が、たんに別のものに置きかわるだけだ[36]」。このような撲滅戦略は、際限なきスパイラルのなかに入ってゆくことで、逆説的に、けっして撲滅できないという定めをもつことになる。この戦略は、その倒錯した効果がもつダイナミズムそれ自体によって、ヒドラの首を切り取ることができない。自分自身の否定性のもつ生産的な効果ゆえに、自分自身がこのヒドラを永続的に再産出しているからだ。

　ドローンを「反テロリズム」の特権的な武器だとする賛同者たちは、喪失も敗北もない戦争がやってくると約束している。彼らが明記し忘れているのは、それは同時に勝利することもない戦争だということだ。そこに描かれるシナリオは、出口が不可能になった、際限のない暴力というものだ。不可触の権力が、勝利なき戦争をもたらすという矛盾である。永遠戦争に向けて、ということになろうか……。〔カントの『永遠平和のために』をもじったもの〕

8 脆弱性《ヴァルネラビリティ》

そのペテン師たちが売っていたのは、戦地でも不死身になり、幸せな狩りができ、どんな危険からも身を守ってくれる魔法である。

ブラッスール・ド・ブルブール[1]

不死身さ〔無脆弱性（invulnérabilité）〕についての偉大な神話はほとんどすべて、失敗談だ。主人公は不死身だが、一つだけ例外があるからだ。アキレスはほとんどすべて「鉄をも通さぬ」身体をもっているが、もちろんくるぶしを除く。龍の内臓のなかに入っていったジークフリートは、身体が「鱗と同じくらい硬く、斧をくらってもものともしない皮膚」で覆われていたが[2]、シナノキの葉が置かれた右肩だけは別だった。ヘラクレスは、まだ子どもだったアイアスをネメアーのライオンの皮で覆ったため、アイアスの身体は不死身となった。ただし、猛獣の毛皮に触れていなかった脇の下だけは別だった。ペルシア神話では、イスファンディヤールはゾロアスターから魔法のかかった水を頭に注がれたが、誤って目を閉じてしまったために、右の眼に致命傷となる矢を放ったロスタムによって打ちのめされることになる。北欧神話においては、バルドルの母であるフリッグは、すべての生物と無生物に対し、自分の息子を救うよう誓わせた。すべての存在が祈りを捧げたが、貧弱な植物のヤドリギだけはその依頼から漏れていたのだった……。

これらの神話が語っていること、それは不死身さとはまさしく神話にほかならないということだ。つねに弱点、予期せぬこと、欠陥があるからだ。龍を打ちのめしても、枯葉で命を落とすこともある。その教訓は、不死身さが全面化することがありえないことだけではない。不死身をめざすあらゆる企ては、逆にそれに呼応した脆弱性を生み出してしまうことにもある。テティスは、アキレスを川に浸そうとその身体を掴んだがために、アキレスを不死身にすると同時に、自分の手が触れていたまさにその場所に脆弱性を生み出した。不死身化と脆弱性は、排他的なのではなく、たがいを呼び求めるのだ。

以上の警告は、不死身に見える敵に対して、あるいは不死身を自称する敵に対して、踵を探り、欠点を見つけるための方法論的な教訓として読むこともできる。問題の全体は、「不死身なもの」の脆弱性はどこにあるか、また何に対してかを見出すことにある。戦闘のためにはあらかじめ探りを入れる必要があるが、この探りは敵の身体に関わるのだ。

中世において、火薬が戦闘における生死の社会的‐技術的な条件を転覆する以前の時代、騎士は、「鎧のすべての部分を集めて槍も剣も短刀も自分の身体まで届くことはないようにし、穴もあかないくらい鎧を頑丈にする方策を想像することで、ほとんど不死身になる」ことができた、と言われている。[3] とはいえ、その結果、「戦争や、個別の戦闘において、戦士たちの策略の一つは鎧の欠点を見出すこと」になったのだ。[4]

ドローンのオペレーターたちがスクリーン上で見ている画像と、地上で起きていることとのあいだには乖離がある。それが、「信号の潜時」〔情報が与えられてから反応が起きるまでの時間〕の問題だ。技術によって制圧できたと思っていた空間が、圧縮できない時差という観点で回帰してくるということだ。オペレーターが照準を合わせることができるものはすべて、いささか時間差をもった先立つ状況の画像にすぎない。『ニューヨーク・タイムズ』紙は、標的がこうした非同期性を操作できるようになってきたことを報告している。自分がドローンに追跡されていることを感じた個々人は、それ以降、ジグザグに動くというのだ。[5]

　ドローンは、喜び勇んで全能さのイメージをもたらそうとしているが、実はそれにはほど遠く、欠陥や深刻な矛盾によってひびの入った、脆弱な武器である。それが示す脆弱性はいくつもある。まずは技術的な脆弱性だ。

　ドローンの使用は、第一に、それが飛び回る空間を制御していることを前提とする。この条件は、敵が有効な対空防衛の設備を有しない非対称戦争の文脈においてはおのずと得られるものだが、そうした条件がなくなると、実際のドローンの多くは、〔米空軍の〕デプチュラが認めているように、「ハエのように落ち」てしまう。[6]

　空の制御に加えて、電波の制御も必要だ。二〇〇九年には、イラクの反乱者らが、プレデター・ドローンの発する映像周波数の傍受に成功したと報道された。[7] これは、アメリカの軍事テクノロジーの至宝を打ち砕くことにほかならないのだが、このような偉業を成し遂げるにあたって彼ら反乱者に必要だったのは、インターネットで売っている三〇ユーロもしないソフトウェアと衛星アンテナくらいのものだった。アメリカの軍人たちは、自分たちのテクノロジーの優越性を過信していたせいか、かくも基本的であるはずの情報送信の暗号化を実効的に行なったようには見えない。同じ怠慢はイスラエル国防軍にも見られる。イスラエル軍は、最近になって、ヒズボラが一〇年以上も前から、イスラエル国防軍のドローンが発する映像周波数を傍受する能力を高めていることに気づいた。これによってヒズボラは、わけてもツァハル〔イスラエル国防軍〕[8]の地上部隊の場所を特定することができ、いっそう罠にひっかけやすくすることができたのだ。軍事的な監視は、そうとは知らずに、敵に自らの眼を譲り渡していたということだ。ゲリラの古典的な原則の一つは、敵対する陣営のなかで武器を調達することにあった。この法則は今日、兵器庫の電磁気による部品についても同様に当てはまるだろう。

ドローンの発する信号がこれほど容易にジャックされうるのならば、それに指令を送るデータの流れもまたジャックされうると考えることはできなくはない。未来の空の海賊は、暗号を破り、遠隔的に装置をコントロールする、という情報技術的なものとなろう。『ワイアード』誌は、近頃、クリーチ空軍基地のコンピュータにウィルスが侵入したことを明らかにした。そこにはドローンのオペレーターが使用するコンピュータも含まれている。[9]それは、「キーロガー」というタイプのスパイウェアで、キーボードへの入力を記録してそれを第三者に伝達し、パスワードの収集を可能にするものである。その脅威はいまだ相対的には軽微なものだが、しかしそこから多くのシナリオを検討してみることはできる。インターネットに接続された情報システムはどれもそうだが、ドローンは侵入行為に対しては脆弱である。情報技術によって制御された武器の身動きをとれなくするには、爆弾よりもウィルスによる攻撃のほうがより確実なのだ。

もちろん、完全にロボット化されたドローンを用いるという選択は根強く、これによって、一連の指令が〔敵に〕流用されうるという問題が解消されるかもしれない。とはいえ、それによっても以下のようなまた別のセキュリティの欠陥は残されたままである。事実、こうしたマシンは、方位を定めるために、GPS座標という人工衛星によるデータに依存しているが、このデータもまた、攪乱させられたり操作されたりしうるからだ。二〇一二年六月にアメリカ当局が行なったあるテストでは、テキサス大学の研究者グループによって、ドローンがどれほど容易にこの方面から撃ち落とされるかの実演が行なわれた。一〇〇〇ドル程度の資材でこしらえた装置を使って、このチームはマシンに対して偽のGPS信号を送ることができた。「われわれは、ドローンに対し、突然上昇していると思わせたのです[10]」。飛行高度を修正する任を負っている自動パイロットは、それを調整するために機体の進行方向を地上に向けた。介入する人間がいなければ、このドローンは墜落していただろう。

しかし、欠陥は技術的なものばかりでない。政治的‐戦略的な欠陥もある。一九九九年に二人の中国の戦略家が、アメリカの「死者ゼロ」という予言は、アメリカに敵対する者たちに、この世界最大の強国を失敗に陥れるための、迅速、容易かつ安上がりな手段を与えるだろうとの診断を下した。「一介のアメリカ兵――戦場にいる戦闘員だろう――が、目下のところ、戦争におけるもっとも貴重な価値を表すものとなり、割れないようにびくびくさせる陶器の花瓶に匹敵するものとなる。アメリカと戦火を交えた敵国はみな、おそらく成功の秘訣を悟っただろう――軍隊と戦わなくとも、一兵卒を殺せばよいのだ[11]」。兵力のドローン化は、この戦略的な欠陥をさらに徹底的なものとする。軍人が戦場から退くと、敵対勢力の攻撃は、いっそう容易に到達できる標的をめざすことになるだろう。兵士が射程のなかにいなくなっても、民間人が残っているのだ。あるアメリカの軍人はこう説明する。「考えなければならないのは、敵のあらゆる脅威に対して、われわれの兵力を遮断する企ては［…］「リスクの負担」を移転させることになるということだ。すなわち、リスクはもはやわれわれの肩にのしかかるのではなく、リスクを支えることのできる物質的な資源をもたない者たちに、つまりもっぱら民間人にのしかかることになる」[12]。ここには次のような逆説がある。軍人を過剰に保護することは、脅威に晒された軍人と保護された民間人という従来からの社会的なリスク分割を危うくする場合がある、ということだ。ドローン国家は、軍人の生命の保護を最大化し、その「安全地帯」の不可侵性を自らの力を示す標章としながら、反撃を自国の国民に向ける傾向を有するのだ[13]。

この種のシナリオがいっそうもっともらしいのは、「脆弱性を発揮することなく力を発揮する」という原理に結びついたセキュリティモデルの持続性が、いくつかの脆弱な前提に基づいているためだ。そこでは実際、国内の「安全地帯」を実質的に聖域化することが可能だ、ということが前提とされている[14]。危険、脅威、敵は、敵対領域の外的空間のなかに閉じ込められており、中に入ってくることはない、という前提だ。このような主張は、境界はどうしても多孔性を有するという問題につまずいてしまう。国家規模の「ゲイテッド・コミュニティ」〔ゲートで閉ざされた共同体〕の絶対的な孤立を保証するに十分な高さの壁というものはないし、十分な厚みの障害物もないのである。

軍事ドローンは「安上がり」の武器である――少なくとも、古典的な戦闘機にくらべればそうである。この点こそ、政治責任者に対して軍需産業が行なう売り込みのもっとも主要な論点の一つである。しかし、もちろんのこと、矛盾があるのは、かような武器は増殖することをその本性とするということとだ。

フランシス・フクヤマは『歴史の終わり』の後、何をしていたのだろうか。その失われた時のあいだ、彼はガレージで小さなドローンを作り、それを誇り高く自分のブログで展示していたのだった。[15] 彼は、指数的に増加するサブ・カルチャー、「日曜大工のドローン」、自家製ドローンというサブ・カルチャーのなかにいるのだ。一九六〇年代に模型作りに夢中になった人々と同様、今日においても、数百ユーロでレジャー用のドローンを買ったり、作ったりするアマチュアの小さなコミュニティーがある。これらのマシンは、マイクロカメラを備え、小さな粗い映像を撮ることができる。そのなかにははっとするほど美しいものもある。とりわけ私の念頭にあるのは、鳥の視点をとって、ブルックリン橋の上を飛び、スカイラインの正面をかすめ、自由の女神像の燭台のぎりぎりを飛ぶというニューヨークの上空横断だ。[16] これなどは、場合によって、ヴァルター・ベンヤミンの主張の妥当性の根拠となりえただろう。ベンヤミンによれば、技術は、今日では死をもたらす目的に仕えるものとなってしまっているが、密かにそれを駆り立てる遊戯的で美的な渇望との結びつきをとり戻すことで、自らの解放的な潜勢力をふたたび見出すことができるのだ。

しかし、ドローンが非軍事化されうるとしても、あるいはそうされるべきだとしても、日曜大工でこしらえたマシンを、労せずに非通常型の恐るべき兵器へと転換させることは十分可能だ。ロシアの研究者ユージン・ミアスニコフは、アマチュアの作ったドローンが「増強型の自爆攻撃兵器」となる可能性を見ている。爆薬を積んだベルトを巻いた人間とは異なり、アマチュアのドローンはきわめて容易に「安全区域に入り込み、「グリーン・ゾーン」のようなセキュリティの高い区域を危険に晒したり、スポーツのスタジアムのような人口密度の高い公共空間に到達できる」のだ[17]。

二〇〇六年一一月、アメリカの情報機関の秘密文書が、イラクの反乱者が用いている新たな技術を報告した。爆薬を積んだベルトを巻いた人物がカメラを備えつけられ、その映像を直接その上官に転送する。この装備のおかげで、「テロリスト組織のほかのメンバーは、自爆攻撃志願者の行動を、その上着にとりつけられたミニチュアのカメラを通して観察することができた。ほかのメンバーは、こうして、この人物が指定された標的の近くに来たこと、爆発物を起動させたことを確認できたのである。この人物が起動に失敗したとしても、観察者は遠隔操作でそのスイッチを押すことのできる状態にあった[18]」。これが、ヒト型ドローンの発明である。この人間は、遠隔的な爆轟装置によっていつでも爆破させることのできる別の人物によって、遠隔的な指令を受けるのだ。皮肉なのは次の点だ。もしかすると、相手の陣営には別の司令官がいて、自分の兵士たちのヘルメットに同様に備えつけられたビデオ・カメラによって、近づいて怪しげな行動をとりはじめる人物を自分のモニターで観察しているかもしれない、ということだ。両者は、スクリーンを同時に埋め尽くす雪景色を見て、自分の部下たちが全滅したことを同時に知るのだろう。ここまで来ると、攻撃技術の完成のためのさらなるステップは、爆弾を運ぶ人間を節約することだろう。ドローンとなった同志から、端的なドローンへと移行するということだ。

第2章　エートスとプシケー

1　ドローンとカミカゼ

私にとって、ロボットは自爆テロに対するわれわれの返答だ。

バート・エヴェレット[1]

ヴァルター・ベンヤミンはドローンについて考えていた。一九三〇年代中葉に軍事思想家たちがすでに思い描いていた遠隔操作飛行物体についてだ[2]。この事例は、ベンヤミンにとって、近代産業を特徴づける「第二の技術」と、先史時代の技術にさかのぼる「第一の技術」との差異を示すものだ。彼によれば、両者を分かつものは、一方が他方にくらべて劣るとか古風かどうかにではなく、「傾向性の差異」にある。「第一のものは人間をできるだけ関わらせるのに対して、第二のものはできるだけ関わらせない。言ってみれば、前者について讃えるべきは犠牲をはらう人間だが、後者については、電波によって遠隔的に指令を受ける、パイロットのいない飛行機である[3]」。

一方には、犠牲の技術が、他方には、遊戯の技術がある。一方には、全面的な関わりが、他方には、全体的な離脱がある。一方には、生を有した行為の特異性が、他方には、機械的な挙措の際限なき反復可能性がある。「一回かぎり──これが前者の技術の標語である（失敗すれば取り返しがつかなくなるし、成功すればその犠牲は未来永劫模範的となる）。一回などはどうでもよい──これが第二の技術の標語だ（その目標は、絶えず変化を加えつつ、使用経験を繰り返すことにある）」[4]。一方には、カミカゼが、すなわち、一回かぎりたった一度の爆発で自壊する自爆攻撃犯が、他方には、何事もなかったかのようにミサイルを繰り返し放つドローンがある。

カミカゼでは戦闘員の身体が武器と融合しているのに対して、ドローンでは両者は根本的に分離している。カミカゼにおいて私の身体は武器である。これに対して、ドローンでは、私の武器は身体をもたない。前者は行為者の死を伴うが、後者はこれを絶対的に排除する。カミカゼの実行者にとって、死は確実であるのに対し、ドローンのオペレーターにとって、死は不可能である。この意味では、これらの二つは、死に晒されるという脅威についての二つの対立した極を表している。これら二極のあいだにいるのが、死の危険に晒された人間という古典的な戦争の戦闘員である。

「自爆攻撃」と言われるが、その対義語はなんだろう。自分の生命を危険に晒すことなく爆発によって殺害を行なえる者を指す固有の表現はない。こうした人物にとっては、たんに、殺すためには死ぬことが必要ではないばかりでない。この場合には、殺しつつ殺されることが、不可能なのだ。

ベンヤミンが右の進化論的な図式に言及しているのは、実際にはそれをさらに転覆させるためにほかならないのだが、そうした進化論的な図式とは逆に、カミカゼとドローン、犠牲兵器と自己保存型兵器は、先史時代の後に有史時代が来て一方が他方を追い払うように、直線的な時系列上で一方の後に他方が来ているわけではない。逆に、両者は、二つの相対立する戦術が歴史的には相互に呼応しながら結合して出現している。

一九三〇年代中葉、無線通信会社ＲＣＡの技術者が日本の兵器についての記事を読み、極度の不安を覚えた。日本人が、自殺飛行機のためのパイロットの中隊を形成しはじめたことを知ったのだ。パール・ハーバーの悲劇的な奇襲のはるか前に、この技術者ツヴォルキンは、この脅威がどれほどのものかを捉えていた。「もちろん、この方法の実効性については論証の余地があるが、しかしこのような部隊で心理的な訓練が可能になれば、この兵器はもっとも危険なものとなるだろう。こうした方法がかの国で導入されるかどうかを予期するのは困難なので、われわれとしては、問題の解決についてはわれわれの技術的な優越性を信頼しなければなるまい」[5]。当時のアメリカにはすでに、航空魚雷に使用できる「無線コントロール飛行機」の原型はあった。しかし、問題は、この遠隔操作マシンが盲目であることであった。「それらを操作する基地との視覚的なコンタクトが断たれてしまうと、その実効性は失われてしまう。明白なのは、日本人はこの問題への解決を見つけたということだ」。彼らの解決、それがカミカゼだ。パイロットには目がついており、死ぬ備えができているため、パイロットはマシンを最後まで標的に向かって導くことができるのだ。

しかし、ツヴォルキンは、RCAにおけるテレビ開発の先駆者の一人でもあった。そして、もちろんそこにこそ解決策があったわけだ。「自殺パイロットと同じ効果を実質的に得るための可能な手段の一つは、無線でコントロールした魚雷に電気の目をつけることだ」[6]。そうなれば、オペレーターは標的を最後まで見届けることができ、無線指令によって接触点まで視覚的にその武器を導くことができるだろう。

飛行機のキャビンには、パイロットの電気的網膜だけを残し、身体のほうは、別のところ、敵の対空防衛兵力の射程外に遠ざけておくのだ。このような遠隔画像《テレヴィジョン》と遠隔指令された飛行機とを連結させる原理でもってツヴォルキンが発見したものこそ、のちになるとスマート爆弾ないし軍用ドローンと呼ばれることになる方式なのである。

　ツヴォルキンの文書で特記すべきなのは、彼が、ドローンの祖先を反カミカゼとして構想していた点だ。しかも彼は、自分の理論的な考察の冒頭からそうしているのだ。それは論理的な、定義上の観点からばかりではなく、わけても戦術的な面でそうだ。すなわち、ドローンはカミカゼに対し解毒剤として呼応すると同時に、双子星としても呼応するというのだ。ドローンとカミカゼは、爆弾をその標的まで導くという同じ問題を解決する、対立した二つの実践的な選択肢を提示する。日本人が彼らの犠牲的道徳の優越性によって実現しようとしたもの、それをアメリカ人は彼らの物質的なテクノロジーの優位性によって成就しようとしたわけだ。前者が心理的な訓練や、英雄的な犠牲の道徳によって到達しようと期待したものは、後者にとっては、純粋な技術的な方策によって実現すべきものであった。ドローンの考えの起源は、生きるか死ぬかについての倫理的-技術的な経済のなかにある。そこで、テクノロジーの力が、もはや要求しえない犠牲の代わりをなすわけだ。一方には、大義のためには自らを犠牲にする備えをもった戦士という価値があるのに対し、他方には、もはや幽霊のようなマシンしか残らないのである。

　今日、このようなカミカゼと遠隔兵器の対立がふたたび現れている。自爆攻撃と幽霊攻撃の対立だ。こうした極は、まずは経済的に設定される。そこで対置されるのは、資本とテクノロジーを所有する者たちと、戦うためには自分の身体しかもはや残っていない人々である。しかし、このような物質的かつ戦術的な二つの体制には、倫理的次元の二つの体制、すなわち一方の英雄的犠牲の倫理と、他方の自己の生命の保存の倫理が対応している。

　ドローンとカミカゼは、道徳的感性についての二つの対立したモチーフのように、たがいに呼応しあう。鏡で向かいあう二つのエートスだ。それぞれは他方のアンチテーゼであり、悪夢であるというわけだ。少なくとも表面的に見て、この差異においては、死に対する関係をどう考えるかが重要だ。自分の死か他者の死か、犠牲か自己保存か、危険か勇気か、脆弱性か破壊性か。一方は死を与え、他方は死に身を晒すという、死に対する関係についての二つの政治的‐情感的な経済だ。しかしそれはまた、恐怖についての対立した考え方でもある。つまり、二つの恐怖の見方だ。

　『ワシントン・ポスト』紙の編集者であるリチャード・コーエンは、次のような見方を示している。「タリバンの兵士に関しては、彼らは自分の生命を大事にしないだけではない。それだけでなく、彼らは自爆攻撃で自分の命を無駄に浪費しているのだ。アメリカのカミカゼを想像するのは困難だ」[7]。さらにこう主張する。「アメリカのカミカゼなど存在しない。われわれは、自爆攻撃の実行犯を讃えたりはしないし、テレビカメラで子どもたちの行進を写して父親の死についてほかの子どもたちが嫉妬するように見せつけることもしない。われわれにとって、それは厄介なことだ。ひるんでしまう。率直に言って、おぞましいことだ」。さらに愛想よくこう付け加えている。「しかし私たちはあまりにも生命を大事にしようとしすぎているのかもしれない」[8]。

「厄介」で、「ひるんでしまう」、「おぞましい」こと、それはつまり、戦いのなかで死ぬ備えができていること、それを誇りとすることである。兵士の犠牲という古き偶像は台座を失い、直接敵の懐へと落ちてゆき、最悪の引き立て役、道徳的な恐怖の極みとなる。自己犠牲は理解できない下劣なものとなり、もしかすると、そこにはむしろ死をものともしない態度があるのではないかと考えもせず、即座に生命の軽視と解釈される。これに対して、生命への愛という倫理が対置されるわけだ――そして、ドローンはおそらく、その完璧な表現なのだ。究極の愛嬌というべきか、「われわれ」こそ、しばしば過保護すぎるかもしれないが、雛を温めるように生命をこんなにも大事にしていると自分で認めているのだ。これほどの自己満足が虚栄心を疑わせるのでなければ、こうした過度の愛はたしかに大目に見ることのできるものかもしれない。というのも、著者が掲げるのとは異なり、「われわれ」が大事にしているのは、われわれの生命なのであって、すべての生命一般ではないからだ。思考可能なものの地図のなかの空白の一コマのように、アメリカのカミカゼを思い描けない理由は、それが撞着語法だからだ。そこでは、生命は自らを否定することはできない。なぜなら、否定できるのは他者の生命だけだからだ。

　ガザの精神衛生プログラムの責任者であるエヤド・エル＝サラジは、あるジャーナリストから「パレスチナの人々は、自分の近親者の生命であっても、人間の生命を大事にしないというのは本当なのでしょうか」と問われ、次のように返答している。「もしあなたが敵にも人間性があると信じなければ、自分自身に人間性があるとどうして信じることができるでしょうか」[9]。

　恐怖には恐怖を。自分の生命を失う危険に身を晒すことなく人を殺すことは、自らが手にかけた犠牲者と運命を共にしつつ人を殺すことよりも、どの点でおそるべきことではないのだろうか。いささかの危険もなく殺人を可能にする武器は、その反対物よりも、どの点でおぞましくないのだろうか。ジャクリーヌ・ローズは、「クラスター爆弾を上空から投下することは、西洋の指導者たちにとっては、よりおぞましくないだけではなく、道徳的に優位なものと考えられている」ことに驚愕し、こう問うた。「自らが手にかけた犠牲者と共に死ぬことが、犠牲者を死なせつつ自分自身だけそこから免れることにくらべて、いっそう罪が重くなる理由は、明白なものではない[10]」。ヒュー・ガスターソンは次のように付け加えている。「火星からきた人類学者ならば、中東では多くの人々が、アメリカのドローンによる攻撃を、リチャード・コーエンにとっての自爆攻撃とまさに同じようにして感じとっていると指摘できるだろう。そこでは、ドローンによる攻撃は卑怯な行為と広くみなされている。というのも、ドローンの操縦士は、自分が攻撃する人々から殺されるリスクを微塵ももたずに、ネヴァダ州のエアコンの効いた温室という安全な場所から、地上の人々を殺しているのだから[11]」。

タラル・アサドは、「西洋」社会において自爆攻撃が引き起こした恐怖は以下の点に基づくと述べている。すなわち、自爆攻撃の実行犯は、その行為によって、配分的正義のメカニズムをすべてアプリオリに禁じてしまう、という点だ。つまりこういうことだ。それは、自らが手をかけた犠牲者と共に死ぬこと、たった一度の行為で罪と罰とを凝結させることであるが、それによって罰を与えることが不可能になり、それゆえ、刑法的に考えられる正義の根本的な権限が無効になってしまうのである[12]。「自分がしたことを償う」ことができなくなるのだ。

操縦士なきマシンによって引き起こされる管理された死という発想がもたらす恐怖は、おそらくその類似物にも関わるだろう。ガスターソンは次にように述べている。「ドローンの操縦士が自爆攻撃の鏡像であるのは、それが、われわれの典型的な戦いについてのイメージから――方向は逆なのだが――逸れているという意味においてだ[13]」。

戦闘での死（1555 年)[14]

2 「他の誰かが死にますように」

「いつでも走れるさ……疲れて死ぬだけだけど」
プレデター・ドローンを讃えるTシャツ

二〇世紀の初頭、ある軍事評論家が、初期の軍用潜水艦の乗組員たちの精神状態の概要を次のように描いた。ソナーが知られておらず、洋上の船舶が潜水艦の存在に気づくことがまったくなかった頃の話だ。「潜水艦は不死身である。戦争は、彼らにとって、ゲームやスポーツ、狩りのようなもののはずだ。そこでは殺害を実行、分担した後は、自分が手をかけた犠牲者の苦悶の光景に耽ることくらいしかないだろう。彼らはそのあいだ、攻撃を受けることはなく、港に帰ると自分たちの狩猟《ハンティング》の快挙について語るのに勤しむだろう[1]」。

ドローンは、新たな方策を用いることで、オペレーターたちにさらにいっそう強い不死身さの感情を与えてくれる。かつてと同様、今日においても、死に身を晒すことには根底的な不均衡があり、その結果、敵対関係の構造、「戦争する」と呼ばれることの意味そのものが再定義されるようになった。戦争は、戦闘のモデルからすっかり遠ざかり、別のものに、別のジャンルの「暴力状態」になっている。もはや敵と戦うのではない。野うさぎを撃つように敵を排除するのである。

一六世紀に、死のイメージについて触れた書物には、骸骨、つまり死そのものと戦う、武器をもっ

ドローン・リーパー「MQ9リーパー」のワッペン

た戦士が描かれていた〔前節末尾の絵〕。これは、嘲弄すべき闘争、あらかじめ負けることになっている虚しい戦闘のアレゴリーだ。というのは、死は死ぬことはないのだから。死には固有の時間があり、それに対面する兵士の目はすでに虚ろになっているように見える。

今日、ドローンのオペレーターたちは、この古典的なイメージをあえてふたたび用いている。ドローン「ＭＱ９リーパー」のワッペンには、不安を誘う引きつった笑みと刃の先からしたたる血の雫と、こういう標語が描かれている。「他の誰かが死にますように」。

もちろん、これはまったく未聞のことではない。ヴォルテールが書いたように、経済格差によって「富める者なら誰でも戦争でほとんど不死身になる」につれて[2]、戦争は一方通行の殺戮に変わってきた。自らの武器の圧倒的な物質的優越性を支えにして、一方の陣営が実際的には指一本触れられない状態になるやいなや、生と死は、敵対する前線の両側で排他的に区画分けされるのだ。

しかし、こうした状況が現れるにつれて、同時代人のなかには、「生と死が双方でやりとりされる行為という慣例的な戦争観」に明白に反する武力行使の光景を前に、動揺や、さらには憤怒にとらわれる者も出てくる[3]。彼らがあまりに公然と反対意見を表明するようになると、彼らの不安に駆られた意識を和らげ、きわめて告発的な意見を黙らせるために、非常に古くからある言説的戦略に依拠することができる。歴史的な恒常性という言説を用いて安心させるのだ。そこでは多くの歴史的な事例が用いられ、躍起になってこう示される。この種の状況はなにも新規なものではない、したがってまったく容認しうる、と。

「ドローンを擁護する――歴史的な論点」と題された論文で、デイヴィッド・ベルは、この兵器に「完全に新たなもの――SFの幻想が現実になったもの」を見てとる人々を批判し、こう述べている。「もしわれわれの現在のテクノロジーが新たなものだとしても、まったく安全に、離れたところから敵を排除しようとする欲望は新たなものではない[4]」。おそらくそれは正しいのだろう。とはいえ、このような「歴史的」な想起は、どの点で「ドローンの擁護」となりうるのだろうか。その点がもっとも謎だ。

というのも、ベルは次のように付け加えることもできたはずだからである。「まったく安全に、離れたところから敵を排除しようとする欲望」は、植民地戦争の栄光の逸話におけるほど満たされたことはない。そこでは、白人は武器に傷がつけられた程度だったのに対し、原住民は群れをなして撃ち倒されたからである。一八九八年九月二日のスーダンのオムドゥルマンの「戦い」の晩、キッチナー率いる英国‐エジプト軍は四八名の死者を数えたのに対し、マキシム機関銃の耳をつんざく連射によって、一万人近いダルウィーシュが滅ぼされた。こうした例はさらに増やすことができるだろう。

現在のドローンの使用は、それなりのしかたで、小銃や機関銃に対する投槍や古い豆鉄砲という「非対称戦争」、もはや英雄を必要としなくなった「小さな戦争」の延長上に位置づけられる。それはもはや、本当のところ、自らをいまだギリシア的であると夢想する西洋人ならばもちえたはずの高貴な意味での「戦争」ですらない。高貴ではない方法を用いることへの嫌悪が存在していたとしても、同等の者たち同士での抗争という状況においてにすぎず、劣位の者たちを服従させる場合は別だ。ユンガーはこのように述べていた。「人はいつの時代にも、戦争法および慣習に、優位のかたちと野蛮なかたちという二つのスタイルを区別してきた。〔…〕中世においては、キリスト教徒の艦隊は、トルコの船艦に対してしか灼熱弾を撃つことはできなかった。二〇世紀には、ヨーロッパの作戦区域ではダムダム弾〔命中すると体中で破裂し必要以上の苦痛を与えるとされる〕が禁じられていたが、植民地戦争では用いられた。その理由は、鉛で被甲した弾丸〔通常用いられる弾丸〕は「野蛮人」の跳躍を止めることができないというものだ[5]」。

しかし、こうした歴史的な先例を、その最新の現代版を正当化できるものとして提示するのは奇妙なことである。ただしそこにこそ、「太陽のもとに新しいものは何もない」〔旧約聖書「コヘレトの言葉」の文句で、無常感を述べるものとされる〕というタイプの議論の秘められた意味がある。そうした議論は、判例となるとみなされた過去を参照し、現在生じている動揺を鎮める機能をもっている。しかし、こうして気持ちを安定させるために歴史を引きあいに出すことは、歴史の連続性の本来の意味を毀損するという代価もある。タラル・アサドが述べるように、実際それは、二つのテーブル・ゲームをすることと同じである。というのも、一方で、「このような不平等な殺害という状況がもたらす心理的な影響は、軍事的にも民族的にも下位にある人々に対して向けられる戦闘の伝統が非常に古くからあることで和らげられる――この伝統においては彼らがいっそう多く死ぬことは認められてきたのである」。とはいえ他方で、「新たな軍事テクノロジーについてますます増えてゆく文献は、新たな戦争とかつての植民地戦争のあいだの連続性にごくわずかの注意しか払っていない」のだ。[6] 植民地主義的な暴力の亡霊は、現在の暴力を過去の伝統の安定した連続性のうちに位置づけ、相対化するためにこっそりと召喚されるのだが、しかし、それと同時にすぐさま隠蔽される。なぜなら、この伝統の本当の内容がどの点にあるのか明らかにすることはなおざりにされるからだ。ドローンとは、健忘症のポスト植民地主義の暴力がもつ兵器なのだ。

3　軍事的エートスの危機

技術の進歩は、確実に、危険なく殺害を行なうという希望を増進させるが、兵士に第一に必要な特性とは死をものともしないことだということを忘れさせる。

ブシュリー大尉
『軍事的観察者』一九一四年四月[1]

リディアの牧人ギュゲスは、ある地面のくぼみで、巨人の屍体の上に、体を不可視にできる金の指輪を偶然見つけた。これで人々の視線から逃れることができると思った彼は、この新たな力をもとに、大罪を重ね、王を殺し、王座を奪った。彼の敵は、彼の攻撃をかわすことも、身を守ることもできなかった。不可視性が、一種の不死身性を彼に与えていた。証言者を残さずに行動することもできるのだから、この不可視性は彼に無処罰性をも与えていたのだった。

〔プラトンの〕『国家篇』が思考実験によって提案したものを、ドローンは技術的に実現する。カーグとクレプスが書いているように、「遠隔操作されたマシンは、自らの挙動が招く帰結を引き受けることができず、またそれを動かしている人間はかなり距離をとっているのだから、ギュゲスの神話は、今日では、テロリズムの寓話というよりもはるかに現代的な反テロリズム作戦の寓話のように見える」[2]。相互関係ゆえの制約から解放されたドローンの主人たちは、なおも自らが有徳な人物であると言えるのか。もはや何によっても処罰されないにもかかわらず、不正を犯そうとする誘惑に抵抗できるのか。この道徳的な幸運の問題には、のちに立ち戻りたい。

とはいえ、問いを提起するにはもう一つのやり方があるだろう。「もっとも強力な者が、自分の力を」徳へと「変えられないうちは、つねに支配者の地位にいられるほど強力ではない」のだとすれば[3]、こう問うこともできる。現代のギュゲスが必要とするのは、どのような種類の徳なのか――こう問いをずらすべきだろう。問いは、不可視の人間は有徳でありうるかではない。そうではなく、自分のことを有徳であると言い、――自分の目で見る場合も含み――そう見られることに拘るのだとすれば、そのときどのような徳の再定義が必要とされるのか、ということだ。

伝統的な軍人のエートスは、勇気、自己犠牲、英雄主義といった徳を基軸としていた。これらの「価値」は、明白なイデオロギー的な機能を備えていた。殺戮を許容できるものにする――いっそううまく言えば、栄光あるものにする、というのがそれだ。将校たちも、それを隠しはしなかった。「人々を死へと導くための手段を見つけなければならない。さもなければ、もはや戦争は可能ではなくなるだろう。そして、私はその手段がどこにあるかを知っている。それは、犠牲という精神のなかにほかならない[4]」。

このような考えのもとでは、「死ぬ備えができている」ことは、勝利のための主要な要素の一つ、クラウゼヴィッツが「道徳的な力」と呼んだものの核心となる。そこにこそ、乗り越えられない地平がある。「われわれが忘れてはならないのは、われわれの任務は、自らを殺させつつ殺すことにあるということだ。その点にはわれわれは目を閉ざしてはならない。自らを殺させることなく殺すというかたちで戦争を行なうというのは、絵空事だ。自分自身が殺すことなく殺させるというかたちで戦争を行なうというのは、馬鹿げたことだ。だから、自分自身が滅びる備えをもちつつ殺すことができなければならないのだ。死に身を捧げた人間というのは恐ろしいものだ[5]」。古典的な哲学の理念に則り、戦争は、群を抜いた倫理的な経験として現れる。戦うこと、それは死に方を学ぶことなのだ〔モンテーニュの「哲学することは、死に方を学ぶことだ」を示唆している〕。

とはいえ、問題も残る。「戦争における英雄的な自己犠牲の奨励をどのように説明するのか。それは、「力の保存」という要請と矛盾するのではないか」。こう毛沢東は問うたのだった。しかし、彼自身がこの問いに否定形で答えている。「それは矛盾ではない。両者は反対物だが、とはいえたがいに条件づけあっている。戦争とは、血なまぐさい政治であって、そのためにはしばしば非常に高い代価を払わなければならない。自らの力を部分的、一時的に犠牲にすること（保存しないこと）は、その力の全体を永続的に保存することをめざしているのである[6]」。このような保護のための〔力の〕露呈ないし保存のための破壊という弁証法にこそ、英雄的と目されてきた自己犠牲の価値が宿っていたわけだ。部分を捧げることで、全体を永続させられるということだ。というのも、ヘーゲルが説いたように、文明化された人間のそれである「真の勇気」とは、たんに死をものともしないことにあるのではなく、むしろ「国家のために自らの生命を犠牲にする備え」ができていることに存するのだから[7]。

しかし、それがもはやすべて不要になってしまえば、何が起きるのだろうか。敵に敗北を与えるために、もはや自らの生ける力を露呈させる必要がなくなってしまえば、何が起きるのだろうか。そうなると、自己犠牲の弁証法は溶解し、単なる自己保存の定言命法となるだろう。そしてそれとともに、英雄主義、さらには勇気が、不可能なものとなるだろう。

以上のような診断はまったく独創的なものではない。すでに二〇年以上も前からなんども繰り返されてきたように、われわれは「美徳なき戦争（virtueless war）」[8]、あるいは「ポスト英雄主義」の時代に突入しているのだ。[9] そこここに英雄的な臭いが残っていたとしても、それはたんに、古めかしいノスタルジーとしてあるだけで、今後解体が進むイデオロギーの残滓にすぎない。ただし、時代遅れとみなされた古い価値が、予定された自らの埋葬に対して異議を申し立てようとすることはできる。上部構造が生き延びているかぎり、それらは厄介なものとして現れうるのであって、さらには、その非活発性ゆえに、あくせくと足元の草を切ろうとする下部構造の進行を遅らせようとすることもできるのだ。

この場合に問題なのは、伝統的な価値観のプリズムを通して考えてみると、ドローンによって殺すこと、自分の皮膚を危険に晒すことなく敵を粉砕することは、つねに卑怯さや不名誉の極みとみなされるということだ。戦争行為の技術的な現実と、残存するイデオロギーとの不一致は、強い矛盾を見せる。そこに、軍人にとっての矛盾も含まれている。彼らにとって、この新たな兵器と古い——古めかしいかもしれないがいまだ部分的には訴えかけてくる——枠組みの衝突が生み出すもの、それは、いわば軍事的エートスの危機である。

啓示的な兆候と言うべきだろうか、ドローンに対するもっとも激しい批判は、最初は手に負えないような平和主義者たちから来たのではなく、空軍のパイロットたちが、伝統的な戦争の価値の保存という名目で行なったものだった。[10] 今日では凋落しつつある軍事カーストの最後の代表者たちである衰えた空の騎士たちは、対抗相手の機械に対し、ギターをとって復讐のための歌を歌い出す。「伝統的なパイロット曲を蘇らせるための戦闘機パイロットによるデュオ」である「ドス・グリンゴス」というグループは、次のようなレクイエムを作った。

彼らはプレデターをやっつけた。これで一つ減ったぜ。
彼らはプレデターをやっつけた。俺の心は喜びさ。
[…]
彼らはプレデターをやっつけた。
奴はどんな気持ちだろう。
おもちゃをなくした操縦士
自分の無力を感じているはずさ
打ちひしがれた赤ん坊アザラシみたいに。[11]

パイロットたちは虚勢を張ったけれども、戦いには負けた。トップガンはなくなったし、マーベリック中尉〔映画『トップガン』の主人公〕は、少し前から自分が緊急脱出用座席にいることを知っていて、おそらくはもっと理想化しにくい役だろうが、まったく別のジャンルの登場人物を演じるために、最終的に空の藻屑となるのはよそうとしていたのだった。

英語には、「搭乗員のいない航空機」というときに、〝unmanned aerial vehicle〟という翻訳しがたい表現がある。それに関連した危機は、この語のあらゆる意味で〝unmanned〟となることにある。それは字義通りには「脱 - 人化した」を意味するが、「非男性化した」、さらには「虚勢された」をも意味する。これが、まず空軍の士官たちがこれほどドローンの普及に抵抗した理由でもある。それはもちろん、第一に、彼らの職、専門的な職能、制度における地位を脅かしたのだが、しかしまた、おそらくいっそう根底的には、多くの場合危険を冒すことに結びついた、彼らの男性的な威信を脅かしたのである。[12]

しかし、ここで断末魔の叫びを発しているこの戦争英雄主義は、ドローンが彼らの鼻先に狙いをつけるはるか以前から、すでにかなりの程度瀕死の状態にあったことを思い起こさなければなるまい。すでにヴァルター・ベンヤミンは、当時の反動的な思想家たちによる帝国主義戦争の「英雄主義」における幻想的で矛盾した称揚を皮肉っていた。「物資による戦いに実存のもっとも高次の啓示を見る者もいるが、彼らはその戦いが、あちこちで世界戦争を生き延びることができた英雄主義の哀れな象徴の評判を落としていることに気づいていない」[13]。それゆえ、ルトワック〔アメリカの軍事史研究家〕が、異国への介入に際して自国の兵士がまったく危険に晒されないことが求められる現代の戦争形態を「ポスト英雄主義」と呼んだとき、こう尋ねてみてもよかったのだ。英雄主義の時代の終わりを叫ぶまえに、「われわれ」が英雄的であったためしなど一度もなかったのではないかと問うべきではないか、と。いずれにしても、自己犠牲的な英雄主義という理想はすでに調子をくずし、今日、さまざまな事実によってかくも公然と反駁されているのだから、公的な価値としては一刻もはやく離縁を言い渡すべきものとなっている。それとは手を切り、ほかの戦争の美徳を示す概念によって置き替えなければならないのだ。

ドローンが有徳だとみなされるのは、それが自国の陣営における損失の可能性をなくしてくれるからだ。最近、イギリスの報告書がこの点をこう要約している。「パイロットのいらない航空機によって、乗組員の生命の喪失の可能性がなくなる」以上、「それはそれ自体として道徳的に正当化されうる」[14]。このような、ドローンによって乗員が死と直面することからいっさい免れるのだからドローンは有徳だという主張と、軍事的な美徳とはまさにそれとは逆の点にあるという古典的な判断を対比させてみれば、価値という観点でどれほどの革命が進行中なのかを捉えるには十分であろう。

自国の戦力を守り、無用な損失を避けようとする配慮は、もちろん、それ自体としては新しいものでも特殊なものでもない。「死をものともしないこと」は、伝統的な軍事的エートスにおいても、自らの生命の保存に努めないことを意味するものではなかった。ここで特殊なことは、自国の兵士たちの生命を守ることが、ほぼ絶対的な国家的な至上命題となり、究極的にはあらゆる自己犠牲を排除するものとなっていることだ。自国の軍隊の生命を危険に晒すのが悪い武器で、なんとしてもそれを守るのが良い武器だ。リスクに晒させるほうが非難すべきで、危険なく殺すことが評価しうる。祖国のために死ぬことはたしかに美しいことだが、もはやこの重い努めを免除してもらい、祖国のために殺すことがはるかにいっそう美しいこととなるのだ。

われわれの眼前で生じているのは、公式の倫理が別の倫理へと移行するという傾向だ。つまり、自己犠牲および勇気を重んじる倫理から、自己保存と多かれ少なかれ卑怯さを引き受けた倫理への移行だ。こうした価値の大転換の動きにおいては、かつて賞賛されていたものを踏みにじらなければならず、昨日もなお軽蔑すべきと言われていたものを祭り上げなければならない。かつて卑怯さと呼ばれたものが勇敢さとなり、殺人と呼ばれたものは戦闘となり、自己犠牲の精神と呼ばれたものは、確実な死へと追い込められた敵がもつ特権となって、嫌悪の対象へと転換する。下劣とされてきたものが偉大なものとして打ち立てられなければならないのだ。この意味では、われわれが立ち会っているのは「美徳なき戦争」という光景ではなく、戦争に関わる美徳の広範な再定義の作業なのである。

しかし、軍事的暴力は、本当に、その英雄的な道徳剤の服用をなしですませることはできるのか。それを断つのは困難だろう。実質を断念しつつ効果を保存するための解決策は、代替品を使用してみることだ。この場合には、言葉を保存しつつ、意味を変えるということだ。

ペンタゴンは、二〇一二年九月に、ドローンのオペレーターに対し軍の勲章を授与することを検討した[15]。そこでの問題はもちろん、こうした授賞は戦闘での武勲に報いるものとみなされるがゆえに、こうしたオペレーターたちが本当にそれに値するのかということにあった。だが、結局のところ、武勲とはなんだろうか。すべては、それに与える定義による。今日のラケスとニキアス〔勇気を主題とするプラトンの対話篇の登場人物〕に問いを提起してみよう。

ドローンの名誉オペレーターであるエリック・マシューソン大佐は、この概念についての個人的な解釈としてこのように述べた。「私にとって、武勲とは、自分の命を危険に晒すことを意味するのではありません。武勲とは正しいことを為すことです。武勲は、その人の動機およびその人がめざす目的に関わっています。それは、正しい理由のために正しいことを為すことです。私にとっては、それこそが武勲なのです」[16]。この種の「定義」は、論外であると同時に同語反復的で、イエズス会風にありがちなように手段を目的によって正当化するものだ。少なくとも、われわれはそれほど進歩しているわけではないと言えるだろう。

退役したルーサー・ターナー大佐は、かつて戦闘機を操縦し、キャリアを終える際にはドローンを操縦したが、また別の定義をもちだしている。そこにはすでに、多少はよりはっきりしたものが見える。「私は、ドローンのオペレーターにも武勲が必要だと強く思います。とりわけ、誰かの命を奪うよう命令された場合がそうです。いくつかのケースでは、事態がダイレクトに、カラーで展開することもあるのです」[17]。

殺害者になるには勇気が必要だ。いずれにせよ、ここには、殺害すること、しかも図像的にその効果を認知しつつ人を殺すことに結びついた武勲がある、という考えがある。人を殺す、あるいはそれを見ることで自らが当初感じた嫌悪感を乗り越えるためには努力が求められるのだ。もしかすると、人を殺すときの自分自身の姿を見ることについてはとりわけそうかもしれない。

彼ら二人のドローンのオペレーターの発言をまとめるなら、こういう考えにいたるだろう。すなわち、最初は嫌悪感を催し、値打ちがあるとは思えなかったことでも、高次の、それ自体で善良かつ正しい目的の名のもとで、義務として行なうならば、そのことは値打ちのあることになりうる、という考えだ。言い換えると、ここで武勲とは、汚れ仕事をすることだ[18]。

このような、――自分の身体を危険に晒すことなく殺害するという――何世紀ものあいだ臆病とか不名誉とかと呼ばれていたものを「武勲」と呼ぶにいたる軍用ニュースピークの所産というべきもの、すなわち、語の意味を反転させるオーウェル的な語彙の倒錯に反旗を翻す人々がいるとすれば、こういう返答も可能だった。「オペレーターがほんとうに「安全」だとは思わない。『ワイアード』誌や『ナショナル・パブリック・ラジオ』は、オペレーターが非常に高レベルのストレスを受けPTSDの症状を示し、家族生活にも影響を及ぼしていると報告している。兵士たちは、物理的な脅威や死に対しては安全であるが、消すことのできない精神的な傷についてはそうではない[19]」。

PTSDについては次章で見ることにしたいが、ここにはもう一つの重要な考えが現れている。これは、前述の考えを延長し補完する。すなわち、ドローンのオペレーターたちは、戦闘において自分たちの物理的な生命を晒け出すという古典的な意味においては「勇敢」ではないが、逆に、自分たちの精神的な生命を間接的に晒け出すという意味では「勇敢」だろう、というものである。作戦に際して自分の身体を危険に晒すことはないが、自分の精神的な健康は危険に晒すというわけだ。ここには特殊な武勲があるだろう。それは、もはや敵対的な暴力に対して自らの物理的な脆弱性を晒け出すことによってではなく、自分自身の破壊可能性の光景が跳ね返って現れることに対し、自らの精神的な脆弱性を晒け出すことと定義されるだろう。

このように、自己犠牲の対象を物理的なものから精神的なことに置き換えるという再定義によって、ドローンのオペレーターに、これまでどこにも見出せなかった英雄主義の分け前をもたらすことが可能になった。新たな軍事的美徳、すなわち純粋に精神的な英雄主義が徐々に発明されてゆくことになったのである。

「傭われた（soldé）男、つまり兵士（soldat）は、偉大な貧者、犠牲者であって虐待者である」とヴィニーは書いていた[20]。兵士は暴力を行使し、暴力に身を晒け出す。兵士は虐待者であり犠牲者なのだ。しかし、暴力に晒け出されるという可能性そのものがなくなってしまうと、兵士は何になるのだろう。その帰結は宿命的だ。つまり、兵士はもはや虐待者でしかなくなるのだ。ただし、ここには、彼が兵士の名を保ちたいのであれば、ある意味でいまだ犠牲者である必要があることの理由もあるだろう。だが、この人物が犠牲者でありうるのはどの点においてか、という困難がある。そこには次のような可能性しかないだろう。すなわち、この人物は、虐待者として行為せねばならなかったことにおいて精神的に犠牲者なのだ、というのがそれである。これこそが、諸々の明白な事実に反していても、この人物を——もはやそうではないのにかかわらず——自分自身からも社会からも戦闘員と定義することができるための条件なのである。

しかし、暴力の当事者の精神的な脆弱性という主題はどこに由来するのだろう。その系譜はどのようなものだろう。歴史的に見ると、こうした主題は、二〇世紀の初頭、一九一四－一八年の大殺戮への反動として、軍事制度に対する批判の中心的なモチーフとして現れてきた。すなわち、軍は兵士に対し暴力を振るうよう強いるが、そのことで兵士は狂人となり、精神的に荒廃し、粗暴になり、トラウマを受けるというものだ。ジェーン・アダムズは、一九一五年のハーグでの国際女性会議において、この批判的な議論を「戦争に対する反抗」という標題のもとで展開した。彼女は「妄想にとらわれた兵士」の悪夢を報告する看護師の証言を引用している。この兵士は「自分が殺した人々の身体から銃剣を引き抜くという幻覚が、ループして再帰する」ことにとり憑かれているという報告である[21]。アダムズは、同じ観点から、隊列の兵士たちのなかに発砲を拒否する者がいたという事例にも関心を寄せている。「私は誰かを殺す恐怖から逃れてきた」と兵士の一人が述べている。[22] 彼女はまた、軍が、「この種の人間の感性を抑制し」、殺害ができる状態にするために、攻撃の前に興奮剤を配ることで人を殺すことへの抵抗を中和化しようとしているとも述べている。[23] 兵士たちは暴力を行使するよう要請されることでこの暴力の犠牲者となるという主題は、まずは、このような影響を生み出した制度を正面から批判するために用いられたものであったわけだ。ところが、軍に反対する論点であったものが、今日では、修正されて再利用され、ドローンによる人間の殺害を合法化するアウラとして役立っているのである。というのも、このモチーフこそが、世論に対しドローンのオペレーターの紋章を輝かせるために、戦線を反転させて用いられているからである。兵士の精神的な損傷を明らかにすることは、かつては国家の暴力によって強制されていた徴募に異議を唱えることをめざしていたが、今日では、この種の一面的な暴力に対して、倫理的‐英雄主義的な色を――そのようなものは見つからないのにもかかわらず――添えるために用いられているのである。

4　ドローンの精神病理学

戦争神経症において恐るべきはまさしく内的な敵である。
フロイト[1]

「ドローンのパイロットのトラウマ」というメディア的なモチーフは、本当に月並みなテーマとなった。これは、二〇〇八年のＡＰ通信の特派員の次のような記事から広まったものだ。「遠隔指令の戦士たちは遠隔戦闘のストレスに悩まされている。プレデター・ドローンのオペレーターたちも、戦場の同志たちと同様、心理的なトラウマに悩まされている」[2]。反響を呼んだヘッドラインとは裏腹に、この論説の本文からは、この主張を補強する要素はまったく見出されない。まったく逆ですらある。というのも、このジャーナリストがドローンのオペレーターたちと行なった多くの対談のなかで、「任務によってとりわけ動揺を覚えたと述べた者はいなかった」からだ[3]。この問題についての報道記事のほとんどにおいて同様のもの――あいまいな打ち消しが密かに続く告知効果――を見出すことができる。

アメリカのインターネットの軍人たちのサイトでは、こうした粗い標題に対して、兵士たちが躊躇することなく軽蔑や怒りを吐き出している。「泣き虫どもめ。［…］エアコンの効いたキャラバンのなかで一日を過ごして毎晩お家に帰れても、ストレスに耐えられないなんて、首にして別の奴に代えてしまえ」[4]。あるいは同じ調子でこうも言われる。「現場で攻撃を受けることすらないのに、［…］「戦闘疲れ」やら「PTSD」やらでお涙ちょうだいさせにくるこの間抜けな情報屋たちには我慢ならない。それは、実際に従軍している者たち、実際に攻撃を受けている者たち、実際に戦争の精神的な影響に直面しなければいけない者たちへの侮辱だ」[5]。

このように、「古典的な」軍人の代弁者たちは、自分たちがひ弱な奴らとみなす人々と区別されることを自らの名誉に関わる事柄としているが、彼らは、このメディア的なテーマが議論のなかでどのような機能を果たしているかを教えてくれる。オペレーターたちにトラウマが想定されると強調することによって、こうしたオペレーターたちは、精神的な脆弱性という共通要素を媒介として、古典的な兵士たちと同列に置かれると同時に（戦闘員たちは戦争のストレスに苦しむが、オペレーターも同様であり、それゆえ彼らも同じく戦闘員だ、ということだ）、武力行使の当事者として人間味を帯びた者となれるのである（彼らの武器の技術性にかかわらず、冷血な殺害者ではない、ということだ）。

オペレーターの精神的な苦痛に力点を置くことで、「プレイ・ステーション精神」論と呼ばれるものに打撃を与えることが可能になる。この議論は、スクリーン上での殺害装置によって、人を殺すことについての意識がヴァーチャル化するというものだ。というのも、かつてドローンがまだアメリカのマスコミの日常的な議論の対象でなかったときには、ドローンのオペレーターたちはまだ、自分たちに提起された問いに対して、ほとんど無垢にこう答えることができたからだ。スクリーンを通じて人を殺すことはあなたにとってどういうことですかという問いへの返答を、短選集で示そう。

あぁ、プレイヤーにとっては本当に大好物さ。[6]

テレビゲームの「シヴィライゼーション」をやるようなものだ。戦場にいるいくつかの部隊と軍隊に指令を出せるからね。[7]

テレビゲームみたいなものさ。ちょっと血なまぐさいけど、かなりクールだ。[8]

これらの回答は、公式報告のなかに現れてしまっては惨事となる。それ以降、広報担当官は照準を調整して、部隊とブリーフィングして打ちあわせをしなければならなくなった。というのも、今日では、インタビューにはこの種の発言の痕跡はもはや見出されないのである。これとは逆に、二〇一二年に『ニューヨーク・タイムズ』紙の記者があるドローン基地を訪れた際、彼はこのように記している。「オペレーターたちはいささか受け身で、私に何度もこう語ってくれた。「ここで私たちはテレビゲームをしているのではありません」[9]」。

防衛産業関連の情報サイト「空軍テクノロジー」は、こうした言説上の豹変をどのように説明しているだろうか。「最初は、ドローンのオペレーターたちは、戦場にいる人員にくらべて、自分の行為から切り離されているのではないかと考えられていたが、今日明らかになっているのはその逆である。ドローンのオペレーターは自分が行なっていることにほとんど過度に気を配っていて、アフガニスタンで展開されているいくつかの部隊よりも高い戦闘ストレスを被っていると強調する分析官もいる[10]」。

一巡りして、パネルがひっくり返った。オペレーターたちは、非現実的な殺害を体験しているのではなく、逆にその影響を強く受けており、彼らが犠牲者に「ほとんど過度に（almost too much）気を配っている」かを真剣に問いただすことが真の問題になるのだ。

もちろん、もしオペレーターたちが何も感じていないとすれば、それはそれで道徳的な問題を孕むだろう。とはいえ、彼らは感性をもって殺害しているのだから、いやそればかりか、「配慮（care）」をもって殺害しているのだから、彼らはわれわれに祝福されつつ仕事を継続することができるわけである。この配慮ないし気配り、犠牲者に対する共感として想定されるもの、これこそが、いまや逆説的に、ドローンによる人殺しを公的に復権させているものなのだ。ここでは、共感というモチーフによって、先に見た精神的な脆弱性の逆転と同じ逆転がもたらされる。古典的には、敵に対する共感は、殺人に対して生じうる抵抗の誘因、殺害の拒否を説明しうる前提としてとりあげられてきたのだが、目下の言説において、この共感は、機械化された人殺しの道具に人間性のワニスを塗布することに用いられているわけだ。このようにして、倫理的 - 情感的なカテゴリーが軍事目的のための道具となるという大がかりな操作に対しては、しかしながら一つのイメージが脳裏に浮かんでくる。それは、獲物をよりよく貪り食うために涙を流すワニ、というイメージだ。

パネルに影が一つだけ残っている。すなわち、このようなドローンのオペレーターの心理的なトラウマについてのメディア的な主張は、経験的にはいかなる根拠にも基づいていないという問題だ。軍事心理学者であるヘルナンド・オルテガは、最近、この点についての大部の研究を行なった。彼はドローンのパイロットに心理学的なテストを受けてもらい、彼らのストレスの度合いを測定し、ＰＴＳ

Ｄの可能性があるか兆候を見分けようとした。彼の出した結論は明快だ。「チーム作業に関連する睡眠障害の症状」は多くのケースで見られたが、逆に、ＰＴＳＤのテストで陽性と診断されたパイロットは一人もいない、というのである。「センサー・オペレーターで陽性というチェックを受けた者は一人いたと思います――しかし、一人だけとはどういうことでしょうか。〔…〕この調査での主要な発見は、一般に受け入れられている考えとは異なり、戦闘に従事することは、日々のストレスをもとも生み出すものではまったくないということです」。逆に、「チーム作業、時間ごとの交代などが、第一のストレスの要因です。〔…〕来る日も来る日も同じものに警戒し続けることは本当に骨の折れる仕事です。本当に骨が折れます。かなりひどいものです。そして、自分の家族との関係を維持するとか、この種のことを、彼らはストレスのかかることとして報告しているのです。もしこの点について診察を行なったならば、彼らは自分が戦場にいたからだ、建物を吹っ飛ばさなければならなかったからだ、人間が爆発するのを見たからだとは言わないでしょう。ストレスの要因はそこではないのです――少なくとも、彼らにとって主観的にはそうではありません。それ以外のこと、生活の質という問題についてみんな不平を言っているのです。たとえば夜勤をする看護師や、あるいは誰でもいいですが、グループで仕事をする人も、まったく同じように不平を言うでしょう[12]」。戦争は、時間のずれた遠隔作業となり、それを担う人員は同じ兆候を示すのだ。

そのほかに、こうも言われている。「彼らにはむしろ、実存的葛藤のようなものがあります。それはもしかすると、私の決定は正しかったのか、というような罪悪感の感情かもしれません。〔…〕したがって、本当に心理的な脅威をもたらす出来事に関係するＰＴＳＤについての古典的な記述にくらべて、事後的な問いが多く出てくるのです。［…］それはむしろ、戦闘行為の展開を見た、しかもその細部にいたるまで見たことによる一種の罪悪感の感情です」[13]。

しかし、この軍事心理学者はこうして「罪悪感」について言及しつつ、これをそれ自身として検討しているわけではない。彼にとって、「罪悪感」は自らの専門領域からはみ出てしまう。理論的には、心理学研究の枠からは外れた「実存的な問題」の領域へと送り返されることになる。実践的には、この種の道徳的な悩みを担当するためにドローン基地で特別に採用された軍施設付きの司祭に面倒を見てもらうことになる[14]。つまり、魂の問題としての殺害についての面倒だ。

つまり、メディアの雑音は根拠がないということだ。軍事心理学はＰＴＳＤの痕跡を見出してはいないからだ。しかし、軍事心理学がどうしても、真にそれを見出すことはできなかったということを明確にしておく必要がある。その理由は単純だ。それが用いる疾病学カテゴリーのためだ。彼らの聖書、ＤＳＭを紐解いてみよう[15]。ＰＴＳＤとはなんだろうか。この精神医学の手引書が語るところによると、この症状は、患者が「死、死の脅威、甚大な損傷、あるいは当人の無傷の身体に対してそのほかの脅威をもたらすような出来事を直接経験したことによって、極度にトラウマを与えるストレス要因」に晒されることを前提としている[16]。ドローンのオペレーターたちは、定義上、この種の状況からは排除される。というのも、彼らの無傷の身体に対する脅威はいっさいないからだ。とはいえオペレーターたちは、「他者の死、死の脅威、甚大な損傷、あるいは無傷の身体の対するそのほかの脅威をもたらすような出来事の証言者」という位置にいたという反論もあるかもしれない[17]。しかし、実を言えば、彼らは一介の証言者以上のものである。彼らはこの他人の死、損傷、脅威を作り出した本人なのだ。これらのカテゴリーはあまりにあいまいすぎるため、彼らの経験の形態に見あわないのだ。ここでもまた、ドローンは利用可能なカテゴリーを混乱させ、まったく適用不可能なものにしてしまう。「戦闘ストレス」といういっそう一般的な観念にしてもそうだ。これは、「軍事行為のあいだ、戦場で身体的損傷ないし疾病を引き起こしたのと同じ状況に晒されたこと」、あるいは「戦争とは異なる作戦や［…］継続した行為および多大な危険によって特徴づけられる作戦において戦闘と近い条件」に晒されたことに起因するストレスと定義される。[18] しかしここで確認せざるをえないのは、——ここでもまた、よく分からないしかたで言葉の意味を変えようとするならば話は別であるが——この概念もここでは適用できないということだ。

軍事心理学者たちは時間や費用を節約できる。こうして規定される病理が、ドローンのオペレーターたちに見られるかどうかを確認するために、長く費用のかかる調査をする必要はない。しかし、そうしたことは定義上不可能なのだ。というのも、その専門体制ゆえに、既存の疾病学のカテゴリーが想定するストレスのわずかの要因であっても、根底的に無効化されてしまうか、実質的に修正されてしまうからだ。

この領域において、いっそうはっきりと事態を見るためには、しばしばなされるように、少しばかり精神分析を再読してみると得るところがある。第一次世界大戦の直後、当時の第一人者たちを集めた戦争神経症についての国際会議の際、カール・アブラハムは、兵士に関して次のような重要な指摘を行なった。「彼らに求められているのは、危険な状況でもちこたえることだけではない——言い換えれば、純粋に受動的でいることだけではない。それればかりではなく、これまでほとんど注意を引いてこなかった別のことがある。それは、兵士であればいつでも攻撃を行なう備えができていなければならないということだ。つまり、たんに死ぬことができる場合でなく、殺すことができるようになっていなければならないのだ[19]」。アブラハムはとりわけ「殺すことに関する不安が、死ぬことについて同じくらいの意味を帯びている」患者の兵士のケースについて自問している[20]。そうすると、問いは次のようになるだろう。殺すということ、殺人者となって殺す脅威を与えること、主体自身において殺すということ、それはどういうことか。この会議の論集に前書きを寄せたフロイトは、次のような返答を提示している。「戦争神経症において恐るべきなのはまさしく内的な敵である[21]」。暴力的な主体が戦争に際して、自分のなかで寄生虫のようにして、不安をもたらす分身のようにして広がっていると感ずるもの、それは新たな自我、「戦争的自我」である。脅威が外的なものではなく内的だというのは、この自我から生じるものによって、かつての「平和的自我」が危機に瀕するからだ。戦争神経症はこの内的抗争に対する応答である。すなわち、病理的なかたちで、そこにある種の解決をもたらそうとする試みである[22]。

より最近では、心理学者のレイチェル・マクネアは、ＰＴＳＤの概念は狭すぎるとして、「行為誘発型心的外傷性ストレス（Perpetration Induced Traumatic Stress: PITS）」によって補完すべきであると提言した[23]。最近の研究は、外的な力によって犠牲者が受動的に被った心的外傷にほとんどの焦点を当ててきたが、それに対しマクネアは、障害を引き起こした能動的な要素をそこから切り離して考えるべきだと言う。それは、自分が行為者であった、暴力の当事者であったという事実に関わる要素のことだ。兵士の経験は複雑なものであるため、あらゆる事態を考慮に入れることは難しいが、マクネアが検討するのは、純粋な行為のケース、たとえば、死刑を処された人々の最後の瞬間の映像が頭を離れなくなった死刑執行人の悪夢だ。彼女はドローンのオペレーターのケースを引いているわけではなく、その点では彼女の著作は古すぎるのだが、とはいえ用いられる道具立てでは、この概念を試してみるには良い候補に見える。それは、軍事的な暴力について、自身の生命に関わる脅威をすべて除外して、その能動的な面だけを捉えた、純粋な行為というケースを提示するものだ。ドローンのオペレーターの心的外傷についての議論を明解なものとしたいのであれば、このＰＩＴＳという新たに生じた疾病学的なカテゴリーこそ、経験のレベルで試してみなければなるまい。

遠隔的な暴力行使についての新たなテクノロジーの開発は速いため、西洋社会の戦争経験について心理的－倫理的に問題化するには新たな指針を立てなければなるまい。この新たな指針のための第一の兆候はすでに現れている。ドローンを用いた軍事力を配備する国家においては、暴力の被害に関する心的外傷の研究から、暴力の行使に関する心的障害の研究へと否応無く移ってゆくことになるだろう。そこで展開されるのは、一種の死刑執行人たちのためのクリニックであり、それと背中合わせにして、殺人者たちのための心理療法である。彼らを居心地の悪さから解放せんがためである。

さしあたって、ドローンのパイロットの心的生についてわれわれには次の二つのテーゼが残されている。一つは、この武器は、不感症の殺人者を製造しているというもの、もう一つは、それは、潜在的には神経症にいたるほどにまで、罪悪感に苛まれた精神を生み出している、というものである。実際的には、個々人の実態は、これら二つの極のあいだに広く分散しているのだろう。二つの選択肢のどちらがいっそう望ましいものであるか、問いは開かれたままであるが……。

5 遠隔的に殺すこと

「ねえ、あなたって何キロも離れているみたい。
――ごめん。そんなに遠くないよ。知ってるだろ。いつも切り替えたり、行ったり来たりするのが難しいだけさ。まるで二つの場所に同時にいるみたいなんだ。パラレルワールドさ」

二〇一〇年、ドローンのパイロットの体験談[1]

ハルーン・ファロッキは、視覚に関して軍事的なテクノロジーが生み出しているのは、表象というよりは「映像における「操作的映像」、つまり目的物を表すのではなく、むしろ自ら操作の一部になる」映像だと指摘している。[2]ここでは、視覚（vision）は照準（visée）となる。すなわち、視覚は対象を表すために用いられるのではなく、対象にはたらきかけるため、対象に照準を合わせるために用いられる。眼の役割が、武器の役割になるということだ。[3]

これら二つをつなぐもの、それは、スクリーン上の映像である。この映像それ自身が、具象のための表象ではなく、操作のための具象となる。それをクリックすることはできるが、クリックすると殺害することになるわけだ。しかし、ここでの殺害という行為は、具体的にはただ次のことにすぎない。つまり、ポインターないし矢印を小さな「起動図像」に合わせるだけだ。[4]この小さな図像が、敵がかつて有していた生身の身体の位置を占めることになるのだ。

この挙措は、かつての針打ちの実践を思い起こさせる。これは「魔法をかける相手の蠟《ろう》人形に釘や針を差し込むことだが、おそらく最初は、実際に個人の身体に釘や針を差し込んでいたのだろう［…］。しかしこうした行為は、おそらくそれを実施する者にとってあまりの不都合や危険を伴うものであったため、いっそう簡便でいっそう確実な方法が考案された。それは、生身の人間の代わりに、蠟でできた「代用品」を用いることだ。この行為はラテン語のデフィキシオ（defixio）という名で知られていた」[5]。蠟人形の起源についてのこうした仮説には、おそらく空想もあるとはいえ、考えさせられる。ドローンのオペレーターの語彙のなかでターゲットに照準を合わせる際に用いられる「ピンポイント（pinpoint）」、「釘を打つ（nail）」といった比喩は、いずれにしても、この古風な実践に悩ましいかたちで呼応しているのだ……。魔術だったものが、高度なテクノロジーの手法へと転換されているわけだ。呪いをかけることはおそらく完全には消え去ってはいないかもしれないのだが。

元軍人の心理学者デーヴ・グロスマンは、殺害することの嫌悪についての理論を練り上げた。人間の標的が近づけば近づくほど、殺害することに対していっそう多くの抵抗を克服しなければならなくなり、逆に、距離が大きければ大きいほど、実行に移すことは困難ではなくなる、というのである。彼は、この仮説に基づいて、武器の種類別の心理的なグラフを作成した。

最大限の距離がある状況では、犠牲となる者の姿を見ることがないため、軍人は「自分は人間を殺害しているのではないと主張することもできる」とグロスマンは書いている[6]。それが、何千人もの民間人を殺害した爆撃機のパイロットがいささかの後悔の念も抱かずにいられる理由だ[7]。距離が縮まる

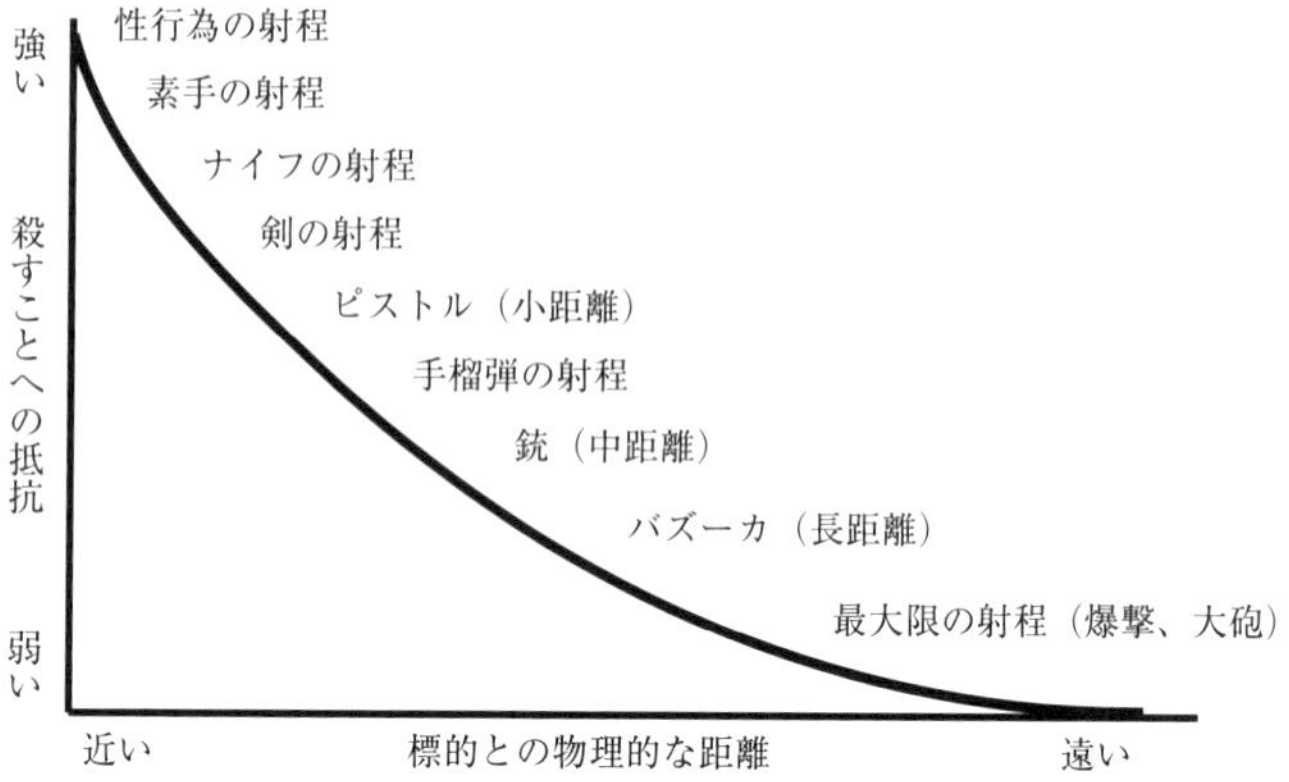

デーヴ・グロスマンによる攻撃のスペクトル[8]

につれて、心理的な否認の可能性も減少する。「短距離では、殺すことへの抵抗は大きい。敵を眼前に見ているとき、敵が若いか老いているか、怯えているか怒っているかが分かるとき、いまにも殺されようとしている個人がまったく自分自身と同じような存在であることを否認するのはもはや不可能だ。この種の状況において、殺害を拒絶するケースが見出される」[9]。

この理論は多くの点から批判の余地があるが、私はこの理論のもつ発見的な射程に関心を寄せてしまう。というのも、この図式のどこにドローンを位置づけたらよいだろう。武器の射程、物理的な距離という指標に従うと、ドローンはもっとも右側の、最大限の距離の極のところに置かれるべきだろう。しかし、カメラがあることによって、オペレーターは標的を見ることができる。しかも間近で見ることができる。この第二の、知覚的な近さという指標に従うと、ドローンは距離を示す横軸のもっとも左側にあるべきだろう。問題は、ここで「距離」と呼ばれるものが複数の次元にわたっていることだ。これらの次元は、日常の経験では混同されがちであるが、遠隔テクノロジーによって脱臼させられ、空間的に再配分されるのだ。いまや、同等ではない次元を組みあわせることでプラグマティカルな〔実際上の〕同時存在が可能になり[10]、近くにいることと距離を隔てていることが同時に可能になる。物理的な距離はもはや必ずしも知覚的な距離を含まなくともよくなる。この図式のなかにドローンを位置づけるためには、「距離」という単位を示す用語に含まれるものを解体し、もはやあまりに粗くなった横軸を粉砕しなければならないのだ。

オペレーターたちは犠牲となる人々を目にしている。ここにこそ、遠隔的な暴力という彼らの経験の第一の特殊性がある。彼らが犠牲者を尾行するとき、監視はしばしば数週間におよぶこともある。彼らは犠牲者の日常的な活動をすべて追跡し、犠牲者との奇妙な親密感を育むことすらある。「朝起きて、仕事に行って、夜帰って寝るのが見えます[11]」。「母親が子どもたちといたり、父親が子どもたちといたり、父親が母親といたり、子どもたちがサッカーをしたりするのが見えます[12]」。

さらに、映像による眼差しは、攻撃の効果を見ることも可能にする。ここには、伝統的なパイロットの経験とのきわめて重要な差異がある。「時速八〇〇から九〇〇キロで飛んで、二〇〇キロの爆弾を投下して立ち去ると、何が起きているかを見ることはありません。〔…〕しかし、プレデターがミサイルを発射する場合、それが着弾するところまで追跡できます。つまり、そこには何か衝撃的なものがあるということです。目の前で、個々の人間に関わることになるのです。つまり、それが長いあいだ頭に残り続けるのです[13]」。このような、物理的な距離と接眼的な近さの根源的な組みあわせのために、距離という古典的な法則がおかしくなる。[14] 距離の大きさは、ここではもはや、暴力をより抽象的ないし非人称的にするのではなく、逆に、より「具象的」に、そしてより個々の人間に関わるようにするのだ。

しかし、これらの要素は、ドローンという装置の技術的な構造のなかに同様に含まれたその他の要素によって釣りあいが保たれるようになっている。オペレーターが自分の行為を見るとしても、この知覚的な近さは部分的なままだ。インターフェースというフィルターを通しているからだ。感覚領域が視覚というただ一つの次元に限定されることに加え、[15] 照準を合わせるために十分鮮明になっているはずの解像度も、顔を見分けられるほど鮮明ではない。[16] それは質の低い視覚なのだ。オペレーターが見分けられるものはすべて、顔を欠いた小さな化身《アヴァター》たちにすぎない。ＣＩＡの元職員はこのように語っている。「小さな人物たちがあらゆる方向に走っているのが見えます。爆発が起き、煙が消えると、残っているのはただ瓦礫と黒焦げになったものだけです[17]」。このように人間という標的を具象的に単純化するという現象は、殺害をいっそう容易なものにする。「スクリーンには肉体があるのではなく、座標があるだけです[18]」。敵の返り血を浴びることもない。このような物理的な汚れの不在には、おそらく、道徳的な汚れの感覚がいっそう減少してゆくことが対応しているだろう。

もう一つ重要なことがある。オペレーターは見られることなく見るということだ。ところで、ミルグラムはこう示唆していた。「われわれの行為が見られうるときよりも、見られることがないときのほうが、いっそう簡単に悪事を働いてしまうことがある[19]」。殺害者とその犠牲者が「相互的な知覚の場」にいないことによって、暴力の管理は容易になる。当事者は、自分の行為が他者に見られているために生まれる気まずさや恥じらいから免れるわけだ。グロスマンはこう付け加えている。「殺害者の大部分が短距離での人殺しの際に払わなければならない代価――「苦しみと憎しみ、そうあの憎しみで歪んだ恐ろしい顔」の回想――は、われわれが犠牲者の顔を見ることを避けられさえすれば、まったく払わなくてもよくなる」[20]。ところで、ドローンが可能にするのはまさしくこのことだ。ドローンが表示するのは、照準を合わせるにはまさに十分な、ただし本当に見るにはあまりにわずかなものである。そしてとりわけ、ドローンでは、オペレーターが、自分が他者に対し行なっていることを他者が見ているときにこの他者を見ないことができるのだ。

さらに、このように心理的な不快がごくわずかであることは、ミルグラムが「行為の現象学的な統一性」の断絶と呼んだものによっても都合がよい。ここでボタンを押すと、そこで爆発が起きて人影が消えるとする。そのとき「行為とその帰結のあいだには、物理的、空間的な分離がある。被験者はある部屋でレバーを押すと、もう一つの部屋から叫び声が聞こえてくる。二つの出来事に相関性はあるものの、しかし説得力のある現象学的な統一性が欠けている。私はいま一人の人間に危害を加えているというこの行為が意味をもつための固有の構造が、空間的な配置のために分裂するのである」[21]。大きなコンパスの二つの針先のように、行為が二つの離れた地点へと引き裂かれ、それを統握する統一性が分割されることで、その直接的な現象学的な意味が破裂するのだ。行為をその統一性のもとで考えるには、被験者は、こうした分裂した現象の二つの面をつなぎあわせることができなければなるまい。あるドローンのパイロットは、自分の最初の攻撃について次のように語っている。「ここからこれほど離れたところで起きたことの現実が地に足のついたものとなるには、つまり「現実」が現実になるには、いくらかの時間が必要だった」[22]。攻撃が現実的なものであることは頭では分かっているが、それ自身が、統一的な行為の現実という意味を帯びるには、現実化の作業のための時間が必要なのだ。行為の統一性はあらかじめ与えられているのではなく、それが現れるためには、統一化、反省的な綜合という困難な精神的な作業が必要となる。その困難さは、おそらく重大なものであろう。オペレーターの生《なま》の意識が触れることができるのは、片麻痺的行為の一面のみだからだ。

フィルターを通した知覚、敵の姿の具象的な単純化、知覚の場の非対称性、行為の現象学的統一性の解体——これらの要因が、それぞれ組みあわさりながら、「道徳的な緩衝材」という強力な効果を生み出している。[23] ドローンという装置は、このようにしてオペレーターに対し、視覚的な近さの埋めあわせとして、距離化を行なう強力な手段を自発的に与えるのである。しかし、この種の経験は、もう一つの重要な性格を示している。それは、平和的領域から戦争の暴力を行使することである。

古典的なタイプの兵士にとって、戦争から平和への移行は明らかに繊細な局面をなす。これは一つの道徳的世界からまた別の道徳的世界への移行であるが、そこでは適応障害が、あるいは「再統合」障害が現れることがある——市民生活へと復帰するためには、「圧力軽減」のための幅が必要なのだ。ところで、ドローンのオペレーターは自国を離れることはないとはいえ、「戦争領域へと遠隔展開」[24]するのだから、このような切り換えを、一日に二度、しかも素早く、ほとんど移行期間なく行なわなければならない。問題は、このようなすべてが正反対の二つの世界のあいだを恒常的に行ったり来たりするところにある。プレデターの操縦士で第一九六諜報中隊の隊長であるマイケル・レナハン中佐は次のように述べている。「それは奇妙なことです。非常に異質なものです——ミサイルを発射することから、子どもをサッカーの試合に連れて行くことに移行するわけですから」。朝は殺人者、夜は家庭の父。「平和的自我」と「戦争的自我」のあいだに日常的な切り換えがあるのだ[25]。

こうした二重の感情が、彼らの証言のなかで頻繁に現れる。「物理的な飛行機にいる場合には〔…〕認知的不協和〔個人の認知において矛盾が生じたときに、この不協和を軽減するように態度が変容するという理論〕があります。精神を自動的に切り換えることができるわけです。〔これに対して〕私たちにとって問題はむしろ、認知的な選択にあったと思います——いま、自分が戦争状態にあります。つまり、軍事展開が、分離壁の役割を果たすわけです——身体的というよりは認知的にです。そして、私たちが絶えず直面していた問題の一つは、私たちが実際には、この認知的な空間を自分たちの意志で作り出す必要があったということです。私たちが真に平和の状態にあったことはありません。私たちはまさにつねに戦争と平和のあいだのどこかにいたのです[26]」。もう一人のオペレーターは、自宅での家庭生活とオフィスでの戦争暴力との衝突や、これら二つの領域のあいだに精神的な仕切りをつねに設けておこうとする自らの努力がどのようなものであったかを述べつつ、次のように説明をしている。「つねにスイッチを変えなければならないこと、行ったり来たりすることはときおり困難でした。それはまるで同じ時に二つの場所を生きるようなものでした。パラレルワールドです……。〔…〕これがプレデターのオペレーターの精神を分裂させていたのです[27]」。

この種の経験をするための心理的な持続性の条件は、行為者の仕切りを設けるという能力にある。彼らのうちの一人はこのように打ち明けている。「スイッチをつねに入れたり消したりすることができなければなりません[28]」。しかし、この能力は、戦争暴力を行使する者が平和領域へと帰還する際に、もっとも脆弱となる能力でもある。ある討論会で、同僚の兵士から臆病者等々と罵られたドローンのオペレーターたちに助け船を出そうとした軍人はこう書いている。「「アットホーム」でいること、それは今日では困難なことです。ヒッピーたちは私たちがイラクでしていること、したことを憎み、ますます騒がしく知らしめようとしています。ドローンの操縦士たちが毎日仕事に行く途中の道路や帰り道に車から目にする、粘着質の反戦家が何名いるか数えてご覧なさい」[29]。ここで彼は、この体制の中心にある矛盾を指摘している。軍事的暴力を行使する者たちを平和領域の家庭的な空間に置きなおすことは、彼らのことを理解しないこともありうる社会的・政治的な環境のなかに彼らを置き入れるということだ。彼らが行使している暴力に対し、活発な異議申し立てがなされうる環境だ。

戦争状態にある人々は、特殊な道徳世界を作り上げる必要がある。市民世界とは異なって、人を殺すことが禁止ではなく美徳をなす世界だ[30]。このような規範的な体制の矛盾はつねに潜在的にあるが、まったく異なる二つの世界を同じ一つの領域に重ねあわせることによって、この矛盾が露わに、そして恒常的なものとなるのだ。オペレーターたちは、二つのまったく異なる道徳的体制の双方に生が引っ張られ、ある意味ではその後陣と前線にいる。彼らのもとを、外部では戦争状態にあるけれども内部では平和状態にあるかのような社会の矛盾が走っている。彼らだけが、現場で二つの極のあいだで引き裂かれ、二つの社会に、まさしく矛盾の蝶番《ちょうつがい》にいる。彼らは、民主主義的と呼ばれるが、ただし帝国主義的な軍事強国でもある国家の道徳体制の二重性を生きているのである。現代の新参兵士についてキーガンが書いていたことが結局、ドローンのオペレーターに起きるかもしれない。すなわち、「国家が自分に課してくる武器を目にして、自分がもっている人道的な行動規範が示すのは、偽善者的な嫌悪感か、それとも、自分の行為とその帰結とをつなげて考えることができない精神病的な無能力か、どちらだろうかと考え」はじめるのだ。[31]

こうしたことがまさに起こりはじめている。五年のあいだドローンのオペレーターを務めたブランドン・ブライアントは空軍を離れることを決めた。彼は、今日では公的に証言している。とりわけ、ある日の思い出が彼に付きまとっているという。

衝撃まであと一六秒残っていた。「一秒一秒がゆっくりと流れていた」。今日、ブランドンはこう回想する。［…］その瞬間には、ロケット・ミサイルの方向を変えることもできた。あと三秒。ブランドンは、スクリーン上で最小のピクセルに目をこらす。突然、家の角を走る子どもが見えた。［…］ブランドンはスクリーンのほのかな光を見た――爆発だ。建物の軸組が崩れる。子どもは見えなくなった。ブランドンは胃が引きつった。

「子どもを殺したのか？」彼は隣に座っている同僚にこう尋ねた。

「子どもだったと思う」。そのパイロットは答えた。［…］

そこに彼らの知らない人物がやってきた。軍の司令部のどこかで、攻撃の経緯を見ていた人物だ。

「いや、あれは犬だ」。

彼らはあらためて録画を再生した。二本足の犬だって？［…］

「この六年のあいだ、男や女、子どもたちが死んでゆくのを見てきました」。彼は語る。これまでこれほどの人を殺すなんて想像したこともない。事実、たった一人ですら殺すことを想像しはしなかったのだと。

時間が過ぎるのが長いと感じていた日々、彼はコクピットで日記を書いていた。「戦場には、戦闘員はいない。ただ血があるだけ、全面戦争だ。私はこれほど死を感じている。自分の眼が壊れてしまえばいいのだが」。

次いで、ある日、もはや友人に出会っても少しもうれしさを感じなくなった。付きあっていた若い女性は、彼がよく不機嫌になると不満を言っていた。「スイッチがないんだ。そんな風に変われないんだ」と彼は彼女に言った。帰宅しても眠れないときには筋トレをした。彼は上司にも口答えするようになった。［…］

さらにある日、彼は体を折るようにしてオフィスで倒れこみ、血を吐いた。［…］

また別の日には、彼は提案された新たな契約に自分はサインはしないだろうと悟った。その日、コクピットで同僚に対して、自分がこう言っていたからだ。「おう、今日はどの畜生をぶっ殺してやろうか[32]」。

この種の証言はきわめて稀である。通常出くわすのは、むしろ現役のオペレーターに見られるまったく別のタイプの言説である。「敵に対しては感情的な結びつきはまったくありません。［…］私にはすべきことがあり、それを実行するだけです[33]」。ジャーナリストによれば、この軍人は「仕切りをうまく作っている」のである。

軍事心理学者のヘルナンド・オルテガはこのような仕切りの重要性を強調している。「ビール空軍基地には、ドアのところに「責任区画へようこそ」というパネルがあると思います。迷彩色で書かれているものです。そのドアを通り過ぎると、ゲームが始まります。戦闘領域に行くのです。そこを出ると家に帰るというわけです。つまり、そうした単純な儀式であっても助けになりうるのです。もちろん、ほかの選別基準を考案することもできるでしょう。かつて、飛行機の発明の一一年後にパイロットの選別のための医学的な基準を考案したのと同様にです」[34]。このような徴募においては、うまく仕切りを設ける能力、「「仕事」スイッチを切って、「家庭」モードに行く」能力の高さを自ら示すような人物を選別すべきだろう[35]。徴募すべきは、仕切りを設け、別々にし、もはやそのことについては考えない、あるいは端的に考えることをしない能力のある人物だ。

ドローンの精神病理学が、そう思われている場所にはないとしたら、つまり遠隔オペレーターがもちうるかもしれないトラウマにあるのではなく、むしろ逆に、仕切りを設けた心理構造の産業的な生産のなかにあるのだとすれば、どうなるだろうか。彼らの身体はすでに敵の暴力に晒される可能性から免れているわけだが、それと同様に、彼らの心理構造は、自分自身が暴力を振るうことに対して反省を加える可能性から免れているのだが。

私は先に、現代のギュゲスにとって必要な美徳は何かという問いを発した。軍事心理学がそれに対する答えをすでに出している。それは、仕切りを設ける、別々にする能力という実践的な美徳だ。

二〇世紀のなかでももっとも暗い時代に、シモーヌ・ヴェイユはこのプラトンの神話にきわめてすばらしい解釈を与え、同時に、それを現代にとって決定的なかたちで述べ直した。彼女によれば、見えないのは、指輪をはめている人物ではなく、指輪そのものである。「見えなくなったギュゲスの指輪、それはまさしく別々にするという行為だ。自分自身と、自分が犯している犯罪を別々にするということ。二つのあいだに関係を設けないことだ[36]」。ギュゲスはこういう。「私が王となり、ほかの王は殺された。二つのことのあいだにはなんの関係もない。それが指輪だ」。別々にし、そして別々にしたということを忘却し、仕切りを設ける――「この別々にするという能力こそ、あらゆる犯罪を可能にするのだ[37]」。

第3章　死倫理学

1　戦闘員の免除特権

「セルビアでの空中戦によって、飛行士たちは未来の見通しを得た」

空軍報告書[1]

「戦死者なし」「喪失への恐怖」「リスクへの嫌悪」……これらの表現はどれも、一九九〇年代の終わりにアメリカで大量に現れたものだが、みな同じ考えを表している。すなわち、軍事力の行使は、自国の軍人の生命の保持という政治的な要請に従属すべきという考えだ。現代の帝国主義的な暴力においては、力の非対称性や、それに基づく脆弱性の不平等な分配は特殊なことではない――これらは、歴史上のすべての「小さな戦争」に見られる古典的な特徴だ。特殊なのはむしろ、ある種の規範が、西洋の「民主主義的な」強国がそうした暴力を行使するための条件となっていることにある。そこに新規さがあるとすれば、以下の点であろう。支配者の側が実質的にはほとんど脆弱性を有さないこと――これが二〇世紀末に支配的な倫理的‐政治的規範として立てられることになったのだ。

このような現象がおそらくもっとも鮮明に意識されたのは、一九九九年のＮＡＴＯによるコソボ介入のときであろう。「連合軍」作戦を指揮していたウェズリー・クラーク大将が述べたように、戦略家たちの第一の関心は、「装備を失わないこと、飛行機の損失を最小限にすること」にあった。「私は、より大きな政治的－軍事的な動機をもっていました。この作戦を再現なく続けるためには、われわれは航空隊を守る必要がありました。われわれにとって、「NATOは二日で十機失う」といった文言が新聞の一面を飾ることほど世論に悪影響をもたらすものはなかったのです」[2]。一つの戦争に敗北するには、死者一八人で足りる――これがモガディシュ〔ソマリアの首都〕の教訓だった。クリントン政権の脳裏には、「ブラックホーク・ダウン」〔一九九三年のソマリアで米軍のヘリコプターのブラックホークが撃墜されて戦闘が激化したこと〕症候群によってベトナム症候群がふたたび蘇っていたのだ。たとえ損失が軍事的な力関係に基づく厳密な計画に従った微細なものであったとしても、「世論」に対して想定される影響によっては、法外な政治的犠牲を払うことになるおそれがあった。

そんなことはなんとしても避けなければならなかった。そのために、飛行士たちには高度一五〇〇〇フィート（およそ五〇〇〇メートル）よりも低空を飛行することが禁じられた。敵の対空防衛攻撃の射程から完全に外れ、実際にも手の届かないくらい安全な距離だ。ビル・クリントンの国防長官ウィリアム・コーエンはのちに次のように述べている。「「連合軍」作戦の主たる教えは、われわれの軍の安全こそがわれわれの第一の関心にならねばならないということだ」[3]。事実、NATOの機体は七八日間で三八〇〇四回出撃したが、乗員には一人の損失も被ることはなかった[4]。自らの陣営での死者がゼロとなる戦争を作り出すことに実際に成功したのだ。

とはいえ、矛盾がないわけではない。というのも、パイロットの命を危険に晒さないための高度は、空爆の精度の点では減退をもたらすおそれがあったからである。NATOの担当者はこの点についてアムネスティ・インターナショナルから問われた際、次のように認めた。「一五〇〇〇フィートの上空を飛行する隊員は、たんに対象を特定し、それが準備段階で指摘された人物に対応するか確認できるだけである。しかし、たとえば、そのあいだに民間人が近くに集まっているかどうかは分からない。つまり――とこのＮＧＯは結論づけている――、一五〇〇〇フィートという規則によって、ＮＡＴＯの隊員は、地上の状況が変化して対象がもはや適正なものでなくなった場合に攻撃を中断する義務を守ることができなくなるのである[5]」。

このような「人道的介入」行為において、「彼らの生命」の代わりに「われわれの生命」を危険に晒すわけにはいかないという理由のみから、自分たちが救出しようとしているはずの民間人の生を危険に晒してよいのだろうか。この問題は、道徳哲学のもっとも純粋な伝統における、良心というケースの特徴をすべて示している。イグナチエフは、次のような緊張関係を示している。「ハイテク戦争において主導的な義務は、民間人の被害を避けることと、パイロットの被害を避けることの二つである。ところで、これら二つは直接にたがいに矛盾する。実効的に標的を狙うには低空を飛ばなければならない。上空を飛ぶ場合には民間人の犠牲者が出ることになる[6]」。これら二つの至上命題のどちらが勝るのか。複数の規範の優先権、ヒエラルキー化の問題である。このジレンマに対し、ＮＡＴＯは、実のところたいして躊躇もせず、民間人を負傷させたり殺害したりする「副次的な《コラテラル》」リスクが増大することになっても、パイロットの生命を守ることに優先権が置かれる、と答えた。つまり、軍人の生命の保護という名のもとで、当該の作戦によって守られることになっていたはずの民間人に犠牲者が増えるリスクをとるということだ。これは、軍事的－政治的理性の天秤では、コソボの民間人の生命はアメリカの軍人の生命よりも値打ちが低いと認めることに等しい。

「正戦」理論に精通した哲学者たちは、このような「リスクなき戦争」がもつかくも当惑を誘う側面に対しめまいを覚えた。根本的に規範が揺らいでいることを見てとった者のなかには、激しい、しばしば憤慨した反応を示す者もいた。つまり、この選択をすることで、通常の戦争倫理の原理そのものがひっくり返されることになるというのだ。ジーン・ベスキー・エルシュテインは次のように述べている。「米軍の将校たちは介入を道徳的な至上命題のように語っていた。しかし、戦闘が終わる前からすでに、アメリカは、戦闘の影響を受けないという免除特権を非戦闘員にではなく戦闘員に与えると決めており、道徳的伝統を逆さまにしたのではないか、と問うた観察者もいた」[7]。彼女は憤慨しつつも、本質的な点を捉えている。ここで生じ、露わになったもの、それは軍事紛争の法規からすると異質であるが、暗々裏にそれを上回るような、次のような暗黙の規範原理がいっそう優越するものとして置かれることになったことである——すなわち、帝国軍の戦闘員の免除特権という特殊な原理だ。「われわれは次のような新たな指標を表すことで〔攻撃対象を戦闘員と民間人とで区別すべしという〕区別原理を侵害したように思われる。すなわち、セルビア系、そしてアルバニア系のコソボの民間人にとっての非戦闘員の免除特権よりも、戦闘員の免除特権のほうを考慮すべきヒエラルキーの上位に置くという原理だ。NATOの兵士を——言い換えればアメリカの兵士を——危険の外に置くという決定によって、われわれは、戦闘員の免除特権という基本原則を採用した。しかもわれわれ自身の戦闘員に対しそうしたのである」[8]。

これは余談ではなかった。一〇年後、アレックス・J・ベラミーは同様の診断を下すことになる。今度は、アフガニスタンおよびイラクでのアメリカ軍の地上への介入に関してだ。「作戦区域において、アメリカの戦闘員の保護のほうが非戦闘員の保護に優先するという明白な図式が生じてきた[…]。非戦闘員が保護されるのは、そうした保護活動が兵士の生命を危険に晒すことがない場合にかぎられる」。このことが事実上いわんとしているのは、「非戦闘員の生命より戦闘員の生命のほうにいっそうの価値が与えられる」ということである[9]。

この原理は、一九九〇年代には、多かれ少なかれ暗々裏に、事実的なものとして現れていたのだが、それ以降、はっきりと要請されて体系的な理論的定式化を得ることとなった。帝国軍の戦闘員の免除特権という実践的な合理性は、今日ではその綱領《ドクトリン》を得ることとなったのだ。これが練り上げられたのはイスラエルにおいてである。

「ガザ侵攻の際の何百人ものパレスチナの民間人の殺害について問われたとき、イスラエル軍の将校は全員ほとんど同じ返答をした。軍事力の広範な活用は兵士の生命を保護するためにあるのであって、イスラエルの兵士の生命と敵の民間人の生命を守ることのいずれかを選択しなければならないとしたら[…]兵士のほうが優越する」[10]。『ハアレツ』紙が記すように、この返答はけっして即興のものではなく、「数年前から発展し、これらの計略を正当化する倫理理論」に基づいている。道徳哲学が何の役に立つのかと言うと、多くのもののなかでも、戦争をすることに役に立つ、というわけだ。

テルアビブ大学の哲学教授のアサ・カシェルは、数年前から、イスラエル軍との緊密な関係のもとで研究を進めている。一九九〇年代中葉からイスラエル軍の「倫理綱領」を練り上げてきたのだ。彼は、「標的殺害」作戦および、それによって人口密集地域においてパレスチナ人に対してまちがいなくもたらされる「副次的被害《コラテラル・ダメージ》」を正当化する。ツァハル〔イスラエル国防軍〕やシン・ベート〔イスラエル総保安庁〕の職員に対して軍事倫理についての研修も引き受けている[11]。彼自身、インタビューにおいてこう自負しているが、それも理由のないことではない。「われわれが行なっていることが、法になりつつあるのです[12]」。

二〇〇五年、彼は主席参謀のアモス・ヤドリンと共著で「テロに対する戦いにおける軍事倫理」という論文を書いた[13]。二人の著者は自分たちの野望を隠していない。それは、軍事紛争の倫理および権利について立てられてきた諸々の原理を完全に書き直すことにほかならない。

このテクストで概念的な攻撃が向けられる相手はさまざまだが、もっとも徹底的な攻撃が向けられているのが非戦闘員の免除特権の原理である。「戦闘員と非戦闘員の区別を支えている通常の考え方を信頼するのならば、国家がもつ一連の義務は、後者に対してよりも前者に対していっそう弱いものとなる。したがって、戦闘員の損失を最小化する義務は、優先順位のリストのなかでは最下位にくるだろう。［…］われわれはこうした考え方を拒否したい。というのも、こうした考え方は非道徳的だと考えられるからだ。戦闘員は制服を着た市民である。［…］彼らの血は、制服を着ていない市民の血と同じくらい赤く、同じくらい濃い。彼らの生は、ほかのどのような人とも同じくらい貴重なものである[14]」。そこから結論づけなければならないのは、国民国家の国民の生命の保護が至上の義務であるということであり、なんとしても、あらゆる代価を払っても優越しなければならず、したがって、優先順位からすると、別の陣営の非戦闘員に対する損失を最小化する義務よりも上にこなければならない、ということである。問題をはっきりと述べるならば、戦争状態における国家の義務のヒエラルキーに従えば、イスラエルの兵士にとってのリスクの最小化は、ガザの子どもに対する「副次的リスク」の最小化の義務に議論の余地なく勝るということである。すみずみまで武装していたとしても、前者の生命は、規範的には絶対的に後者の生命に勝るのだ。そしてこれがいまや哲学的に、つまりいかんともしがたく、基礎づけられているというわけだ。いかんともしがたくというのは、分析哲学の形式的な厳密性を模したこの種の「倫理的」言説に見あったタイプの冷酷な暴力を伴って、ということだ。

この議論は、逆説的にも、生命の価値は平等だという（ただし、明記しておきたいのは、市民のあいだでの、という限定つきだ）レトリックに依拠しているのだが、現実においては、血が——いつも同じくらい赤いにもかかわらず——国民国家の国民の身体に流れる血であるか否かに応じて、この同じ価値がヒエラルキー化されるということだ。このような操作は、市民と戦闘員のあいだの構造的な区別に認められていた優位を、また別のもの、それに優先する新たな区分けに置き換えるというものだ。そこでの適切な線引きは、結局のところ、国民と外国人とのあいだのヒエラルキー的な分割へと帰着する。そしてこのことが、もはやもっとも獰猛なナショナリズムの礼儀正しい呼び名にすぎなくなってしまったにもかかわらず、「倫理」という名のもとでなされているのである。

ここでは、国民国家の義務が、国際人道法に厳命された普遍的な義務に優越することになる。あるいはむしろ、こうした法が課す普遍的な義務が、国家が自国の国民に対してもつ特殊な義務にまで地平を縮減した根本規範の地点から修正されうることになる、とも言える。軍事的紛争に関する法は、軍事的暴力の行使に対し、どのような人であれあらゆる市民の普遍的な権利を起点にして制限を設けているのだが、カシェルとヤドリンの修正主義的な体系化においては、適切だとされるカテゴリーの分布地図が再編される。主権国家の国境線が、その内部では外部の市民が殺害されようともある種の生命が優先的に保護されなければならないという分割線へと変わるのである。しかもこれは、もっとも完全な不均衡へといたる。なぜならば、ただ一人の国民兵士の命の保護が、数え切れない数の外国人市民を見殺しにすることを正当化するからだ。「われわれの義務の優先順位の規範に従うならば、受け入れがたいと思われるかもしれないが、引き起こされる副次的な被害がはるかに大きなものであったとしても、国家はただ一人であっても自国の市民の生命に優先権を与えなければならない」[15]。カシェルとヤドリンの理論的な攻撃は、たんにどのように市民の生命に優先権を与えなければならないかについての原理〔区別原理〕に関わるだけではなく、どのように配分するかという原理〔均衡性原理〕にも関わっており、この原理を前者と同様に国民の生命の保護という祭壇の上に引き立てているのである。

正戦理論の思想家たちにとっては、このような綱領は名状しがたい醜悪という印象を与えるものであった。マイケル・ウォルツァーとアヴィシャイ・マーガリットはカシェルとヤドリンに対して論戦を挑み、彼らの立ち位置を精力的に拒絶している。「露骨なかたちで表現すれば、彼らの主張というのは［…］「われわれの」兵士の安全のほうが「彼らの」市民の安全よりも優位にあるというものだ。われわれの根本的な不同意は、この主張が虚偽であり危険だという点にある。この理論は、交戦法規（jus in bello）の理論において決定的な重要性をもつ戦闘員と非戦闘員の区別を侵食するものである」[16]。ウォルツァーとマーガリットは、「戦争の範囲を限定するにあたって決定的に重要な方法は、戦闘員と非戦闘員のあいだにはっきりと分割線を引くことだ」と指摘しつつ、こう付け加えている。「カシェルとヤドリンにとって、戦闘員と非戦闘員のあいだには明確な区別はもはやない。ところで、この区別が明確でなければならないのは、損傷を与える能力を有した者に――そしてそうした者だけに――戦争を限定することこそが重要だからである〔…〕。われわれが守りたい導きの糸はこれだ。ほかの陣営の非戦闘員がいるところでは、非戦闘員が自国の市民である場合と同じくらい配慮して戦争をしたまえ[17]」。

イスラエル科学アカデミーの会長であるメナヘム・ヤアリは、論争が拡大しはじめるなかウォルツァーとマーガリットを擁護し、それほど用心することなくこう述べた。「危険が無実の市民に迫っているケースにおいて、この市民が「われわれ」の側にいるか「彼ら」の側にいるかで区別をするという軍事綱領は、伝統的なイスラエルの支配層において自民族中心主義や外国人嫌悪を示す態度がはっきり現れてきているなかで、このうえなく憂慮すべきものである。われわれは、普遍主義と人間主義が、生まれ故郷精神や部族主義へと逸れてゆくのを目の当たりにしている[18]」。

ここで発せられている攻撃がどれほどのものかを捉える必要がある。その企ては、二〇世紀後半に定着した軍事的紛争を司る法の粉砕にほかならない。国際法の原理を、生の自己保存というナショナリズムによって除去するということである。ところで、これから見てゆくように、これはまたドローンの死倫理学〔nécroéthique〕の第一の指導原理でもある。

2　人道的な武器

今日も戦争が起きているが、ドローンはそれを遂行するのにもっとも洗練され、もっとも正確で、もっとも人道的な方法である。

ジェフ・ホーキンス
（合衆国国務省民主主義・人権・労働局）[1]

「もっと人道的な武器を作ろう」などと言ったことはこれまで一度もない。

ヘンリー・A・クランプトン
（CIA対テロリズムセンター副所長）[2]

推進者たちの主張によれば、ハンター・キラー・ドローンは「人道的なテクノロジーにおける主たる進歩」を示している。[3] 彼らがいわんとしているのは、このマシンがたとえば荒廃した区域において食料や医薬品を発送してくれるということではない。まったく別のこと、すなわちドローンは、武器として、殺害手段として人道的であるということだ。

この種の主張においては、語の意味が正反対のものにされてしまい、その語を用いる者自身も自分が述べている言葉の奇妙さにもはや気づいていないのではないかと思われるほどだ。「無人」の、人間がもはやまったく搭乗していない戦争機械が、生命を除去するにあたって「いっそう人道的（人間的）」な手段であると主張できるのはどういうわけか。人間の生命を消滅させるための手段をどうしたら「人道的」と形容できるのか。人道的活動というものが、困窮した人々の生のケアをするという至上命題によって特徴づけられるのだとすれば、死をもたらす武器が、なんらかの意味でこの原理に合致しているとみなされることがどうしたら可能かはほとんど理解できまい。

マサチューセッツ大学の政治学の教授アヴェリ・プローは、これに答えを出している。「ドローンは命を救う。アメリカ人やその他の人々の命だ」[4]。当惑して、死をもたらす道具が生命を救うなんてどういうことかと問う人には、この主張が可能になるための狡猾な論理を立ててみる必要がある。

ドローンが、アメリカ人の生命を戦闘に晒さないことでそれを救っているというのは明らかだ。逆に、それがアメリカ人以外の生命も「救って」いるかどうかはそれほど明らかではない。この点についてはすぐ後で見るが、まずはこの議論の第一の論点を検討することから始めよう。

まず、ドローンは「われわれの生命」を救っている。そして、彼らに言わせれば、この点ですでにドローンは「道徳的」だ。このような主張については、一九九〇年代の終わり、ある雑誌が、さらにいっそう効果的に、二つのドローンの写真のあいだで、群青色の背景に洗練された線で、ほとんど広告のような小見出しでこうまとめていた。「誰も死ぬことはない――敵以外は」[5]。このような軍事倫理学の考え方からすると、自分の生命を危険に晒して死をもたらすのは悪で、自分の生命にリスクをもたらすことなく生命を奪うのは善とされる。ドローンの死倫理学の第一の原理は、逆説的なことに、生命主義的なのだ。そして、この同じ論理に基づいてこそ、ドローンは第一義的に「人道的な」武器とみなされる。つまりこういうことだ。人道的な至上命題は、諸々の生命を救うことにある。ところで、ドローンはわれわれの生命を救う。したがって、それは人道的なテクノロジーである。これで証明は終わりだ。

道徳的武器としてのドローンという主張の主たる先駆者は、ブラッドリー・ジェイ・ストローサーという名前である。この問題についての二本の論文によって、彼はアメリカの士官学校の哲学の教授に採用されることとなった[6]。『ガーディアン』紙はそこに一つの徴候を見ている。アメリカの軍事組織は、「ドローンの問題と軍事倫理学の問題は、今後ますますつばぜりあいの議論の対象になりつつある」[7]。ストローサーはこれにこうコメントを寄せている。「士官学校はこの議論の発言権を欲していて、そこで私を雇ったというわけだ。[…] 私は哲学者になりたかったし、そうなった。幸運だ」[8]。

彼によれば、ドローンはたんに道徳的に許容される武器であるばかりでない。いっそう良いことに、それは「道徳的な義務」でもある[9]。もし道徳法則に従って殺人をしたければ、ドローンを使わなくてはならないというわけだ。彼の主張は、彼が「不必要なリスクの原理」と呼ぶものに基づいている（英語の Principle of Unnecessary Risk の頭文字をとって PUR）[10]とされる。それによれば、「死を招く不必要なリスクをとるよう誰かに指示を出すことは悪」とされる[11]。その論証は次のようになされる。「われわれは、正当化しうる行為に携わるどの行為主体に対しても、その保護によって彼が正当に行為する能力が妨害されないかぎりは、できるかぎり彼を保護する義務がある。搭乗員のいない機体はこのような保護を保証する。したがって、それを使用することで戦闘員の作業能力が著しく低下しないということが示されうるのであれば、このような武器システムを用いる義務がある」[12]。

ここには生の自己保存の原理が認められるが、ただしそれには次のような限定的な条件が付けられる。すなわち、「能力の著しい損失」を招くことなくドローンが戦闘機を代替することが可能である場合にかぎり[13]、それは道徳的義務となる、ということだ。このような条件をつけることによって、以下のことが認められるようになるだろう。「ドローンによって正しい戦闘員の保護をますます増やすことで、非戦闘員にとってのリスクの増加という代価を払ってはならない」ということだ[14]。言い換えると、ストローサーは、国民たる戦闘員の保護の原理を、直接的に非戦闘員のリスクの最小化の原理の下に置くのではなく、少なくとも、カシェルとヤドリンとは異なり、旧来の武器システムとくらべてこのリスクを増大させないという原理の下に置くのである。

逆に、この武器によって「われわれ」が「区別原理および均衡性原理に十分に従うことができない」ことが明らかになった場合には、「ドローンは使用してはならない[15]」。しかし、ストローサーが信頼を寄せているのはそれとは逆の場合である。というのも、彼は、イスラエルの武器商人の広告文書のなかで、この種のテクノロジーが「パイロットの識別能力を増大」させるという文言を目にしたからである。「すばらしいことに［…］ミサイルが標的に近づくにつれて映像もいっそう精緻になる。［…］それゆえに、合法的な標的と非合法的な標的の識別がいっそう容易になるのである[16]」。

ここでは、ドローンの道徳は、「局所攻撃〔外科手術的攻撃〕」をめぐる古い言説を再活用しているにすぎない。この古臭い軍事的な考えが、いまや現実のものとなったと考えられているのだ。この点でこそ、ドローンの道徳は、正戦概念の理論家たちにとってコソボ紛争が不道徳なものと映るという矛盾から解放されたと考えられる。というのも、当時ウォルツァーが述べていたように、ある武器に対して「それを使う兵士自身に対しリスクがないとされるテクノロジー」を採用することは、「同じテクノロジーが、対極にいる市民にとっても同様にリスクがないならば」、「まったく正当化される」からだ[17]。これは、すでに「スマート爆弾」が主張していたことだ――そのような願望は「少なくとも目下のところは、かなり誇張されたものだ」とウォルツァーは付け加えていたのだが[18]。

しかし、もちろん付随的な問いは残っている。技術の進歩によって、つまり距離と精度を両立させる新たな武器によって、このような緊張関係が物質的に取り除かれたらどうなるだろうか。国民たる兵士の生命を保護したとしても敵の陣営にいる非戦闘員にとってリスクが増えることがなければ、矛盾は消えてなくなるだろう。そこでは、一方の免除特権と、他方の保護とが調和的に照合しあうことになるだろう。技術の奇跡によって、道徳的なジレンマも解消することになるだろう。ところで、これこそ、今日のドローンの推進者たちの主張である。彼らによれば、オペレーターの距離が遠くなっても操作能力が落ちないのだから、緊張関係は事実上無効となる。だからこそ、彼らは、非戦闘員の免除特権原理を国民兵士の保護原理の下位に置くというカシェルとヤドリンの理論的な攻撃力に賛同する必要はないと考えたわけだ。問題が現実的に解決されているならば、たんに理論的に解決する必要はもうないということだ。

さらに、ドローンが「われわれ」の生命だけでなく「彼ら」の生命も救うと言われうるのも、この意味において、すなわち、〔標的指示の〕いっそうの精緻化ゆえである。つまり、ドローンはその他の武器よりもいっそう「副次的被害」をもたらすことはないだろうという点で、潜在的にはなおさら倫理的だということである。

より根底的に見た場合、ここに生じているのは、自らを人道的だとする軍事的暴力の体制である[19]。これは、人道的権力と呼ぶことができるだろう。殺すと同時に救い、損傷を与えると同時に手当てし、このような二重の任務をただ一つの身振りによって包括的に成し遂げる、そういう権力である。破壊の力と手当ての力、殺人とケアとの直接的な綜合だ[20]。

諸々の生命を救う。だが何によってだろうか。それは、自分自身によって、自分自身の死の力によって、である。私の暴力はいっそうひどいものとなることもありえたのだが、ただし、私は善意でもって、その有害な影響を制限しようと試み、それによって――しかもこれこそが私の義務にほかならない――私は道徳的に行為できるようになった、というわけだ。

エイヤル・ワイツマンが示したように、このような正当化が本質的に立脚しているのは最小悪の論理である。彼によれば、「われわれの現在の人道主義的な考え」に付きまとっているのは、「自分自身がかなり広範にもたらした害悪を、計算やキャリブレーション〔サイズの修正〕によって、ときにかなり軽微なかたちで和らげようとする」ことだ[21]。ハンナ・アーレントもまた、この種の論証には警戒するよう喚起していた。「政治的に言って、この議論の弱点は以下のところにあった。より小さな悪を選択する者たちは、自分たちが悪を選びとったということをあまりにも早くに忘れてしまいがちなのだ[22]」。

3　精緻化

もしこれが美徳の現れでないとしたら、いったい美徳とは何か教えていただきたい。

ド・クインシー
「芸術の一分野として見た殺人」[1]

「非常に精緻であって、副次的被害もかなり限定される」。CIAの元長官のレオン・パネッタは軍用ドローンについてこう述べた。[2] この論はいたるところに飛び散った。ドローンは、その「精緻さ」ゆえに、「副次的被害」を減らすことができ、区別原理をもっとも尊重できるようになるだろう、と。[3] だがこの常套句は、誤った論証に基づいている。それが立脚しているのは、実際のところ、まさしく概念的な混同の巣窟だからだ。ここではそうした混同を整然と、つまり精緻に指摘していこう。

ドローンがいっそう精緻な武器であると示すことは可能なのか。まず、すべてはそれを何と比較するかにかかっている。ストローサーはこう書いている。「ドローンは、かつての時代の空爆にくらべると、並外れた可能性をもつ道徳的な進歩を示している」[4]。CIAのある担当官もこれについては雄弁だ。「ドレスデンでの派手な爆撃と、われわれが今日行なっていることをくらべてみてください」[5]。しかし、ドレスデンや、あるいはもちろんのことヒロシマが、精緻化という点に関して妥当な基準と見なされるのだとすれば、どのような軍事的な手段もこのテストには難なく合格するだろう。[6] 実際、ここでは、比較をする際に適切な項を選択するにあたって、武器の形態と機能とが混同されているのだ。ドローンが飛行物体であること、つまりその形態については、先行する軍用飛行機と比較するのが自然である。そして、もちろんこと、第二次世界大戦の爆撃機とくらべたら、ドローンは精緻さの点で異論の余地なき利点がある。ただし、比較の次元がまちがっている。それを評価するためには、同じ戦術的な機能の点でそれと競合する武器とのバランスを見なければなるまい。ビン・ラディンを抹殺するための選択はドローンと特殊部隊のあいだにあったのであって、ドローンとアボッターバード〔ビン・ラディンが殺害されたパキスタンの都市〕の上空を飛ぶドレスデン型の飛行機のあいだにあったのではない。正しい比較の次元は、外的属性についての思いちがいを避けるならば、形態の類似性に基づくのではなく、機能の等価性に基づく。ドローンは「絨毯爆撃」のための手段ではないし、爆撃機は標的殺害用の武器ではなかった。妥当な比較は、進歩ありと断定するために現在の飛行型武器とかつての航空兵器のあいだではなく、ドローンと同じ次元の機能を果たすほかの現在の手段とのあいだにあるのである。

しかし、問題はもう一つの混同によっていっそう込み入ったものとなっている。今度は意味の混同だ。先の言説においては、「精緻化」の観点から、それぞれ近しいものであるとはいえ同義語ではない三つの観念が無造作に混同されている。すなわち、射撃が精確であること、その衝撃が多少なりとも限定されていること、そして照準を適切に特定することである。

レーザーによって誘導された攻撃は、射撃の精確さの点ではかなり精緻である。弾道ミサイルは、指定された地点を精確に爆撃する。しかしそれは、衝撃が必ずしも限定的なものであることを意味するわけではない。すべては、砲弾の「致死範囲」ないし「殺傷半径」、つまり爆発する区域にかかっている。一つの攻撃は、第一の意味できわめて精緻でありつつ、第二の意味ではまったく精緻でないこともありうる。これは、標的に到達することと、標的にしか到達しないこととの決定的な差異である。

フランス語には翻訳しがたい軍事用語の言葉遊びでは、ドローンによって「弾頭を前線に置く（to put warhead on forehead）」ことができるようになるが、[7]その不均衡は明白だ。プレデター・ドローンから発射されたＡＧＭ－１１４ヘルファイアミサイルの「殺傷範囲」は一五メートルと見積もられている。つまり、衝撃地点の半径一五メートルにいる人々は標的として指定されていなくとも、標的とともに死ぬわけだ。「致傷半径」のほうは二〇メートルと見積もられている。[8]

地上軍を送る代わりにミサイルを備えたドローンを送ることは、明らかに「作戦能力のかなりの減退」をもたらすだろう。古典的な弾薬については言うまでもないが、手榴弾の殺傷範囲は三メートルだ。半径一五メートル以内の生きている者たちをすべて根絶させ、半径二〇メートル以内のその他の者たちを負傷させる対戦車用のミサイルで一人の個人を殺害することが、「より精緻」と言われうるのは、どういうフィクションの世界なのかと問うこともできるだろう。ドローン攻撃に反対するデモでインタビューを受けた、パキスタン人のトランスセクシュアルの兵士はこう説明した。「アメリカの学校にテロリストが侵入し、生徒たちを人質にした場合、アメリカはドローンを送って学校にミサイルを撃ったりはしないでしょう。アメリカは、子どもたちに危険を及ぼさないかたちでテロリストを逮捕ないし殺害できる、より確実なやり方を見つけるでしょう[9]」。

しかし、精緻な倫理的兵器としてのドローンという主張は、さらにまた別の混同にも立脚している。それは、武器の技術的な「精緻化」と標的を選択する際の識別能力との混同である。このような概念的混同ゆえに誤った推論がなされ、その粗雑さにもかかわらず競うように反復されている。あるいはむしろ、この推論があまりにも反復されるがゆえに、誰もそのことをもはや指摘しなくなったとも言える。例を挙げよう。これは、ホワイトハウスのテロ対策補佐官にして、新たにＣＩＡの長官となったジョン・ブレナンの演説からとられたものだ。ドローン計画の実施で鍵となる役割を担ったがゆえに、アメリカのマスコミによって「殺戮のツァー」との異名をつけられた人物である。「遠隔的に操縦された航空機が、副次的な被害を最小化しながら、軍事的目標に精緻に照準を合わせることができる能力を有しているおかげで、アルカイダのテロリストと無実の一般市民とをこれ以上有効に識別できる武器などかつて存在しなかったと強調できるだろう」[10]。

この〈一般市民と戦闘員の識別がいっそう可能になるがゆえに、精緻さの増大によってドローンはいっそう倫理的となる〉という公的な真理は、何十もの報道記事や学術的な刊行物においても、ほとんど批判的な検討がなされずにたびたび反復されている。けれども、何ページにもわたってこうした真理を唱えたからといってそれが論理的に首尾一貫したものとなるわけではない。

武器を用いてお望みの相手を精緻にやっつけることができるとしても、誰が合法的な標的なのかを識別するより良い能力を有していることにはならない。攻撃が精緻であることは、標的選択が妥当であることについては何も語っていないのだ。これは、ギロチンは実に注目すべきしかたではっきりと頭を胴体から切り離すことができる精緻な刃をもっているがゆえに、同じ手段でもって、有罪の者と無罪の者をいっそうはっきりと区別できると主張するようなものだ。それが詭弁であることは誰の目にも明らかだ。ブレナンは用心のために条件法の構文を用いているのだが、このことが示唆するのは、その演説原稿を書いた者はその推論が誤ったものであることを意識していること、ここでは断言するまでにはいかずに示唆するだけにとどめているということだと思われる。おそらく、大衆の頭のなかに主張を忍び込ませておくだけで十分だったのだろう。

ただし、これと同じ議論のいっそう巧妙なバージョンも存在する。そこでは、攻撃の精緻化によって標的の特定がいっそう正確になるという明らかに不条理な主張はなされていないが、次のようには言われている。「兵力を用いる際の〔敵か否かの〕識別を可能にする実際の要素は、標的を視覚的に適切に特定すること」であり、「映像化の向上によってより識別可能な状態で武力を用いることが可能になる点で、軍用ドローンのテクノロジーの利用は、倫理的に優位な戦争様態と言える」というものだ[11]。

それは理論上のものだ。実際、少なくとも言いうるのは、すでに見たように、ドローンの恒常的監視能力に基づいた標的設定の方法論がとりわけ際立っているのは、識別の要請に見あう能力ゆえではない、ということである。とはいえ、ここではっきりさせる必要があるのは、根底にある論点である。問いは次のようになるだろう。どの点において、ある個人が戦闘員という地位を占めているか否かを視覚的に認知できるのだろうか。どの点において、ドローンのオペレーターはスクリーン上でその差異を見ることができるのだろうか。

対反乱作戦という文脈においては、今日なおそうであるが、ドローンのオペレーターが軍服を着ていない敵を狙っているとき（しばしばこれは軍事的紛争の領域外においてなされている）、戦闘員の地位は、これまでの慣例に従った目立った特徴によって確認されることはまったくない。武器を携帯しているかという指標は、その種のことがありきたりな国では効果をもたない。イエメンの将校はこう要点をまとめている。「イエメンでは全住民が武装している。ということは、想定される戦闘員と武装した〔一般の〕イエメン人の区別をどのように設けることができるのか」[12]。

武力紛争における法規では、民間人を直接標的とすることは禁じられている。このような規則に対し定められている唯一の暫定的な例外は、民間人が「直接戦闘行為に参加」する場合である[13]。この民間人が突然武器を向けるときだ。この民間人が戦闘に参加し、切迫した脅威を示すことが明白になるがゆえに、反対側の陣営の戦闘員にとって合法的な標的となるわけだ。

しかし、戦闘行為への直接の参加および切迫した脅威というこれら二つの指標は、ドローンのみを用いる場合には完全に無効になってしまう。もはや戦闘がないときに、どのように戦闘行為に直接参加するというのか。地上にいかなる部隊もいない場合に、誰に対して切迫した脅威をもたらすというのか。戦闘行為はもはやどこにも見出されないのだから、敵にとってはそこに直接参加する可能性すらいっさい失われるわけだが、となるとそこでは同時に敵を認識するためのもっとも確実な手段も失われるだろう。逆説は次の点にある。ドローンには戦闘員と非戦闘員の差異をいっそう見分ける能力があると褒めそやされるのだが、そこではこの差異の条件そのものをなしているもの、すなわち戦闘が実際上なくなるのである。それはいささか、非常に強力な顕微鏡を使う場合、視覚化の技術の影響それ自体によって、観察しているはずの現象が除去されるという難点が生じるようなものだ。

戦闘を無効化する武器を使って、戦闘員を見分けるにはどうしたよいか。根本的な矛盾はこれだ。戦闘員と非戦闘員の差異を事実上明らかにする明白な基準を兵士から奪うことで、この区別原理の適用可能性そのものが、この武器によって危機に瀕するのである。

こうして、誰の目にも明らかな確認方法はもはや使用できなくなるわけだが、それゆえに、敵を指し示すための また別の特定技術、そして同時に、また別のカテゴリーを動員する必要が出てくる。そこでわれわれが目にするのは、戦闘員化であり、戦闘員の地位の技術的‐法的蓋然化である。

もはや戦闘がなくなるという理由だけでも、戦闘行為への直接の参加の確認はほとんど不可能になるのだが、それにつれて戦闘員の地位は間接的な地位へと移行してゆく。希釈化されることで、軍事部門をもとうともつまいと、戦闘的な組織に対してなんらかのかたちでの帰属、協働ないし賛同が想定されればそう見なされるようになるわけだ。これが、「兵士」のカテゴリーから「戦闘員とみなされる者（suspecter militants）」のカテゴリーへの狡猾な移行である。このような戦闘員すなわち兵士という等式は、殺害する権利を古典的で法的な制限をはるかに超えて拡張することに役立つ。合法的な標的という概念がここでは際限のない柔軟性を帯びるからだ。

加えて、この地位の規定に関しては、明白な確認ないし事実判断から疑いへという認識論的な移行もある。この移行においては、標的の決定は、敵対組織への帰属を想定された者を示す行動や生活プロファイルの特定に基づくことになる。あなたの「生活パターン」についてわれわれが得る情報に基づくと、たとえばあなたが戦闘員、すなわち兵士である可能性は七〇パーセントあり、したがって、われわれにはあなたを殺害する権利がある、となるわけだ。

このような不安をもたらす診断があるとはいえ、二〇一一年六月、ジョン・ブレナンの口から次のことを聞いて人々は最終的に安心することになった。彼は、アメリカのドローンはその構造的な限界を克服することに成功し、歴史上の戦争で一度も目にしたことのないものを実現するというのだ。「些細なことを置いておけば［…］昨年には、わずかの副次的被害もなかったわけですが、これはわれわれが開発に成功した性能の例外的な能力、例外的な精緻さのおかげだと言うことができます[14]」。

軍事倫理学の専門家たちはシャンパンを飲むことができた。軍事テクノロジーは約束を守ることができたのだ。完全に人道的で、十全に倫理的な武器の時代がついに鐘を鳴らした。新たな偉業だ。自陣での死者ゼロをめざす戦争に次いで、相手の陣営で殺害される民間人ゼロの戦争がやってきたのだ。カッサンドラ〔ギリシア神話で悲劇を予言する王女〕がわめいたとしても、最小悪の論理は、自らの筋道に従って、絶対的な善をついに生み出すにいたったわけだ。

しかし、このような偉業はどのようにして可能だったのだろうか。数ヶ月後、『ニューヨーク・タイムズ』紙はこう説明した。同様の場合にもたいていそうであるように、驚異的な戦略は、どのような勘定手段を採用するかにかかっている。やり方は単純だが、恐るべきものであった。ベッカーおよびシェインによれば、当局は端数を切り捨て、「無関係であったという明白な情報が死後にもたらされた場合は別にして［…］攻撃区域に存在する戦闘可能な年代の男性[15]をすべて戦闘員として」数え上げたのだ[16]。これらのジャーナリストに匿名の士官が打ち明けたように、「彼らは死者数を数えたが、その数が何なのかは本当には分かっていなかった[17]」。

これが、軍事化された倫理および国家の嘘の幻影のもとでの、もちろんのことときわめて人道的できわめて倫理的なドローンの原理だ。標的は、無関係であることが——ただし死後に——証明されるまでは、有罪とみなされるのである。

古典的には、倫理学とは善く生きること、善く死ぬことについての教義として規定されてきたが、死倫理学のほうは善く殺すことについての教義である。これは、人殺しを自己満足的な道徳的評価の対象とするために、そのやり方について云々するものである。

ドローンとは原理上「いっそう精緻」な武器であり、それゆえ事実上は区別原理にいっそう合致するという誤った明証を頭のなかに叩き込んでしまっているために、ドローンの死倫理学は根底的な議論をおしなべて厄介払いし、批判者たちを数についての議論へと差し向ける。そうなると、証拠を示す責任が逆向きにされてしまい、批判者たちのほうが、理論的にはアプリオリにいっそう倫理的であることは認められたはずのこの武器が実践的には反対の帰結を生み出してしまうことを、経験的に立証しなければならなくなる。最初の前提を鵜呑みにしてしまっているうちは、それ自体は善である道具についてそれを使用する人間に誤用やエラーがあったといった偶発性をもち出すのでなければ、このことを説明するのは絶対に不可能だろう。

批判者たちは、標的設定の指標と攻撃の実際の結果とが不透明であるために、透明性の要請に特化した主張をするようになる。そして、正確な数と手続きについての説明を求めるようになる。法律的議論が、統計学者や法医学者たちの技術的な理屈へと続いてゆく。これによって、軍事的暴力の具体的な影響という人間的現実から大衆の目が逸らされ、犠牲者の存在がいっそう対象化され非具体化されることになる。生きた人間がいたところに、もはや法律家たちのメモ、数字の列、ミサイル分析の報告書しか残らなくなるのである[18]。

ここまで私は、どの点で精緻化－識別という主張が一連の混同や詭弁に基づいているか、そしてそれらがまずは原理の点で批判されうるし、そうされねばならないことを示そうとしてきた。かくも広まった説明書きとは反対に、現実的には、ドローンは、新たな種類の区別不能な武器に似ている。それは、戦闘の可能性を消去することで、戦闘員と非戦闘員の間の明白な差異の可能性すらも侵食するのである。

私としては、このように焦点を合わせて、相手の議論の正当性をその議論自体が用いているカテゴリーに照らして入念に検討することが重要であると思われた。しかし、そうすることにはリスクもある。実のところ、死倫理学は、たんにいくつかの主張でもって特徴づけられるのではなく、同時に、おそらくとりわけそうなのだが、ある種のスタイルによって特徴づけられるものだからだ。つまりそこには思考スタイル、記述スタイルがあるということだ。このスタイルとは、学術的な記述の無味乾燥さと、官僚主義的合理性の法律的－行政的形式主義を交配させたものだ。そこから、そこで用いられる語彙に始まり、その目的をなすはずの暴力についての歪曲語法や非現実化の多大な効果が生じるのである。「副次的被害」とは何だろうか。「人道的武器」は具体的に何をするのだろうか。これらの語句の下にはどのような身体が埋まっているのだろうか。

＊＊＊

「どんな夢でしょう。

――自分の両足が切断され、眼を失い、何もできないという夢です……なんども、ドローンが攻撃してくる夢を見ました。怖いです。本当に怖いです。」

インタビューが終わると、サドラー・ワジールは自分のズボンをまくり、膝の残ったところまで足を出し、骨の色をした義足がすべて見えるようにした。

「それが起きたときには分かっていましたか？

――いいえ。

――何が起きたのでしょう。

――気絶していました。打ちのめされていたのです。」

無意識状態のサドラーが、ペシャワールにあるもう少し設備の良い別の病院へと移送されたとき、負傷した両足は切断されるところだったのだが、そのとき報道は、アルカイダの高官であるイリアス・カシュミリがほぼまちがいなく攻撃によって殺害されたはずだと伝えていた。この情報はその後、虚偽であることが明らかになった。これはカシュミリが殺害されたとみなされた三回の連続攻撃のうちの一回目であった。

サドラーと両親は、「戦闘員」「アウトロー」「対テロ戦争」「コンパウンド（家屋を指すそっけない表現）」といった厚い土手の下に埋もれていたわけだ。

アメリカのメディアは大衆にこう告げた。行ってみてもよいが何もないよ、と。それからおよそ二週間後、世界がそのことを忘れてしばらくたってから、サドラーは長い悪夢から目を覚まし思わず飛び上がった。

「両足がもうないということに最初に気づいたときのことを覚えていますか。——私はベッドにいて、包帯に包まれていました。それをほどこうとしたのですが、できなかったので、こう尋ねました。「あなたが私の足を切断したのですか?」彼らはちがうと言いましたが、私は知っていたと思います［…］。」

サドラー、あるいはカリム、あるいはフセイン、あるいは彼らと同じようなほかの多くの人々に、彼らが何を欲しているのかと尋ねてみても、彼らはドローン攻撃についての「透明性や本当の数字」を欲しているとは言うまい。彼らが欲しているのは、死を止めることだ。彼らは、埋葬には行きたくない——喪に服しているときにこれ以上爆撃を受けたくないと言う。「透明性や本当の数字」は、彼らにとって、抽象的な問題であって、死という具体的で、周期的で、例外のない事実とは何も関係がないのだ[19]。

第4章　殺害権の哲学的原理

1　心優しからぬ殺人者

「われわれのもとでは、殺しても罪に問われない権利をもっているのは、死刑執行人と兵士だけだ。［…］彼らの役割は、遠ざかるにつれて近づいてゆく。彼らは、円の一度が三六〇度に接近するように接近する。まさしくそれ以上に遠いものはないからだ」

ジョゼフ・ド・メーストル[1]

法や法哲学を読むのは無味乾燥なことだ。とはいえ、法律の議論が戦争の武器の一部となってしまう時代に、関心を失ってしまうのは軽率だろう。

今日、軍用ドローンをめぐっては、コソボで空軍が行なった「リスクなき戦争」が当時引き起こした問いを直接継続する問いがいくつも提起されている。当時、マイケル・ウォルツァーはこう問うていた。リスクなき戦争は（それを遂行する者にとって）許されるのか。

彼はまずこう答えている。正戦に関する理論の長い伝統において、遠隔戦争という手段を禁止するものは何もない。「標的となる戦闘員に精確に照準を合わせることができるかぎりにおいて、兵士は安全な距離をとったところから戦闘を行なう権利をすべて有する」[2]。しかしウォルツァーは、彼に別の主張の糸口を与えてくれるカミュに言及しながらこう続ける。その身振りは巧妙で弁証法的なものだ。「アルベール・カミュは、反抗的人間についての省察のなかで、自分に死ぬ覚悟がなければ人は殺せないと言っている。［…］しかし、このような議論は、殺されるのを避けつつ殺すことをまさしく目標とする戦闘行為の場合の兵士には適用されないように見える。もっとも、いっそう広い意味で理解すれば、カミュは正しいのだが[3]」。この「いっそう広い意味」が、道徳的ないしメタ法学的な次元でみた、戦争の原理そのものに関わるものであることは理解されるだろう。テクストの続く箇所で、ウォルツァーはもう一度カミュの原則に戻り――これから見るように、ウォルツァーはカミュを逆方向にとは言わないまでも場ちがいなかたちで利用しているのだが――、自分の主張を次のように表明している。「カミュが示唆するように、兵士たちは自分が死ぬ覚悟ができていなければならないが、このことは、自分の生命の保存をめざす方策をとることと両立する。［…］しかし、NATOがコソボ紛争で行なったことは許されないと思われる。そこではNATOの司令官たちは、何が起きようとも地上部隊は戦闘区域に派遣しないとあらかじめ宣言したのである[4]」。そして、彼はこのように念を押している。「これは道徳的にありうる立場ではない。もし自分に死ぬ覚悟がなければ、人は殺せない[5]」。戦争で殺害する権利には、原理上、そうするために自らの兵士たちの生命を晒すことを受け入れる、あるいは少なくとも、兵士たちの生命を晒すことをアプリオリに排除しないという条件があるわけだ。

ここで指摘したいのは、ウォルツァーがとる立場が、戦争を遂行する指導者たちを一種のダブル・バインドのなかに閉じ込めることにつながるということだ。一方で、彼らにとって、自分たちの兵士にとってのリスクを最小化することは道徳的な義務なのだが、他方で、これを絶対的に最小化してしまうのも道徳的に禁止されるからだ。第一の至上命題に完全に従いゼロリスクの次元に到達してしまうやいなや、あらゆる意味において、底に落ちることになる。というのも、この有徳な最小化は、ここで逆のものに転じ、最高度の道徳的なスキャンダルとなるからである。ここには、ある種の禁止区域への通路があると言えるかもしれない。ただし、ウォルツァーが述べているのは正確に言えばそのことではない。字義通りにとると、彼にとって「ありうる道徳的な立場」となるかどうかは、行なうことではなく、宣言すること（しかも、兵士と指導者それぞれにとって）に関わっている。宣言せずに行なう場合はさらに許容されるのかという問いは残されるが、いずれにしても、彼にとっては、自陣における死者ゼロという戦争原理を道徳規範として立てること自体が問題なわけだ。だが、どうしてそうなるのか。

そうした道徳規範を立てることが許容されないのは、それが「この生命はなくなってもよいけれどもあの生命はそうではない」とみなすことに帰着するからだ。[6] そこにこそスキャンダルの根がある。敵の生命をなくてもよいものとし、われわれの生命を絶対的に神聖なものとすることは、生命の価値に根底的な不平等性を導入することになる。あらゆる人間の生命に等しく尊厳を認めるという不可侵の原理を断ち切ってしまうのである。

私は、先に見た至上命題の前提としてウォルツァーがこのように述べるのは正しいと思うし、またそのことに憤慨するのも正しいと思うが、とはいえ彼は分析の半ばで止まってしまっていると思う。というのも、殺害する権力から、殺害することで死ぬというリスクを絶対的に（アプリオリに）取り払うことは、どうして許容できないこと、受け入れられないことなのか。ウォルツァーは、存在論的な平等性という根本原理からの断絶を指摘している。彼が用いる言葉の重みこそが本質的な抵抗を示している。彼が言及しているのは、拒否しなければならない極限的なケースである。しかし、スキャンダルの理由は道徳的なものにはかぎられず、理論的なものもある。それは、ある理論が脅威的な現象に直面した場合に生じる、伝染力をもった反作用でもある。それを許容してしまうと、人も財産もともに消失させかねない作用だ。どういうことか。

ウォルツァーは暗々裏に問題の鍵を与えてくれている。この鍵は、彼が『反抗的人間』に言及する際に、引用のし落とし、あるいは隠れた伏線として与えられている。というのも、カミュが同著で考察しているのは、戦争ではなく別のものなのだ。同著の「心優しき殺害者」という章が扱っているのは、戦争ではなく、テロ攻撃の条件なのである。そこでは、政治的な殺害における倫理が問題となっている。カミュの登場人物は、二〇世紀初頭のロシアの若い理想主義者たちだ。彼らはツァーリ体制の残忍な抑圧に対して報復のための攻撃を考えている。ところで彼らは、ある矛盾、良心の問題に直面する。「彼らにとって、殺害は、必要かつ許しえないものに見えていた。凡庸な心がこのような恐ろしい問題に直面する場合には、どちらかを忘却すれば安心することができる。［…］しかし、ここで問題の極端な心のもち主にとっては、何も忘却できないのである。それゆえ、彼らは自分たちがやはり必要であるとみなしていることを正当化することはできないので、彼らが思い描いたのは、その正当化として自分たち自身の身を捧げること、つまり、自分たちが提起した問題に対して個人的な犠牲でもって応えるということであった。彼らにとっては、彼ら以前のあらゆる反抗者と同様に、殺害は自殺と同じものであった。そこでは一つの生命がもう一つの生命の引き換えとして支払われる。そして、これらの二つの生け贄《ホロコースト》からは一つの価値の約束が生じてくる。カリャーエフも、ヴノロフスキーもその他の人々も、生命の等価性を信じていたのである。［…］死ぬことは逆に、有責性、そして罪そのものを無効にするのである」[7]。

つまり、ウォルツァーの解釈とは逆に、カミュのテクストが主張しているのは、殺害する権利をもつためには自分の生命をリスクに晒さなければならないということではなくて、殺害はやはり許しえないのだが、それが考慮に値するのは、自分たちが殺人者となるのと同じ瞬間、その犠牲者とともに自らも否定される場合のみだということである。このニヒリズムの論理において問題になっているのは、死のリスクに晒されることではなく、確実に死ぬことなのだ。

ウォルツァーがカミュを参照しつつ、遠隔戦争における自国の戦闘員の免除特権に対する道徳的な批判の土台としたのは奇妙なことだ。カミュの議論は、殺害の論理に関わるものであって、戦争の倫理に関わるものではないからだ。もちろん、表面的には、彼がいわんとしていることは、自分自身がリスクに晒されるという原理を受容することが、戦争において殺害が可能であるためには道徳的に必要だということだ。しかし、ウォルツァーの省略の多い引用は、実際にうまく選択されたものということもできる。というのも、問題は、もはや戦闘ではないような状況において、人殺しをどのように正当化するかということだからだ。そのような行為を正当化しようとする者が振り返る必要があるのは、政治的な殺害者の原則になるだろう。これがウォルツァーがカミュを読んで引き出した教訓である。もちろん、この正戦についての理論家は、表面的には、明白な誤解をしている。というのも、彼はニヒリスト的な原則を転用して、「死ぬ備えができていなければ殺すことはできない」という古典的な戦争の道徳的な標語としていたからだ。しかし、目立たぬしかたではあるが、彼はまた別のことを指摘してもいた。「リスクなき戦争」の当事者たちは、現実のところ、爆弾テロの実行犯の立ち位置にいる、ということだ。この爆弾テロリストは、理想主義的なテロリストとは逆の選択をしたであろう。死なないことが確実である場合しか、殺す備えができていないからだ。

カミュはこう予見していた。「彼らの後にやってくる人々は、同じように貪欲な信仰に突き動かされつつも、しかしこの方法を感傷的だとみなし、どんな生命もほかのどんな生命と等価であるということを認めることを拒否するだろう[8]」。彼はさらにこうも予告していた。そのときにやってくるのは、「哲人死刑執行人および国家テロリズムの時代である[9]」。

2 戦闘のない戦争

戦争の権利なんて何のことだ。殺人の規則なんて奇妙な想像物だろう。まもなく、追い剥ぎについての法解釈をいただけることを期待しておこう。

ヴォルテール[1]

戦争の権利についての哲学史の特徴は、武器の合法性と非合法性について、またその基準に関する適切な指標について多くの議論をしてきたところにある。古典的には、毒を用いることが問題となっていた。それが殺人の手段だと知りつつ、それを戦争の武器として用いることができるだろうか、という問題である。

この問いはグロティウスを当惑させたのだろう。彼はこれに対し、屈折したかたちで二回にわたり応答している。第一の論点として、「自然権」にのみ言及するのであれば、死に値するものがでてきた時点で、殺害することは許されるのだから、どのような方法をとるかは重要ではなく、結果のみが重要となる。[2] しかしながら、毒は特殊な難題を提起する。この武器は陰険なのだ。この武器はどこからくるか分からず、知らないうちに敵を殺す。この点で、毒という武器は敵から「自己を防御する自由」を奪ってしまう。[3] これがもう一つの論点だが、それゆえに「万民に共通な法に従うと、敵を追い出すために毒を用いることはけっして許されない」のである。[4]

このような禁止の真の理由は、実は、あさましい、物質的なものであった。王たちが毒を禁止することに利益があったのは、もちろん、ほかの武器と異なり、この武器は自分たちに直接向けられるからである。[5] しかし、この禁止を合理化するために立てられた指標も、それに劣らず興味深い。敵から自己を防御する自由を奪う性質をもった武器は禁止される、というのだ。

このテクストについて、ある法制史家は次のような教育的な注釈をつけている。「毒を用いることは可能か。グロティウスは躊躇せずに、自然法に従うと合法だと答えている。敵が死に値するのであれば、どんな手段をとろうが敵に死を与えればよい、というわけだ。しかし、彼は、万民法は最終的に毒を盛ることを否認するにいたると急いで付け加え、敵が自己を防衛する力をもつ方法で殺害するほうがいっそう寛大だと認めている。ここでは、毒を盛ることは非合法としなければならなかった。このような議論でグロティウスを迷わせたもの、それは正義についての誤った考え方だ。彼にとって、戦争とは裁きであり、交戦国が裁判官となり、敗者は死に値する有罪人となる。したがって、ソクラテスが命を落とした毒であっても、剣や絞首刑と同様、あらゆる手段が合法となる。必要があれば、暗殺者に頼ることすらできる、となってしまうのだ。[…] われわれは、このような誤っていると同時に危険な教説は拒否する。そうではない。勝者は裁判官でないし、敗者は有罪者ではない。戦争は決闘であり、そこでは権利のもっとも完全な平等性が行き渡るのでなければならない。いずれかの側が裁判官となったり有罪者となったりするのではない。さもなければ、両者はどちらも裁判官と有罪者だと認めなければならなくなるが、これは不条理である。したがって、自己を防御する可能性が寛大さの問題に勝る一つの権利なのであり、この権利の行使を妨げる殺害方法はどれも非合法となる。さもなければ、決闘と戦争は暗殺へと堕するだろう」[6]。

歴史的には、戦争の法的概念化には、根底から対立する二つのパラダイムがある。一つは刑法的なもので、戦争は合法的な処罰と同列に置かれる。敵は有罪者であって、罰せられるに値するということだ。武器を使った暴力がその判決となる。このような関係は完全に一方向的だ。受刑者が自分を防御する権利を引きあいに出すことができるなどという考えは滑稽なものとなるだろう。第二のモデルは、現行法のもとになっているものだが、これは逆に、殺害する権利の平等性という原理に立脚しており、戦闘員たちの法的な平等性という観念を通じて、決闘のモデルに結びついている（ただし同一視されるわけではない）。これが交戦法規（jus in bello）の根本原理、つまり犯罪を犯すことなく殺しあう権利を平等にもつという原理である。

ところで、先に引用した著者によれば、この第二の図式は、自己を防御する可能性をもつ権利を尊重することを含んでいる。これを肯定的にどう特徴づけたらよいのかは分からないが、少なくとも否定的には、この可能性をアプリオリになくす武器の使用は禁止される。それは戦闘から奪ってはならない権利のようなものであろう。したがって、平等の武器を用いた戦闘を行なうという騎士道的な権利ではなく、むしろ、戦闘の機会をもつための権利と言えるだろう。

戦争は、罪を犯すことなく殺害することができる稀な行為の一つである。戦争は、――しかも規範的な面でこの語が意味しているのは根本的にはこのことだ――いくつかの条件のもとでは人殺しが無罪化される契機なのだ。交戦法規の条項を守りつつ人殺しをする戦闘員は、合法的に免除特権を得られるわけだ。

しかし、ここで根本的な問いを提起しなければならない。武器を用いた抗争に関する法は、どのような原理ないしメタ原理の名のもとで、人殺しを無罪化するのだろうか。殺害の禁止を一旦括弧に入れるこの行為は、どのような規範的な土台に基づいているのだろうか。

プーフェンドルフは次のように説明する。戦争において「たがいに苦痛や損害を引き起こしても双方が共に赦免される」のは、「そのことが暗黙の同意によってあらかじめ認められた」ものと考えられているからである。[7] これは、交戦者同士の一種の戦争契約という主張である。「決闘で戦いあう人々のあいだにも似たような同意がある。[…]というのも、たがいに自らの純粋な動き《ママ》でもって、殺すか殺されるかの対面の場に行ったからである」[8]。もちろんこれは法律的な虚構《フィクション》であるが、しかし権利というものは本質的にこのような虚構に立脚しているのである。

戦争において罰せられることなく殺害することができる権利は、したがって、次のような暗黙の構造的な前提に基づいている。罪を犯すことなく殺害する権利があるのは、この権利が相互に認められているためである。私ないし私の家族を殺しても罰せられない権利を他者に付与することを私が受け入れるのは、私のほうも、私がこの他者を殺す場合にこのような免除規定を享受することができるからだ。[9] 戦争での人殺しの無罪化は、相互性の構造を前提としている。殺すことができるのは殺しあうがゆえ、ということである。

ここには重要な含意がある。開戦法規（jus ad bellum）の最初の尊重については考慮に入れないでおけば、最初の宣戦布告の合法性がいかなるものであれ、つまり、攻撃が「不正」な場合であれ（しかし誰がそう決めるのだろうか）、交戦国同士は交戦法規を平等に享受することになり、そして、それとともに、正式にたがいに殺しあう平等な権利を享受する、ということである。一九世紀のある法律家は古典的なイメージを用いてこう書いている。「権利の平等性は、戦争法によって交戦国の各々に保証されているが、それは、かつて個別的な戦闘において闘士のあいだで武器が平等であったのと同様である」[10]。平等な武器で戦うことができない場合（戦争は競技スポーツではないのだから）、闘士たちの平等性は、たがいに殺しあうという相互的な権利の平等性に存することになる。

しかし、事実としてこのような相互化が不可能になったら、この権利はどうなるのだろう。実際にそこで生じるのは、伝統的な戦争における「殺すか殺されるかという道徳的なリスクの根本的な平等性」[11]が置き換えられ、「ある種の狩り」にますます似てくるという事態である。[12]戦争は、処刑へと堕することになる。この状況こそが、非対称的な戦争においてドローンの使用がもたらすものである。

このように言うと、こう答える向きもあろう。実情はともかく、権利は残り続けるだろう、と。しかし、このような場合に権利が相互的なのは形式上のことにすぎないことにも同意いただけるだろう。というのも、敵対しあう二人のうち、このような根本的な承認の現実的な内容を享受できるのが一人だけであれば、罪を犯すことなく相互に殺しあう権利など何になろうか。この権利は、実体を失ってしまうと、ただの亡霊的な実在しかもたなくなる。ドローンのコクピットがどこにも見当たらず、到達すべき人間的な標的を欠いているのと同じくらい、現実性を欠くことになるのだ。

一方行的にもたらされる軍事的暴力は、偽りの良心のもとで、それでも自分たちは「戦争」をしているのだということにこだわるが、ただしそこでは、すでに戦争は闘争の外部に置かれてしまっている。そうした暴力は、かつて抗争状態を説明するために練り上げられた諸々のカテゴリーを、死刑執行ないし屠殺と呼ぶべき状況に対しても引き続き適用できると主張している。しかし、そのようにしつつも、相対的な相互的関係のために考えられ、そうした関係を想定している交戦法規を、絶対的に一方向的な状況へと投影してしまっているために、カテゴリーの混同へと陥らざるをえないのである。

「応用軍事倫理学」の言説においては、こうした議論はすべて、武装ドローンの使用が軍事紛争の法原理に適応するか否かという問いへと縮減される。こうした武器の使用は、区別原理および均衡性原理に潜在的に合致するか否か、という問いである。しかし、そこでは次のことが忘れられている。この武器によってあらゆる闘争関係がなくなってしまうがゆえに、さらには、この武器によって、戦争が——これまでも非対称的なものではありえたが——一方向的な処刑へと変容し、構造的に敵からあらゆる闘争の可能性を奪うがゆえに、この武器は、そもそもは武器による抗争のために想定されていた規範的な枠組みの外側へいつのまにか逸れてゆく、ということである。抗争のために想定されていた規範を屠殺の実践に適用すること、こうした実践がいまだこの規範的な枠組みに依存しているかどうかの前提を問わずに議論すること、それは致命的な類概念の混同にいたる。そうこうするうちに、闘争についての倫理学は、死刑についての倫理学、死倫理学へと変わってゆき、交戦法規の原理を用いつつも、それを受容可能な殺害の適切な指標へと転換させるようになる。それは、加害者、死刑執行人の倫理学ではあるが、もはや戦闘員の倫理学ではないのだ。

このような第一の現象がすでに現れていることは先に見たが、しかし、これに呼応して戦争法の理論においてで深刻な危機が現れる。メタ法学的な次元においては、実際的な相互性が失われるとともに、――今後活用できるのはこちらのみだと主張する者がいるのだが――罪を犯すことなく殺害することができる権利を支える古典的な土台もまた失われてゆくという困難が生じているのである。

ポール・カーンは「リスクなき戦争の逆説」という論文において、このようなかたちの「戦争」は、殺害する権利についての伝統的な土台を切り崩す恐れがあると述べている。[13]「相互にリスクを有する状況」を脱し、「相互性の条件」を粉砕することになれば、戦争はもはや戦争でなくなる。戦争は一種の出向型の警察活動へと変容することになる、と彼は言う。さらに、戦争において罰せられることなく殺害することができる権利は、相互性という関係に加えて、正当防衛という根源的な権利にも基づいている。[14]彼によれば、戦争で殺害しても罪に問われない権利があるのは、差し迫った危険に対して自らを防御する権利のおかげである。地上において物理的な危険がなくなれば、この権利もまた消失することになるわけだ。

もしかすると、カーンのように、戦争法における戦闘員に対する殺害の無罪化を合理的に根拠づけるために正当防衛の考えを導入する必要はないかもしれない。先に指摘したように、古典的な議論はそれとは異なるものだからだ。殺人罪の免除の合理的な根拠づけは、少なくとも伝統的には、正当防衛ではなく、プーフェンドルフが指摘したように、暗黙の戦争契約にある。この見地からすると、殺害しても犯罪に問われない権利は、その相互的な性格にしか、権利付与の相互性にしか基づいていないのだ。ただし、この最小限の枠内でも、次のようなメタ法律学的な危機はやはり残ってはいる。つまり、この相互化可能性がただたんに形式的なものとなれば、殺害しても犯罪に問われない権利は霧散してしまうのだ。

このような状況において、空から殺害する権利という可能性を、その推進者たちはどのように維持することができるのか。これに解決をもたらすには、戦争法に対して実力行使を行なうほかはない。というのも、このような一方向的な殺害の権利を基礎づけるには、理論的な可能性は次の一つしかないだろうからだ。それは、非慣例的なかたちの警察‐刑法的なモデルに従って、「正しい兵士」を殺害しても罪に問われない権利を独占的に認めるために、交戦法規を開戦法規に従属させる、前者を後者によって条件づけることだ。

ストローサーとマクマハンが提案しているのは、端的にこのことだ。彼らは、自分たちが「戦闘員の道徳的平等」と呼ぶ主張を拒否し、その代わりに、「正しい事由（justa causa）」という概念をもとに、一方向的な殺害権を提唱している。「正しい事由のために戦う戦士は敵の戦闘員の生命を奪うことが道徳的に正当化される。しかし、不正な戦闘員には、たとえ伝統的な交戦法規の原則に従っていても、正しい兵士を殺害する根拠はない」[15]。私にはお前を殺す権利はあるが、お前にはない。なぜか。それは、私は正しく、お前は不正だから。私は善良で、お前は悪く、善良な者だけが悪い奴を殺すことができるから――この種の立論の子供染みた論理はおおよそこのように要約できる。もちろんこれに対しては敵は否と答えるだろう。善良なのは自分であって、悪い奴は他にいる。だから本当にそいつを殺す権利があるのは自分だけだ、と。これはさらに次の敵がいて、その他同様、と続いていって、二人のうちの一人が勝利し、こうして、力によって自らの正しい権利について反駁できない証拠をもたらすまで続いてゆく。私がお前を殺したのだから、善良なのは私だということが分かっただろう、というわけだ。これと反対の主張に、法的な平等性という主張がある――強調しておく必要があるが、これは「道徳的な」平等性ではない（この指標は端的にここでは関係がない）。これは武力による紛争に関わる既存の権利を付帯的に要請するものだが、そこでは、いま見たような正戦論に内在するアポリアが十分に認められており、それゆえに、「道徳性」とされるものからは独立して（このことはもちろん誰も疑っていない）、交戦者同士の平等な権利および義務が認められている。

要するに、ドローンの推進者たちは、闘争するための物質的な可能性を敵から奪うだけでは満足せずに、今度は明白なかたちで、端的に闘争する権利を敵から奪おうとしているわけだ。それとともに権利そのものが絶滅することになってしまってもだ。ここには少なくとも一貫性というメリットはある。ウォルツァーが告げていたように、「殺害する権利の平等性がなくなれば、規則に従った活動という意味での戦争は消え去り、その代わりに、罪と罰、陰気な機械化と軍人による法の適用が現れるだろう[16]」。

この点は、現在進行中の「ローフェア（lawfare）[17]」〔法を用いた戦争〕のなかで意識的に用いられている理論的な攻撃手段となっている。しかし、それはまた同時に、武器の素材そのものに含まれる傾向でもある。空からの権力の垂直化が、敵の政治的‐法律的なカテゴリー化に対してますます多くの影響をもたらす事態を、カール・シュミットはすでに完全に見定めていた。「戦闘員とそこにいる敵国の人々との無関係性が絶対化する」ような「自律的な空中戦争」の効果についての彼の分析は[18]、今日なお軍用ドローンについて妥当する。「聖ゲルギオスが龍に対して自らの力を振るったときと同じように、爆撃機ないし攻撃機は敵国の人々に対し垂直に武器を用いる。今日、戦争を、扇動者、犯罪者、有害分子に対する警察活動へと変容させてゆけば、このような警察的爆撃の方法の正当化を増幅してゆく必要が出てくる。こうして、敵に対する差別を、底知れない規模にまで推し進めてゆかざるをえなくなる」。軍事的暴力の垂直化が含みもっているのは、敵を絶対的な政治的－法的敵とすることである。敵はもはや、いかなる意味においても、自らと同じ平面にはいないのである[19]。

3 殺害許可証

何かを十分長いことやっていれば、世界もそれをついには受け入れるだろう。[…]国際法はそれに対する違反によって進歩する。われわれは標的殺害という主張を作ったわけだが、それを認めさせる必要があったのだ。

ダニエル・ライスナー
元イスラエル軍法律部門長[1]

今日、ドローンによる攻撃は、どのような法律的な枠組みのなかで展開されているのだろうか。アメリカ合衆国についてては、それを説明するのは無理だ。ぼやけているからだ。当局は、裁判所においてすら、この問いに答えることを拒否している。[2] この計算された不透明性について兆候的なのは、米国務省法律顧問のハロルド・コーが、二〇一〇年にアメリカ国際法学会で行なった演説だ。彼はそこで、ベリーダンスを踊り、曖昧さを維持し、さまざまな領域にまたがって曲芸をし、それらの領域を一つずつ順番に扱っているのだが、とはいえあたかも最終的な決断をより先にとっておいているかのように、けっしてそのうちのどれかを選びとろうとはしていない。いずれにしても彼は、ドローンによる攻撃は合法だ、われわれは「軍事紛争ないし合法的な正当防衛行為」に巻き込まれていると主張しているのだが[3]、とはいえ、何に巻き込まれていると考えられるのか、そして、致死性のある実力行使についての法律的な基準が、これら二つの状況のいずれかによって異なるのはどうしてなのかは明らかにしていない。

国連の超法規的処刑に関する特別報告者であるフィリップ・アルストンはこのように説明している。「彼が非常にいい加減に語っていること、それは、よし、軍事紛争の法か、国家の正当防衛の法規則の適用か、どちらかにしようということです。ところが、この二つは根本的に異なる領域に属する規則なのです[4]」。

このような芸術的なぼやかしは、多くの法律家を当惑させた[5]。彼らは、政治家たちに、戦争なのか正当防衛なのか選択しなければならないと通告することはした。しかし、当局は答えを拒んだ。というのも、こうした参照枠組みの曖昧さをとり払ってしまうと、現在行なっているドローン攻撃を禁止するか、その合法性を徹底的に限定するか、どちらかにしなければならなくなるからである。

なぜなら、問題はドローン攻撃が既存の法律の枠組みにはうまく入らないことにあるからだ。ドローン攻撃を法律的な面から正当化しようとする者にとっては、可能な候補は二つ、しかもこの二つだけだ。すなわち、軍事紛争の法か、「法律の施行（law enforcement）[6]」かのいずれかである（この語は警察権と訳してしまっては不完全だ。より広く言うと「暴力が存在するが、ただし軍事紛争となる閾値以下の場合に行使される軍事的・保安的な力」に当てはまるものである[7]）。

これら二つのモデルの差異をまずは近似的に捉えるために、致死性のある実力行使において、戦場にいる兵士の特権と、パトロール中の警察官の特権とのちがいを考えてみる必要がある。前者は、合法的な軍事的標的に対してはどれにでも、罰せられることなく「射撃して殺害」することができるのに対し、後者においては、銃器を用いることができるのはあくまで最後の手段として、切迫した脅威に対する応答としてである。

この二つの点をより詳しく見ていこう。

(1) まず、ハンター・キラー・ドローンが「法律の施行」の武器として用いられた場合はどうなるか。この領域でまずしなければならないのは、個人を逮捕し、降伏の可能性を残すことである。あるいは、可能な場合にはこの個人にその可能性を提供することさえある。当局は、「逮捕を実行したり、自らの安全を守ったりあるいは他人を攻撃から防御したりといった、厳密に必要である以上の実力を用いることはできない」[8]。致死性のある実力行使はここでは例外的なままでなければならない。その行使が認められるのは、「現実的で、決定的で、熟慮する手段も時間も与えないような」脅威に直面した場合に唯一用いることのできる手段である場合のみだ[9]。この条件を満たさない致死性のある実力行使はすべて「定義上、超法規的処刑とみなされ」る[10]。

ドローン攻撃がこうした法律的な枠組みのなかで展開されるならば、すべては「副次的被害を最小限にする」ために行なわれているのだと主張したとしても、まったく意味はない[11]。それはいささか、人殺しをした警察官が、自らの過ちから解放されるために、軍事紛争の法で適用される区別原理と均衡性原理に合致するように細心の注意を払ったのだと強調するようなものだろう。そこにあるのは単なるカテゴリーの混同だ。

ドローンは、実力行使における場合分けをいっさい奪ってしまうがゆえに、「法律の施行」というパラダイムのなかで機能している非常に特殊なタイプの均衡性原理に従うことはできない。メアリー・オコネルはこの点についてこう説明している。「ドローンができないこと、それは、戦場以外の場所でなされる致死性のある実力行使に関する警察規則に従うことです。「法律の施行」においては、致死性のある実力行使の前に、そのことを予告できなければならないのです[12]」。

ドローンの推進者には、ドローンは、警察官が着ている防弾チョッキと同様だという者もいる[13]。これは国家の力を行使する者の防御のためには有効な手段であって、このような防御は合法だ、というわけだ。なるほどそうかもしれない。しかし、彼らは次のような本質的な差異を失念している。防弾チョッキを着ていても、逮捕はできる、ということだ。逆に、ハンター・キラー・ドローンを用いると、この選択は不可能となる。オール・オア・ナッシング、殺害するために撃つか、いっさいの行動をしないでおくか、いずれかだ。この武器にとって、実際に使用可能な唯一の選択肢は、致死性のある実力行使だけである。ちなみに、このように〔ほかに〕利用できる能力がないという点で、この武器は、ホワイトハウスで目下公的に認められている「捕獲するよりも殺害する」という基本原則との近さを示している。『ニューヨーク・タイムズ』紙の分析によれば、「オバマ氏は、事実上、生きたまま逮捕することはしないと決断したことで、拘禁に関わる揉めごとを避けている[14]」。この点からすると、ドローンは夢にまで見た道具となるだろう。この手段を用いると、逮捕は「実行不可能」だったとつねに事後的に強調することができるからだ。ただし、このような技術的な能力の欠如は、もともとあえて用意されたものだったと付言するのを忘れてしまっているのだが。「グアンタナモとプレデターを交換しましょう」という一行広告ができるかもしれない……。

(2)　この第一の路線が行き詰まっても、プランBで我慢しておくこともつねに可能だ。その場合、ドローン攻撃は戦争法に属するものだと主張すればよい。〔これに対して〕アンダーソンは皮肉を込めてこう言っている。「もちろん、広報用の法律用語で、「戦闘員」を標的にしていると言えば聞こえは良いだろう。しかし、これまでの政府が考慮し忘れてきたのは、軍事的紛争について規定する［…］戦争法に関する条約には、満たすべき条件と、法によって規定された措置の実施が認められる閾値が実際には定められていることだ」――ちなみに、この条件とは、国家に属していない当事者とのものも含め、軍事的紛争の場合には、「持続的で一貫した戦闘行為と、さらに、どれほど冗長に規定されようと、地球全体ではなく一つの場所」が必要だということである[15]。

ここから、さらに付随した問題が生じる。アメリカで一部のドローンを操縦するＣＩＡの担当官は民間人であるために、彼らが軍事紛争に参加すると戦争犯罪を犯すことになる。この点では、担当部局の職員は「ドローンによる標的殺害が犯された国であれば、どこでもその国内法制度のもとで殺人罪で訴追されうる」だろう[16]。

要約すると、検討しうる路線は二つしかなかったわけだが、いずれもが出口なしになってしまうということだ。第一は、ドローン攻撃が「法律の施行」に属するというものだが、ここでは、「法律の施行」に特有の制限に従わなければならなくなる。そこでは、場合分けが至上命題となっているが、ドローンにはまさにそれが不可能なのだ。第二は、ドローン攻撃が戦争法に属するというものだ――しかし、戦争法は、この攻撃が現実的に起こりうる場であるパキスタンやイエメンといった、軍事的紛争の外部にある領域には適用されないのだ。

そう考えると、アメリカ政府のバツの悪い沈黙もいっそう理解できる。アメリカ政府は、実際、とても居心地の悪い法的状況、法律のジレンマに囚われている。「一方では、標的殺害は、軍事的紛争を定める法律的な枠組みの外部では、法律的に禁止されており、他方では、実際的にも、アルカイダとの「戦争」と呼ばれる文脈にあってすら、どのような標的殺害も許可されないのだ[17]」。

　空からの殺害の支持者であるフーバー研究所の法律家のケネス・アンダーソンは、不安を抱えている。彼の見立てによれば、ふさわしい法律綱領を今すぐにでも作らなければ、標的殺害は遠からずに危うくなる。彼からすると、政府がこの領域における「学術的かつ法律的な練兵場をまだもっているあいだにこの問題に向きあう」ことが喫緊だ[18]。

　政治的な殺害が内密に行なわれていたあいだは、その法的な枠組みの問題は実際二次的なものでもありえた。しかし、ドローン攻撃はいまや公然の秘密に属している。こうして日の目を見ることになると、ドローン攻撃は脆くなる。とりわけ、「軍事組織、政府組織、国際組織の複雑な絡みあいに影響を受けた世論の評価が、かなりの重要性を帯びる」世界にあってはなおさらだ[19]。

　彼が勧める解決策は、第三の法律的な路線を練り上げるというものだ。二元的な規範的パラダイムを避け、問題の致死性を有した活動にとっての、新たな特別《アドホック》な法体制を作り出すことだ。彼はそれを「むき出しの自己防衛」と呼んでいる――むき出しというのは、通常それを囲っている法律的制限を拭い去った、ということである。アンダーソンは、国家の伝統的な事例に基づいた、国家の自己防衛についての慣習法という概念を提起する[20]。伝統というのはおそらく、密偵、「秘密工作」、「専門相談員」、死の部隊、拷問指導員などであろう。このようなかねてからある高名な隠密的な実践に基づいて、彼が今日ドローンについて提案するのは、端的に、そうした実践を公表するというものだ。

その際に彼が参照しているのは、一九八〇年代の末に、元米国務省リーガル・アドバイザーのエイブラハム・ソファーが作った綱領である。彼はこう書いている。「合法的な防衛の状況における標的殺害は、連邦政府によって、殺害の禁止に対する例外と規定されている[21]」。はっきり言えば、「標的」殺害が罪にならないのは政府がそう言っているからだ、ということだ。

戦争と警察行動とのあいだで、奇妙な法律的交配種《ハイブリッド》が生まれてくる。これは、これらの二つの体制の各々の施しを受けつつも、いずれの制約にも服さない。軍事的なマンハントが、世界化された殺害権をもつ警察行動として、ついにそれにふさわしい法的な表現を手にしたわけである。アメリカ合衆国はこうして「世界中どこにおいても、ただし世界規模でのいわゆる恒常的な軍事的紛争状態を前提することなく、標的を攻撃する自由裁量能力」を得るわけだ[22]。エレガントな解決だ。ただし、フィリップ・アルストンはあえてこれを次のように翻訳することにした――「殺害許可証」である[23]。

アンダーソンの立場が意味深いのは、とりわけそれが、このような政策の法律的な脆弱性を明らかにすると同時に、当事者の幾人かがますます不安に駆られはじめていることも明らかにしているからだ。「私の知るかぎり、ＣＩＡの中間幹部たちは今日懸念をもっている。彼らはこの件が、九・一一後の拘禁および尋問のようになるのではないかと見ている。〔…〕人権運動家たちは、ドローン攻撃について、これらの拘禁や尋問がそうであったのと同じくらい法律的には不確かなものだと言うだろう」。ところで、「少なくとも私の経験からすると、不確かさという点では〔…〕、合衆国の職員たちの態度を変えるためには、〔…〕スペインとかあるいはほかの管轄における嫌疑ないし逮捕という事件があれば、なんのことはない[24]」。そのことを肝に銘じておけ、ということだ。

第5章　政治的身体

1　戦時でも平時でも

主権者はつまり人々の日々の生活が保たれることを目的としている。その第一にくるのは、人民の安全のために必要となれば戦争をすることだ。戦争をするだって！　いったい人々の生活を保つと言いつつ、戦争するというのはどういうことなのか。戦争は、生を破壊することを目的としている、あるいは少なくとも死が免れなくなるのだから！　驚くべきことだ。一見すると理解できないことだ！

アベ・ジョリ[1]

われわれは軍事ドローンを発明することで、恐るべき武器と同時に――とはいえ知らず知らずのうちに――、軽率にももう一つのものを発見してしまった。一七世紀以来、政治的主権の理論および実践に課されてきた根本的な緊張関係に対して、技術的な解決策を見つけてしまったのだ。この静かな革命のことを以下で概観してゆきたい。問題はもはや、新たな武器としてのドローンがどの点で軍事的暴力の形態を変容させたり、敵対関係の相貌を変容させたかではない。むしろ、ドローンがどのように国家とその国民との関係を修正させようとしているかである。そのためには、政治哲学の歴史についての迂回する必要がある。

社会契約論においては、人間が政治社会を形成し、国家をもつのは、彼らの生がそれによって保護されるからだ。ただし、主権者〔国家を支配する側のこと〕は彼らに対して生死与奪の権利を握っており、それゆえ彼らの生を戦争において死に晒すこともできることになっている。理論的な困難が生まれるのは、これら二つの原理の隔たりからだ。つまり、生の保護という設立当初の至上命題と、死なせることができるという卓越した権利の隔たりだ。[2] したがって、社会契約論からすると、主権は一種の多人格症候群に侵されているようにも見える。戦時と平時において、主権国家がその国民（sujet）とのあいだに保つ関係はすっかり変わってしまうからだ。

　これについては、二つの異なる図式がある。第一は、保護的ないし安全保障的な主権のいわば「通常」の状態に対応する。これは、護民制（protectorat）と呼ぶことができる。ここでは、政治的な権威は、ホッブズが「保護と従属の相互関係」と呼んだものによって形成される。[3] 主権者は私を保護してくれる。だから私に従属を強制する権利をもっている、ということだ。シュミットが「我保護する故に我強制する」という表現で要約したものがこれだ。[4] ここでは保護する権力が、命令する権利の基礎となる。政治的な関係性は、主権者から国民へと保護関係が降りてゆくのに対し、国民から主権者へと従属関係が登ってゆくという交換のかたちをしている。この双方向的な矢印の向きが、保護を提供することなく従属を強いる一方向的な権力関係と異なり、〔護民制の〕合法的な政治権威を特徴づけているわけである。

　だが、国家が戦争を始めると何が起こるだろうか。ホッブズはこう書いている。「各人は、本来的に、可能なかぎり、平時において自らを保護してくれる権威を、戦時においては保護しなければならない」[5]。保護の関係がここで逆転する。平時においては主権者が私を保護するが、戦時においては私が主権者を保護する。これが保護関係の転換という現象だ。この新たな図式においては、二つの矢印は磁石のようにくっつき、国民から主権者への一方向となる。以降、保護者はもはや被保護者を保護しなくなり、被保護者が保護者を保護しなければならなくなる。戦争が始まるやいなや、主権の原則はもはや、少なくとも直接的には「我保護する故に我強制する」ではなく、その逆、「我強制する故に我保護される」となるのだ。

シュミットの格言に見られるこのような逆転は、政治的な支配の隠された原理を見せてくれる。この原理が、戦争状態によって日の目を浴びて露わになるのだ。見かけ上の「我汝を保護する故に私に従属すべし」という文言の裏には、実のところもう一つ、「汝我に従属し我を保護すべし」という文言がある、ということだ。そしてこれは、我が汝をもはやまったく保護しないときですら、とりわけ我自身によって保護しないときですらそうなのだ。このような解釈の逆転によって、保護権力についてのあらゆる批判理論が始まるのである。

ただし、社会契約論の哲学にとどまるかぎりは、すぐさま困難が生じる。戦争において主権者が国民の生を危険に晒し、もはや保護してくれないことが分かっている場合、従属の義務は何によって基礎づけられるのか、という問題である。

これに対する返答は次のようなものだ。すなわち、保護者が失墜してもなお保護しなければならないものとは、政治社会の根源的な目的としてそもそも立てられた保護の可能性そのものだ、という返答だ[6]。歴史的には、ここには、犠牲の弁証法が設定されている。それによれば、ルソーが述べているように、「目的を欲するものは手段も欲する。そしてこの手段はいくらかのリスク、さらにはいくらかの損失と切り離せない」[7]。ここでは、生の保護によって生を危険に晒すことは禁じられてはいない。逆に、状況によって必要が生じれば、保護者たる主権者がいつでも現金化できるような、生まれながらに契約された保護公債ないし生命公債、生の保護こそが危険に晒すことを基礎づけるのである。あなたの生は、国家に先立つかのようにあなたが国家から大事に守っておくことのできるようなものではない。逆に、生は、国家による産物なのであって、国家があなたにそれを授けているのは条件つきのことでしかない、ということだ[8]。

このような返答が提示されてきたにもかかわらず、保護する主権者と戦争する主権者の関係は、近代政治哲学にとって苦難であり続けてきた。この緊張関係を根底的に示しているのはヘーゲルである。彼はこの両者を弁証法で綜合するのを拒んだのだ。生を危険に晒すことを同じ生の保護という至上命題によって正当化することは、ヘーゲルには、乗り越えがたい詭弁であると同時に、「非常に不ぞろいの計算」であると見えた。問題は、犠牲がそもそも正当化できるかどうかではなく――これは正当化できるのだから――、生の保護の原理を国家権力の本質的な基礎としてなお正当化できるのか、ということである。「というのも、この保護は、まさしく保護されなければならないものを犠牲にしてしまうともはや確保できない。まさにその逆だから」だ[9]。ここに乗り越えがたい矛盾があるのだが、ヘーゲルによれば、これによって国家の安全保障の理論のあらゆる虚偽が露わになる。国家の唯一の目的を「財および人の安全」としてしまうと、国家の目的およびその意味そのものを見誤ってしまうのだ。それを捉えるには、逆に、苦汁をなめつくす必要があった。つまり、生を死の危険に晒すことは国家の合理性を侵害することではなく、逆に、この国家の合理性がもっとも輝いて現れるような偶然的な契機だ、とする必要があった。というのも、国家の真実は、たんに経済的‐生物学的な概念に限定された意味での生の再生産〔生殖〕だけに宿るのではなく、まさしく自由がそうであるように、死に直面することによってのみ現れてくるものだからだ。感性的な生を保存するのではなく、否定すること、より高次の目的のためにそれを犠牲に捧げうることによって現れてくる、ということだ。

市民社会の安全を保障してくれるだけのエージェントとしての国家は、自由主義的安全保障国家という虚弱な定義には似つかわしいだろうが、そんな国家は戦争における犠牲に矛盾なく訴えかけることができるのか。ヘーゲルは、そんなことはできない、とわれわれに教えてくれる。この主張から、エドワード・ルトワックがポスト英雄主義時代の矛盾と呼んだものについて、まったく別の解釈を引き出すことができるだろう。自由民主主義が「喪失への嫌悪」という兆候をますます示してゆくのは、大方の予想とは異なり、市民が自分たちの生にきわめて高次の価値を置いているからではなく、逆に、もはや生とは何かについて非常に貧しい考えしかもちあわせていないからだ、という解釈である。この考えにおいては、物理的な生の保護が、それに優越するはずの倫理的‐政治的な生の保護に、是が非でも、どのような手段が用いられようとも勝ることになるのだ。

しかし、逆もまたおそらく真だろう。というのも、自由主義的安全保障国家が戦争における犠牲の問題をなしですますことができるならば、ヘーゲルにはお気の毒なことだが、そうした国家は、自らが掲げていたプログラムを見かけ上は矛盾なく実現できることになるからだ。ところで、これこそ、軍事力のドローン化がますます可能にしているものにほかならない。そこから、ドローン化の政治的争点を全体として捉えることができるだろう。すなわち、国家主権の目的を自由主義的－安全保障的なものに制限しつつ、これを自らの戦争権と両立させること。戦争をしても、犠牲を出さないこと。安全保障的－保護主義的な主権という内的な政治的条件を保ちつつ、好戦的な主権を支障なく行使すること。矛盾を無くすこと。諸々の公的な政治的関係が反転したり、あまりにもはっきりと一面化したりするような、非常に問題を孕むセカンドプランは除外しておくこと。戦時においても平時においても、内的な次元で、権力を行使することである。

しかし、そこには、徐々に無効になってゆくものがもう一つある。すなわち、近代において以上のような根本的な矛盾を土台にして生まれ、今日もなお生き続けている、戦争権力に対するいくつかの批判も無効になってゆくのである。

というのも、いくつかの理論的潮流においては、この〔保護と従属、戦争と犠牲のあいだの〕政治的な緊張関係を起点に、つまり、この緊張関係が生み出した亀裂や、その原因となったものを起点に、「戦争王」の自律的な決定を制限することをめざす言説的な戦略が練り上げられていったからである。

主権者がもつ戦争の権利が合法的に行使されるには、どのような制限が必要だろうか。制限を設けるための第一の戦略は、政治経済学の領域に位置づけられる。人口とはまずは富であり、この生ける富は浪費してはならない、というのがそれだ。ここでは、戦争についての議論は、税の議論と結びついている。過度に徴収しすぎず、負担は公的な需要に厳密に比例させる、という議論だ[10]。生きた支出は節約すべしという原理とも言える。個人の栄光というくだらないモチーフに身を任せて、軽々しく「自らの国民の血と宝」を犠牲にする悪しき王たちに対し、「人民の血が流されてよいのは、究極の需要のためにこの同じ人民を救うためだけ」だと思い起こさせたのである。[11]戦争主権の合法的な行使は、必要最低限にとどめなければならないということである。

第二の大きな批判は、法哲学の領域におけるものだ。カントはこう問うた。国家が戦争をするために国民やその財産、さらにはその生命すらも用いることができるのは、いかなる権利によるのか。[12]

カントによれば、これに対する第一の返答は、主権者の脳裏に雑然と浮かび上がる次のような考えだ。雌鶏や羊を育てるのは「それを利用、消費、破壊（撃ち落とす）できるようにするためである。なぜなら、それらは、潤沢性の観点から見ると、人間の所産だからだ。国家の至高の権力についてもそれと同様のことを言いうると思われる。主権者は、国民を導く権利があり、戦時においても狩猟においても、整列した戦闘においても娯楽においても、国民は大部分が主権者の産物だからである」[13]。

このような、主権者の動物政治学と呼ぶべき考え方においては、所有関係が飼育関係と混ざりあっている。政治的権利としての戦争の権利は、一方で、その古典的な属性に従えば、物を使用したり乱用したりすることを可能にする所有権となるが、と同時に、他方で、いっそう特殊な、飼育者－生産者の権利でもある。ここで、権力に従属する者は、カントの言葉を借りれば、潤沢性の観点から見た所産である。飼育者は、群れのなかに家畜を産み落としたわけではないが、それらの増加、生殖の飼育条件を保証してくれる。飼育者－主権者が家畜を思うままに屠殺場に送ることができるのは、家畜がこの主権者の生ける所産だからなのである。

カントは、このような動物政治学的な主権の気まぐれに対し[14]、市民権の原理を対置する。主権者が戦争を宣告できるのは、そこで自らの生命を危険に晒すことになる市民たちが、共和主義的な投票によって、自らの「自由な同意」を表明した場合にかぎられるというのだ[15]。ここで市民に発言権があるのは、彼らが全般的な決定権者であるからではなく、とりわけ、この決定においては、自分たちの生、生きた身体を死や負傷の危険に晒すことが賭けられているからである。そこからは、きわめて重要なことが浮かび上がってくる。それは、戦争主権の対蹠点にある、ある種の政治的な主体である。これを、生者の市民権ないし晒される生の市民権と呼ぼう。すなわち、そこで死の危険を有するがゆえに決定に際して言うべきことがある人々の声のことである。戦争主権は国民の生命を晒し、国民は生ける市民であるがゆえに、自分たちを負傷させたり死なせたりしうるこの権力に対しコントロールをする権利が彼らに開かれる。主権者の権力はわれわれを破壊しうるがゆえに、われわれは権力に対して権力をもたなければならないということである。

ここには、戦争主権を構成するさまざまな関係性の図式において、新たな転回がある。実際、カントが戦争法に関して明言しているように、このような共和主義的な文脈においては、「この権利は、主権者の人民に対する義務に基づかせるべき（であり、その逆ではない）ものだ[16]」。義務関係が逆転するのである。この義務関係はそもそも、シュミットが封建制的な関係から直接借用し、ある種の政治における超越論的なものとして普遍化したものである。そこでは保護者としての主権者がこう告げていた。「我汝を保護する故に命じる」。これに対し、今や共和国の市民はカントとともにこういうのである。「汝君主は我を晒す故に汝は我に従うことが義務づけられる」。

どんな保護主義的な権力も、保護される者たちの脆弱性を必要としている——ギャングなら誰でも知っているように、その代わりに自分から進んでこの脆弱性を保つおそれはあるけれど。[17] しかし、保護主義的な主権者は、まずは自分の国民の根源的な状態としての存在論的脆弱性を前提とするところから始めるのだが、これに対し、それへの批判のほうは、権力が国民の生を晒すという政治的な脆弱化を起点として、権力への批判ないし制限の可能性を基礎づけようとする。保護者が自らの創設条件として前提にしている脆弱性が、政治的な次元で反転し、それに対抗するようになる。脆弱性が、主権者による破壊可能性に積極的に晒されるかぎりにおいて、主権者の権力を制限する原理として対置されるのである。国民の身体と生命を無条件に動員する主張に対して、生者の市民権の声が上がってくる。われわれはそれはしないつもりだ、そのためには死にたくない、この戦争のために、この戦いのためには死にたくない、それはわれわれの戦いではない、といった声だ。

ところで、この晒される生の市民権は、戦争権力に対する民主主義的な批判にとって重要な——唯一ではないとしても——土台となった。たんに、カントが予見したような、選挙という制度的な様態ばかりでなく、二〇世紀の反戦運動に見られる議会外の動員のベクトルとしても重要であった。ただし、軍事力のドローン化によって、国民の生を軍事的に危険に晒すことをゼロへと近づけるようになると、このような批判の立場こそが、ほとんど完全に無効化されてしまうのである。ただし、「喪失への嫌悪」が唯一ありうる動機だとか、コスト - ベネフィット計算が、国家の暴力に対する批判的な声を展開するために唯一の妥当な合理性だと考えてしまっては誤りになるのだが。

2　民主主義的軍国主義

戦争なんて行きたくない
でも神さまのためにそうしなくちゃいけないなら
お家であったかくして
勇ましいインド人にまかせとこう
　　イギリスの歌（１８７８年）[1]

主権者は、自分自身は戦争で危険な目にあうことはけっしてないために、「一種の娯楽のように、くだらない動機から戦争を決断する」こともできる。[2] あるいは、これもカントが書いていることだが、狩猟のような動機もありうる。狩猟としての戦争は、敵に対する特定の関係によって規定されるだけではない。それよりもまず、決定権者の生命は巻き込まれていないという、特定の決断様態によって規定されている。

共和制のような政治体制では事情は異なる。「市民が戦争のあらゆる不幸を自らが被ることを決断しなければならないために、［…］自分たちがどれほど不幸な賭けをしようとしているのかについて、市民の同意が要求され、市民の決断が重きをなすというのはこの上なく自然なこと」だからである。[3] この意思決定のコストを引き受けるのが意思決定をした者自身である場合には、そこで生じる利害が納得済みとなるがゆえに、いっそう慎重になることになる。ここには、平和主義的な理性の狡智と言うべきものがある。政治的権利の根本的な原理を尊重し、共和制を選択すると、さらにある意思決定のメカニズムが作動することになる。それは、固有の計算をはたらかせることで、戦争への依拠を制限し、戦争を減退させる傾向を有したメカニズムである。政治経済学は好戦的な主権に対して穏健原理を外部から課そうとしたが、共和制においてはこの原理が自動的に内部に統合されるのだ。カントが共和制と呼んだもの、今日性急にも「民主主義」と呼ばれているものは、このような、平和へと向かう体制を本質とするという利点を有しているのかもしれない。

意味深いことに、このカントのテクストは、一九九〇年代のアメリカの政治学において再発見されることになった。人々は、二〇世紀の（第一次世界大戦から始まる）血なまぐさい教訓にもかかわらず、そこから「民主主義的平和主義」という楽観的な理論を引き出そうとしたのだ。ケーニヒスベルクのドイツ人〔カント〕の言葉が、合理的選択論といういっそう親しみ深い経済学用語で翻訳されることになった。独裁者は戦争のあらゆるベネフィットを自分の納屋にしまっておきつつ戦争のコストを外部委託できるが、民主主義の市民のほうはベネフィットとコストを同時に考慮して計算しなければならない。戦争による人的・財政的なコストを選挙人たる市民たちが内部化することによって、間接的に、各々の政治家にとっての選挙のコストもまた内部化することになるために、民主主義は、軍事力への依拠を避けるようになり、不可抗力の場合を除いて、そこから完全に手を引くようになる、というのである。

現代のアメリカの政治家たちは、一八世紀の哲学者に、ベトナム以降の自分たちの状況についてのもっともらしい説明のように響くものを見出して驚愕した。とはいえ、アメリカ合衆国は民主主義ないしカントが共和国と呼んだものの具現化そのものなのだから、彼の予言によってこの国が地球上でそうなるものとして選ばれていたことに驚くことはないと自分たちに言い聞かせていたのだった。

ただし、ドイツの哲学者がそこに期待すべき理性を見出すことができると思ったのに対し、逆に懸念すべき状況を告げ知らせるものを見てとった人もいる。マドレーヌ・オルブライトは、ボスニアに地上軍の展開に当時ペンタゴンが躊躇していたことにしびれを切らし、コリン・パウエルに辛辣にもこう問うた。「このすばらしい軍事力も、一度も使わないなら何になろうか」、と。[4]

民主主義はついに軍を束縛するにいたった——こう考えたわけだ。ゆえに、突破口を見つけることが喫緊のこととなったのだ。

幸いにも、カントは、仮説を立てる際に、一つのシナリオを忘れていた。実際、兵士としての市民を、そのほかの戦争に使える道具で置き換える方策が見つかったなら、何が起きるだろうか。この予期せぬ選択肢は、置き換えによる保存であった。

もちろん、一九世紀の終わりにも、いまだ初歩的な手段だったとはいえ、同様のことはすでに試されていた。イギリス帝国主義に対する最大の攻撃者であったホブスンは、一九〇二年に、議会主義的・植民地主義的体制が、どのようにして「軍国主義のジレンマ」を難なく抜け出せたのかを説明している。帝国を防衛し、拡大するためには、あるいはたんにそのくびきを揺るがそうとしていた反乱者たちを制圧するためには、帝国の供物台に国民の生命を犠牲にするのではなく、むしろ、汚れ仕事は土着民たちの軍に任せればよい、というのだ。「勇ましいインド人」に仕事を押しつけることで、イギリスの人民階級は厳正な徴兵制を免れることができる。こうして、「新たな帝国主義」は、帝国内の

「下位人種」を盾にして、本国内での階級的妥協を通させたのである――これには、植民地主義的な企てに対する大衆からの異議申し立てという内的なリスクをほとんどすべて退けるという付随的な利点もあった。

とはいえ、ホブスンが警告したように、ここにはもう一つの種類の政治的な危険が伴っていた。「本国の人々にとって軍事政策の負担は軽減されることになるが、戦争のリスクは高まることになる。イギリス人の生命が巻き込まれていないだけに、戦争がいっそう頻繁に、そしていっそう野蛮になるからだ」[5]。要するに、その数年前にソールズベリー卿〔ロバート・ガスコイン＝セシル〕が指摘したように、イギリスにとってインドが果たす役割はもちろん「東方の海洋における兵舎であり、そこからは、費用をまったく支払う必要なく好きなだけ軍隊を引き出すことができる」が、とはいえこれはきわめて悪しき政策である。というのも、そうなれば「代価を支払う必要性によってしか統御できないような、小規模の戦争を行なおうとする誘惑」を防げなくなるからだ[6]。

市民の側でも戦争のコストが外部委託されるようになると、民主主義的平和主義の到来を告げていたのと同じ理論的モデルが、逆のものを予言するようになる。すなわち、民主主義的軍国主義である[7]。市民たちは、戦争における生死に関わる負担から免除されているため、戦争に賛成か反対かという意思決定に関して、かつてカントが首尾一貫しない凶悪さを断じていた軽率で好戦的な君主とほとんど同じ位置を占めることになる。そして彼らの政治的指導者のほうは、ついに自由に振る舞えるようになる。

主権者は、人間の戦闘員を動員することに関する制約から解放されると、まさしくカントが避けようとしていたことができるようになる。「戦争にも狩猟にも、整列した戦闘にも娯楽にも」同じように赴くことができるようになるのだ。[8] 戦争が幽霊のようになり遠隔的に操作されるようになると、市民はもうそこで自らの生命を危険《リスク》に晒すことがないために、究極的には、何も言うべきことをもたなくなるのである。

リスクが委譲される先が土着民であろうと機械であろうと、ホブスンの教訓はつねに妥当する。軍事力のドローン化は、あらゆるリスクの外部委託と同様に、戦争についての意思決定の条件を変質させる。軍事的暴力への依拠に対する閾値は劇的に低下し、対外政策のデフォルトの選択肢の一つとして現れることになる。

今日では、ホブスンの反帝国主義的な議論の現代的なバージョンが、リベラルな立場から、しかも経済学的な意思決定論の道具立てを用いてドローンを批判しようとする一連の著述家たちに一貫して見出される。民主主義における総司令官は仮定上は理性的な人物なのだから、その計算によれば「低コスト」の武器の効果はどれほどのものか、と彼らは問うのである。

その主たる効果は、意思決定に膨大なバイアスが生じることだ。自分自身ないし自分の陣営に対して最小のリスクで行動できる行為者は、たとえば他者に対して、より多くのリスクをもたらす行動を選択する傾向がある。社会保険における合理性の理論の枠内で解釈すると、ドローンは「モラル・ハザード」の典型的な要因として現れる。行為者が、リスクをとることも、コストを引き受けることもなく行動できるがゆえに、自らの意思決定の効果の責任を負わなくて済むようになるからだ。[9]

より正確には、ドローンは、軍事力にかかる伝統的なコストを三つのかたちで縮減していると説明される。一つ目は、国民の生命の喪失に関する政治的なコストの縮減、二つ目は、軍備に関する経済的なコストの縮減、そして三つ目は、行使される暴力について予測される効果に関連した倫理的ないし評判に関わるコストの縮減である。[10]

この三点目がきわめて重要だ。ドローンの死倫理学の言説が何の役に立つかというと、それは、武器の使用にまつわる評判に関するコストを下げることにある。戦争の政治経済学におけるそうした言説の戦略的な役割もここから出てくる。武器がいっそう「倫理的」に見えれば見えるほど、社会的に受容されやすくなり、ますます用いられるようになる、ということだ。ただし、こう指摘することで、この言説がもつ二つの新たな矛盾が見えてくるだろう。

一つ目の矛盾は、比較のための条件設定が成り立たないことにある。ドローンの使用が正当化されるのは、その代わりに使用可能だったほかの武器にくらべて副次的被害がより少ないためだと主張される。しかし、この立論が前提としているのは――この前提がなければ比較は有効ではなかろうから――、この「ほかの手段」はそもそも使用可能だったということ、つまりいずれにしても軍事行動が生じていたということである。ところが、かの「低コスト」の武器に結びついているモラル・ハザードによって、まさしくこの前提が疑わしいものになる。ここに詭弁があるのは、この（ドローンという）手段がほかの手段にくらべて副次的被害がより少ないとみなされるわけだが、このほかの手段はいっそう多くの被害をもたらしてしまうために、評判に関わるコストの点から使用が禁じられており、端的に、ドローンの代わりにこれを用いることはそもそもありえなかったからである。別のしかたで言うとこうなる。モラル・ハザードの状況では、軍事行動が「必要だ」とみなされるのは、それが可能だから、しかも最小限のコストで可能だからという理由にしか基づいていないかもしれないということだ[11]。ところで、この場合には、ドローンは副次的被害をより少なくすると述べることは必然的に誤りとなる。ハモンドが要約しているように、民間人の犠牲者の数は実際、「ドローン攻撃を用いなかった場合にくらべてより低くなることはない。ドローン攻撃を用いなかった場合には、攻撃によって殺される民間人の数はまさしくゼロであろう[12]」。

二つ目の反論は、最小悪の累積である。エイヤル・ワイズマンは次のように述べている。「コスト・ベネフィットという経済学の用語そのものを用いたとしても、最小リスクという概念は反生産的である。残虐さが少ない方策は、もっとも順応しやすい、受容し許容しやすい方策でもある――それゆえ、もっとも頻繁に用いられやすい。その結果、蓄積するといっそう大きな悪に達しうるのである[13]」。各々の攻撃で民間人の犠牲者の数がより少ないという主張は、一つ一つの評判に関わるコストを減らすことで、逆に生産性を増大させるのだ。換言すると、局所攻撃を行なう木は、多くの墓場からなる森を隠しもっているということだ。

モラル・ハザードは、さらに別の倒錯した効果を生み出す。ここで問題となるのは、厳密に軍事領域に関わる効果である。ドローンが地上軍にとって代わるとしても、非常に不完全なものにしかならない。すでに見たように、もっぱらドローンだけを用いると、対反乱戦略の観点からするときわめて反生産的な効果がもたらされるからだ。だが、そうだとすると、どうして何が何でもそれを用いようとするのだろうか。こうした見かけ上の不都合も、経済的な論理によって説明できる。ケイヴァリーが指摘するように、「低コスト」の武器は、軍事に関わる労務を、極度に資本集中させた軍事力によって代替することへの強い動機づけを生み出す（はっきり言えば、人間を資材で置き換えるということだ）。そして、それは、この代替可能性が低い場合であってもそうである（はっきり言えば、機械が兵士ほど働かない場合でもそうである）。というのも、勝利をもたらすための可能性が下がったとしても、戦闘手段としてこうした手段を用いると、コストがかなり低下するためにバランスがとれるからだ。それゆえに、たしかにあまり最善ではないがそれほどコストのかからない手段が、軍事的な効率を犠牲にしても活用されることになるわけだ。

しかし、この観点からすると、選択肢になるのは何だろうか。ドローン攻撃の熱烈な支持者のアミタイ・エッツィオーニはこう問うている。「もし接近戦で殺害するのならば、つまり、特殊部隊が顔に返り血を浴びつつ短刀で殺害するならば、アフガニスタン人、パキスタン人や、テロリストたちよりも、われわれのほうがましだと言えるのか[14]」。これに対して、ベンジャミン・フリードマンはこう答える。「実を言えば、イエスだ。論点は、われわれは、自軍にとってより多くのコストがあるとみなすときには、致死傷性のある行動についていっそう慎重な判断を行なう、というものだ。動機のない戦争は［…］いつでも愚かな戦争になりうる。もちろん、われわれは議論のレベルをいっそう高くするというそれだけの理由から、故意にわれわれの軍隊を危険に晒したり、彼らの身体にリスクをもたらしたりすべきだと言いたいのではない。そうではなく、われわれにとって帰結が確かでないときに、住民に対する爆撃を軽率に行なってしまわないよう気にかけなければならないということだ。それは、有名な社会学の議論ではなく、もっとも正統な価格理論の問題だ。それは、コストが下がれば需要も高まると教えてくれているのだ[15]」。こうして、ホモ・エコノミクスが戦争に行くことになる。道すがら、彼はドローンを論破するわけだ。

＊＊＊

ただし、理論の眼鏡を交換し、正統派経済学から階級関係についての分析へと移るならば、問題の現象はまた別の様相を呈してくる。軍事に関する労務を資本で代替する傾向における問題は、たんに、民主主義の主権者の政治的な計算のための条件が混乱することだけではない。いっそう根本的には、国家装置の社会的・物質的な自律性がいっそう増大することが問題となる。ビバリー・シルバーはこの歴史的なプロセスを次のように描いている。

シルバーの説明によれば、一九七〇年代まで優勢だったモデルでは、戦争の産業化は、労働者階級の規模および〔その社会における〕中心的地位、さらに、大規模な徴兵制の維持と組みあわさっており、軍事権力を行使するにあたって、西洋の指導者層は、狭く従属的な社会的立場に置かれるようになった[16]。

ベトナム戦争の危機によって、このような従属的立場に関連した潜在的な政治的危機がすべて明るみに出されることになった。アメリカの指導者層は、不人気の帝国主義的な戦争が、社会の急進化の力強いダイナミズムをどれほど生み出したかを計り知ることができた。さらに、反戦運動が、当時アメリカ社会を動揺させていた多くの社会運動と共鳴することで、どれほどの爆発的な相乗作用を引き起こしたのかを彼らは目の当たりにしていた。

これに対する最初の応答は、歩みよりだった。つまり、市民権運動や労働組合の要請への譲歩だ。しかし、こうした多面的な危機ゆえに、大規模な戦略の方向転換が急がれてもいた。「戦争モデル」

に関してすでに進行していた変革を加速化させることが問題となっていた[17]。新たな戦略では、極度に資本集中をした戦争に重きが置かれることになった。徴兵制とはきっぱりと手を切り、民間との契約をますます増やし、遠隔戦争のための武器の改良改善を行なうということだ。「市民たちの軍」という古いモデルは衰退し、市場の軍にとって代わったのだ[18]。

このような変化の鍵は根本的に経済的なものだ。というのも、明らかに「徴兵者や死傷者の数がいっそう減り、軍事資本化が進むと、軍備および戦争は、社会的というよりも財政的な動員に向かって発展してゆく」からである[19]。しかし、この資本化の動きは、もとより政治的な選択から独立しているわけではなかった。この選択自体が、軍産連携の利益の拡大に広く入り込んでいた。この点に関し、ニクラス・シェーニッヒおよびアレクサンダー・レンブケは、「死傷者ゼロ」という倫理的‐政治的言説が軍事産業によっていかにうまく引き継がれ、拡散されていったかを示している[20]。二〇〇二年のボーイング社のX‐45Aの広告はこう称賛している。われわれの新たな戦闘ドローンによって、「もっとも危険なミッションを達成するために、もはや戦闘員を危険な状況に置く必要はなくなります[21]」。産業界にとっては新たな武器を売ること、政治家にとっては自らの選挙資本を保護すること――これら二つの配慮が合流し、絡みあい、重なりあうのである。

シルバーによると、こうした戦争モデルの変化がもたらした構造的な効果は、国家装置が軍事的な労務に物質的に従属しなくてよくなること、それゆえ、こうした労働力を構成する団体に社会的に従属しなくてよくなることにある。「二〇世紀の帝国主義同士の競合関係や冷戦の予期せぬ副次的な効果として、国家に対する労働者や市民の力がますます強くなったが、これが逆転するとともに、これまで獲得されてきた経済的、社会的な優位性もまた逆転することとなった」のである。[22]

事実としては、「民主主義的平和主義」の理論がもつ機械論的な楽観主義が唱えるのとは異なって、戦争についての意思決定に人民の生命が巻き込まれることによって、軍事的な殺戮を防ぐために十分な保証が得られてきたわけではない。ただし、歴史的に言ってこのような異議申し立ての原動力が大惨事を食い止めることに失敗してきたとしても、その効果はゼロではなかった。戦争を遂行する主権がそれに物質的に依存していることによって、人民階級は――その他にもさまざまな要因はあるが――こうした土台のもとに、持続的な社会的関係を形成することが可能であった。社会国家は、部分的には、一兵卒のために支払った費用、闘争によって奪われてしまった血税の代償として、世界戦争の産物なのだ。「政治的意思決定者」が武器の天秤に乗せるべき「コスト」は、暗々裏には、この種の支出を尺度にして計算されてもいたのだ。

福祉国家（Welfare State）の歴史は、戦争国家（Warfare State）の歴史と連関している。バーバラ・エアレンレイックはこう述べている。[23]「現代の「福祉国家」は、どれほど不完全なものであるにしても、大部分は戦争の産物だ――言い換えれば政府が兵士とその家族をなだめようとしてきた努力の産物だ。たとえば合衆国では、南北戦争が「寡婦年金」を創設させることになり、これが家族や子どもに対する社会的な援助の先祖となった。［…］何世代も後になると、二〇一〇年には、合衆国教育省は「一七歳から二四歳までのアメリカ人の若者の七五パーセントは、中等教育を修了していないか、前科があるか、あるいは身体的に不適合であるといった理由で、軍に徴用されない」と指摘している。ある国家が兵役に適合する若者を十分に生み出すことができなくなると、選択肢は二つある。一つは、今日多くの退役軍人が主張しているように、「人的資本」に、とりわけ貧しい若者の健康および教育に再投資すること。もう一つは、非常に真剣に戦争に対するアプローチを再考することだ。[…]代案となるアプローチは、軍が、あらゆるタイプの人間存在に従属することをやめるか、あるいはその度合いを劇的に減らすことである[24]」。現在勝利を収めつつあるのは、後者の選択肢である。ドローン化の争点は、国家を社会的に支えていた人手の減少と、軍事力の維持とを調和させることにある。ここにおいて、「死傷者ゼロ」という約束と国民の生命の絶対的な保護との重なりが具体的に理解されるだろう。

表面的には、ドローンは保護主義的な主権の言説の中心に巣食う矛盾に対してもたらされた解決策のように見える。戦争をしつつも、自国民の生命を危険な状態に置くことはしない。保存しつつ、失くさない。つねに保護すること。しかし、悪い知らせもある。国民の生命を保護するという約束は、彼らの大部分を社会的に脆弱化させ、彼らの不安定化を増進させることに矛盾なく結びつく、というのがそれだ。

3　戦闘員の本質

戦うことと人を殺すことは別だ。人をそういうふうに殺すのは、殺人だ。［…］だって、俺はこんなふうに一人だけでいる男を撃つことはできないよ。お前は？

エミリオ・ルッス[1]

ヘーゲルはこう述べていた。武器とは、「戦闘員自身の本質にほかならない。この本質は、相互的な様態にある両者〔戦闘員と武器〕のあいだにおいてだけ生じるものだ」[2]。武器が戦闘員の本質であるとすれば、ドローンによって戦っている者たちの本質は何だろうか。

私は自分の武器である〔私の本質は武器である〕――この主張は直観には反している。道具的な考え方の逆をついているからである。これまでの考え方からすれば、主体の性質はその行為において用いられる手段からは独立している。これに対して、ここでは逆に、両者が本質的に同一だと主張されているのだ。この場合、私がそれであるところのもの、たとえば私の意図や目的を、私がそれを実現させようとして用いる手段から切り離すことはできない。私が倫理的にそれであるところのものが、私が用いる武器の性質によって表現され、規定されることになる。ここではどの武器を選ぶかが重要になる。というのも、この選択によって、われわれが何であるかが根底的に定められるからだ――そこでわれわれの魂ないし本質が失われるかもしれないのだが。

ともかく、ヘーゲルが付け加えるところによれば、こうした本質が体感されるのは「相互的な様態」にあるときのみだ。自分が戦闘員であることを意識するには、武器を扱うだけでは十分でない。その対象となっているものについて、それが何をするのかを私は知っていなければならない。暴力的な主体が自分自身の本質を把握することができるのは、他者の武器のなかに鏡のようにして自分自身の暴力を体験する場合のみなのである。

しかしながら、ドローンとともに、このような現象学的な小さな仕掛けは完全に狂うことになる。それには少なくとも二つの理由がある。まず、このドローンという武器は、「戦闘員」に戦闘を免除してくれる。戦闘員が戦闘しないなら、その武器は誰にとって本質になるというのか。さらに、この武器は、暴力的な主体から、自分自身の暴力に対するあらゆる鏡像的ないし反省的な関係をとり去る。武器をもった主体が自らの本質を把握するのが相互的な様態にあるときだけならば、この場合のように、武器がこうした相互的な関係性の可能性そのものを撤廃するとき、何が起こるだろうか。

これに対する返答は手短だ。「奴らはこの若者たちを殺人者にしようとしている」——シーモア・ハーシュによれば、ラムズフェルドが九・一一の直後にアメリカ軍の計画を告げたとき、ある高官の心の叫びがこれであった。[3]

カントは『法論』のなかでこう書いていた。「戦争をしている国に対しては、どのような防衛手段も許されている。しかし、国民から市民としての権限を奪うような手段だけは例外である。[…]これらの非合法な手段のなかには、自らの国民を[…]殺人者や毒殺者として用いることも含まれなければならない（ここには、待ち伏せして個人を狙う義勇兵と呼ばれる者も含めることができる）」[4]。

カントがここで表明している政治的権利の理論的な前提は、市民であるかぎりにおいて自国民に対して国家がさせてはならないことに関わっている。自国の兵士に対して敵を暗殺するよう命じること、交戦の機会をそもそも奪うような武器の使用を命じること、これらのことは市民権ゆえに禁じられているのである。その根底には、国家が自らの国民に対して何をさせうるかは、それによって市民がどのようになるかという観点から制限が課せられるという考えがある。われわれは何をさせられるかによって、何かにならされる。しかし、こうした変身のなかでも国家には禁じられたものがある。カントが言うには、国家は自らの市民を殺人者へと変容させる権利をもたない。交戦する戦闘員ならよいが、殺人者はだめだということだ。

しかし、この種の拒否について、別のしかたで、まったく別の哲学的なアプローチに従って問題を立てることはできる。このアプローチはもはや法学的‐政治的なものでもないし、正確に言えば――のちに見るように――「倫理的」なものですらない。少なくとも、現代の「応用倫理学」と言うときに用いられている意味ではもちろんない。

物語はいつもほとんど同じである。一人の兵士が敵の戦闘員を狙っている。撃つこともできるが何かが彼を止める。それは、しばしば些細なこと、立ち位置、身振り、行動、身なりであったりするが、そのせいで彼は結局引き金を引かないことを決めるわけだ。敵はタバコに火をつけ、胸をはだけてズボンを抑えて奇妙な格好で走り、春の陽の光のもとを夢想者のように漂ったり、あるいは身なりを整えようとして自分が裸でいることに驚いたりする。そのせいで、彼に引き金を引こうとしていた交戦者は諦めるわけだ。銃を離し、塹壕にいる同僚のほうを向いてこう言う。「戦うことと人を殺すことは別だ。人をそういうふうに殺すのは、殺人だ。［…］だって、俺はこんなふうに一人でいる男を撃つことはできないよ。お前は？」[5]

マイケル・ウォルツァーはこれらのケースについて、『正戦論』の第九章で論じているが、そこでは、カントのように、国家が自国の兵士に対して合法的に課しうることに対しアプリオリに制限を加えるような倫理的‐法的な原理が問題となっているのではない。問題はこのような一般性の次元ないし領域で提起されてはいない。問題が生じるのは、個人的、主観的な次元、自己に対面した次元だ。すなわち、私は撃つのかという問題だ。

ウォルツァーによれば、このケースにおいて兵士が銃を撃たないのは、殺害一般に対する嫌悪ゆえではない。兵士は、とるに足らない仕草を他者に認めたことで思いとどまったわけだが、それは、こうした仕草が、標的は自分たちのうちの一人、似た者同士であって、単なる「敵」ではないということを抑えがたき明晰さでもって伝えてきたからだ。裸の兵士のイメージは、ここでウォルツァーがいわんとしているものを象徴的に示している。兵士が軍服を脱ぐとき、彼が戦闘員の人工的な皮をはぎとるとき、彼の裸の〔むき出しの〕人間性がふたたび現れ、視界全体を満たすにいたる。ここで一介の人間として現れてきたこの男を撃つのを止めることで、兵士は直観的に、その根源的な権利である生存権を認めるにいたる、すなわち軍事的な暴力の直接の標的になることはないという民間人の免除特権を基礎づける権利を認めるにいたるというわけである。

この解釈に対し、哲学者のコーラ・ダイアモンドは異論を唱えている。この話のなかで兵士が語っているのはそういうことではない。別のことだ。兵士は撃ちたくない、そうする気分になっていない、と言っている。ただし兵士はそのことを、権利の用語で表しているのではない。道徳的な語彙を用いているのでもない。むしろ、兵士が用いているのは、「他者との軍事的紛争に巻き込まれる」とはどういうことか、「兵士として仕えるとはどういうことかについての考え」[6]、「自分が他者と分けもっている人間性を揺るがしてはいけないという感情に合致するあらゆるものについての考え」だ。[7]ダイアモンドが激しく異議を唱えているのは、兵士の経験を理解するために、「このようなケースにおいて、裸の兵士に向かって撃つことの嫌悪の根底に、権利の承認を無理に導入」するような解釈に対してである。[8]

私はダイアモンドは正しいと思うが、彼女がここで用いているメタ道徳的なアプローチは、もしかすると、ある意味では、彼女自身が思っている以上に、いっそう深く、さらにはいっそう本来的に倫理的なものかもしれない（さらに、実は、また別の意味で政治的かもしれない）。彼女が的確に指摘しているように、権利の言説をもち出すことによって、ここで重要となっている問題の理解そのものが骨抜きになってしまうことが問題なのである。裸の兵士を撃たないことは、区別原理や均衡性原理の承認とはたいして関係がない。無理にこのような読解格子を当てはめようとすることは、何も理解しないためのもっとも確実な方法だろう。兵士は、敵がタバコを吸っていたり、裸でいたり、胸をはだけていたり、武装解除していたり、あるいは寝ている状態であっても、この敵を戦時法に従って殺害することはできるし、そのことは承知済みだ。彼らが撃つことを差し控えるのは、法的な次元の問題ではない。そして、法や権利も、それに従属している応用軍事倫理も、その意味を把握することはできないだろう。

　では、なぜ兵士は撃つのを止めたのだろうか。私が思うに、ウォルツァーもダイアモンドも、二人ともルッスに言及しているにかかわらず、その文章に十分な注意を払っていない。兵士が撃たないのは、もちろん、戦争一般を拒んでいるためではない。言い換えれば、平和主義者や良心的兵役拒否者の立場にあるわけではない。彼は戦闘において他者を殺害することを拒んでいるのでもない。彼にとっての問題はそこにはない。その逆ですらある。というのも、彼がこの特定のケースで撃つことを控えるのは、自分自身にとっても同志にとっても、まさしく「戦うこと」と「人をそういうふうに殺すこと」の差異を維持しようとしているからなのだ。彼が保持するこの差異、彼がしかるべく保持しているこの差異とは、彼にとっては、戦闘をただの処刑から隔てるものだ。戦士でありつつ、自分自身にとって、殺人者にならないことだ。

　ここでこの兵士にとって重要なのは、「人権」の抽象的な承認というよりは、彼自身にとって、「そういうことをする」ことが何を引き起こしかねないかである。それをしてしまった場合、彼はこの行為とともに生きてゆかねばならなくなるだろう。彼があらかじめ拒んでいるのは、そういうことをした者になることだ。それは、何をしなければならないか〔義務〕の問題ではなく、何になるか〔行く末〕の問題なのだ。適切かつ決定的な問い、それは「私は何をしなければならないか」ではなく、「私は何者になろうとしているのか」である。

　私が思うに、この軍事的暴力の当事者における行く末〔自分が何者になるか〕の問題には、非常に重要なものがある。それは、暴力批判のためにありうる主体的な位置ないし立場である。

この立ち位置の第一の限界は、もちろん、このような拒否が、はじめから個人的で、自己中心的で、自分自身のためでしかないという点にある。「主体主義」という障害だ。兵士は自分自身が撃ちたくないわけだ。しかし、ウォルツァーが引いている証言の一つでは、この兵士は自分の同志に対し、自分自身が拒否していることをさせようとしている。「お前はやりたければやればいいさ」。これが、狭小な自己中心的な拒否の限界だ。私自身はする気はないが、他人がそうすることには必ずしも不都合はない、というわけだ。

〔しかし、〕自分のための拒否から、共通の拒否へ、つまり政治的な拒否へとどのように移行することができるだろうか。この点で最初にすべきことは、おそらく次のような問いを経由することだろう。ルッスは同志に「俺はこんなふうにすることはできないよ。お前は？」と問うた。「いや、俺もやめとく」〔と同志は答えるだろう〕。この問いのかたちの呼びかけがすでに、共通の拒否へのありうる同一化、連携への呼びかけとなっているだろう。

次なる問いは、軍事的暴力の直接の当事者の立ち位置にはいない主体が、この種の拒否に参与するにはどうしたらよいのかというものである。しかも、自分が個人的に巻き込まれていない場合、自己にとって、自分の行く末がそこに本質的に関わることがない場合にはどうしたらよいのか。すべては、この「自分」、あるいはこの「自己」が何を含むかにかかっている。この「自己」は、誰の自己であるのか。あるいはありうるのか。それはどこまで広げることができるのか。それは、それをしようとする私にしか関わらないのではないか。あるいは私を超えた他者たちにも関わるのか。

第一の答えは次のようなものだ。この行為に関わるのは、直接の当事者の自己にすぎない。人数がかぎられるかぎり、あるいは端的にわれわれ自身が当事者でないかぎり、たいして重要ではない。われわれには関係がない、という答えだ。今日、アミタイ・エツィオーニがドローン作戦について臆面もなく述べているのがこれだ。兵士たちには、させられる任務によって憂慮すべき感覚の麻痺がもたらされる可能性があるとか、殺すとはどういうことかについての感覚そのものを喪失する可能性があると言及しつつも、エツィオーニはこう答えている。「それが懸念される影響をもつことはありうる。しかし、結局問題になるのは数百人のドローン・パイロットについてでしかない。彼らが何を感じようが感じまいが、国家には、あるいは戦争を布告する指導者には明確な影響は及ぼさない[9]」。

サルトルは、まったく別の見方をしていた。「われわれの行為のうちで、自分はこうなりたいという人間像を創り上げつつ、自分はこうあらねばならないという人間像を同時に創り上げないような行為はない。[…]このようにわれわれの責任はわれわれが想像するよりもはるかに大きい。というのも、それは人類全体に関わるものだからである[10]」。

これはダイアモンドが述べたいことと同じかもしれない。彼女は、裸の兵士を撃つか撃たないかという際に賭けられているのは、われわれの「共通の人間性」の行く末であると指摘し、さらにこう付け加えている。「この共通の人間性の感覚がベトナム戦争によって鈍らせられたという恐怖ゆえに、この戦争はわが国の分裂の源泉となったのである[11]」。したがって、「われわれの兵士たち」がそこで死ぬという理由からだけでも、「損失への嫌悪」のためだけでもない。同時に、おそらくとりわけ、この出来事において共通の人間性の行く末が賭けられているからなのだ。そしてこれこそが、そこで失われかねないものだったのだ。

当時、ベトナム戦争に反対する抗議者たちが掲げたスローガンの一つに「われわれは殺人者の国家ではない」というものがあった。要するにこれは、「われわれ」は何であるか、あるいは、いずれにしても「われわれ」は何でないと考えているのか、とくに「われわれ」が何に同化したくないのかという考えのもとで、戦争を拒否するものであった。このような、国家の暴力に対して、国家を構成する主体の本質——ここでは国民的ないし人民的な「われわれ」と同一となっている——を起点にして異議を申し立てる立場は、おそらく強力な批判的立場を形成するものだろう。

ある意味では、この立場に対する反響が、二〇〇〇年代にアメリカで展開された「われわれの名において為すな（Not in our name）」という反戦運動に見出される。これは、構成的な「われわれ」（「われら、人民は……」というときの「われわれ」）という主体的な立場であったが、ここで、自国の指導者たちが公然と非難され、——ただしここでは非ナショナリスト的な言い回しで——自分が出資者の一人とみなされる軍事的暴力に対し自らが共犯者となることが拒否されている。

われわれの名において為すな
諸国への侵略を
民間人を爆撃し、子どもたちをさらに殺し
名も無き者たちの墓を踏みつけて
歴史を進ませることを[12]

とはいえ、以上の二つのスローガンは同じではない。よく似てはいるが、両者の差異は政治的には決定的な意義をもっている。というのも、国家の暴力に対する異議申し立てにおいて賭けられているものは、それはたんに、それによって「われわれ」が何になるかだけではなく、どのような種類の「われわれ」を前提にしているかにあるからだ。[13]

「われわれは殺人者の国家ではない」というスローガンは、「われわれ」が国家の真の本質を保つというかたちで、あるいは国家を構成するアイデンティティ――これは当然現実的なものというよりも神話的なものである――を再肯定するかたちで、「われわれ」と国家の創設的な同一性を引き受けている。ただしここでは、実のところは否認として、契約論的な主張がなされているかもしれない。問題の国家の創設的行為がアメリカ・インディアンの虐殺を経たものであることに気づきさえすれば、これは異論の余地のあるものとなろう。

この点では、「われわれの名において為すな」の身振りはこれとは逆である。神話的ないし所与のわれわれなるものとの同一性を再構成するよりもむしろ、ここでは逆に、離脱のかたちで、「あなたたち」に対立する「われわれ」が構成されている。そしてこの「われわれ」は、自分がいま拒否している対象のなかに、これまであまりにも多くの「名も無き者たちの墓を踏みつけてきた」歴史の連続性を見てとることを忘れはしないのである。

ある反戦運動の歴史家はこう書いている。「白人たちが「われわれは殺人者の国家ではない」と叫ぶ横断幕を掲げて行進しているとき、アメリカの黒人は、ベトナムでの殺戮と自分たちの経験とを結びつけていた。一九六六年一月三日、公民権運動家のサミュエル・ヤングは、アラバマ州にて白人専用のトイレを使おうとしたところで撃ち殺された。学生非暴力調整委員会（ＳＮＣＣ）はその機関紙にて、この殺害は「ベトナムの人民の殺害と異なるものではない。［…］いずれの場合も、アメリカ政府はこれらの死者たちに大きな責任をもっている」と強調した[14]。この戦争が、そこに「白人対有色人種の戦い」を見てとった黒人運動によって拒否されたのは、行為者張本人が自らの行為を支持しないという立場ゆえではなく、それとは別の、異なった立場からである。それは、いまこの場所で暴力を認めたり、拒否したりできる立場、つまり、その暴力の標的となっているという立場である。

＊＊＊

このような指摘は、現在に対するいっそう一般的な教訓によって延長することができる。すなわち、「われわれ」が新たな武器をどのようなものにならしめているかを忘れてはならないという教訓だ。この武器が、たんに軍事的な力を備えているだけでなく、国家の警察的な力をも備えるにいたるとき、その潜在的な標的となるのはわれわれの番なのだ。

　いつもそうであるように、それは辺境から、異国や国境から始まる。二〇一二年春には次のような報道記事が出た。「ケストレルという最新型の監視システムが、合衆国とメキシコの国境で行なわれている作戦にあわせ今年試験された[15]」。これはカメラを備えた気球のようなバルーン型ドローンであり、「オペレーターにリアルタイムで映像を送るだけでなく、すべての出来事をメモリに記録する[16]」。

一ヶ月の試験の後、国境警察はこの装置の購入意思を告げた。企業の代表はこう述べた、「われわれは国内にかなりの市場があると考えている」[17]。米国議会は最近、米国連邦航空局（ＦＡＡ）に対し、いまから二〇一五年までに、アメリカの上空にパイロットなしの機体を配備するよう命じたらしい[18]。

同じ時期の別の新聞の切り抜きにはこうもある。テキサス州ヒューストンの北、モンゴメリー州の保安官事務所は、「シャドー・ホーク」ドローンを獲得したと発表した。そして、「この装置に、催涙ガス、ゴム弾、スタンガンのような非致死性の兵器を備えるという考えにも対応したい」と述べた[19]。

これは、マルクスが「平和に先立って展開している戦争」のシナリオと述べたものである[20]。いくつかの社会的ないし経済的な関係がまずは軍事部門において展開し、その後で市民社会の通常の機能のもとに導入され、一般化するということだ。新たな政治的なテクノロジーのための発明の発信源、実験場としての軍隊だ。

問われるべき問いの一つは、次のようなものだ。社会ないし「世論」は、いまのところ世界の反対側で行なわれている「戦争」のためにこの種のテクノロジーが用いられることを阻止できていないのだが、このような手段が結局のところ自分たちにも向けられることに気づくことで、はっとして、警察型ドローンの全般化を防ぐことができるのか。というのも、意識しなければならないのは、われわれがそれを妨げないかぎり、われわれに約束されているのは、そのような未来だからだ。すなわち、可動式の兵器を備えた映像監視の機体が、近所を空中警察のように飛ぶという未来だ。

それがだめなら、その代わりに、アーティストのアダム・ハーヴェイが創作したアンチ・ドローンの服を買うという可能性はいつでも残されている[21]。特殊なメタリック素材でできたこの服は、人間の身体のシルエットを冷却して、夜にはドローンの熱映像カメラからもほとんど見えなくすることができるものだ。

4 政治的自動機械の製造

暴力に対する権力の根本的な優位を修正することができるのは、人間的な要素を完全に排除して［…］誰であれボタンを押すだけで破壊することができるようなロボット軍を作ることくらいである。

ハンナ・アーレント[1]

一九四四年にアドルノが『ミニマ・モラリア』を書いていたとき、ナチスがロンドンに投下していたV1およびV2飛行爆弾がその考察の対象の一つとなっていた。[2]「射程外」と題された長い断章において彼はこう書いている。「ヘーゲルの歴史哲学がわれわれの時代をも含んでいたら、ヒトラーのV2飛行爆弾のようなロボット型爆弾は［…］世界精神が到達した段階によって直接象徴的に表されるものの経験的な事象だとヘーゲルが指摘するもののなかに組み込まれていただろう。ファシズムそれ自体と同様、このロボットはかなりのスピードで、と同時に主体なしに投下される。ファシズムと同様、もっとも進んだ技術的完成にまったくの盲目さを結びつける。ファシズムと同様、耐えがたい恐れを掻き立てるが、それも虚しいことだ。「私が世界精神を見た」のは、馬の上ではなく、頭部を欠いたロケットの翼の上なのだ。そしてそこには同時にヘーゲルの歴史哲学への反駁があるだろう」[3]。ヘーゲルへの反駁になるというのは、歴史が無頭になり、世界に精神がなくなったからだ。機械が

発射前のＶ１飛行爆弾（1944 年）[5]

目的論を押しつぶし、主体が消え去った。もはや、機体にパイロットはおらず、武器は誰の本質でもなくなったからだ。

しかし、その数行先で、アドルノはこの最初の主張に対し、決定的な弁証法的ニュアンスをつけている。このような闘争なき軍事的暴力において、敵は「患者や遺体の役割」のなかに閉じ込められ、そこで死は「行政的かつ技術的な方策」として適用されることになると強調した後、アドルノはこう続けている。「さらにここには悪魔的なものがある。そこではある種のしかたで古典的な戦争以上のイニシアチブが必要とされるから、言ってみれば、もはや主体がいないようにするためにこそ主体の全エネルギーが必要とされるからだ[4]」。

暴力の手段であった武器それ自体が、当の識別可能な暴力の唯一の行為者となること、これが地平線から浮かび上がってくる悪夢である。しかし、ここで急ぎ足で主体の死を今一度宣告するまえに、黄昏時の第三帝国が放っていた幽霊飛行機がアドルノに着想を与えていたものについて考えてみる必要がある。すなわち、もはや主体がいないようにするためにこそ主体の全エネルギーが必要とされる、ということについてだ。

自動化とはそれ自身が自動的なものだと考えてしまっては政治的な誤ちを犯すことになる。政治的な主体の解体を進めることが、今日、この主体そのものの主たる任務となっているのだ。この種の、自らの命令をプログラムへと転換し、自らの担当官を自動機械へと転換する支配様式のもとでは、権力は、かつての遠隔的なものから、捉えがたいものとなる。

権力の主体はどこにいるのか——今日、新自由主義やポストモダンの背景のもと、このような問いがしつこく提起されるようになった。アドルノの表現は、この権力の主体を見出すための良き指標を与えてくれる。権力は、自分の姿を忘れさせるためにまさしくどこにでも存在し活発にはたらいている、ということだ。このような自分自身を消去するための力強い活動こそが、主体を余すところなく示していると言ってもよい。この主体は、慌ただしく、膨大な努力を払って、自らの手がかりを攪乱し、痕跡を消し、活動の識別可能な主体をすべて覆い隠し、活動を単なる機能へと変質させようとする。たんにときどきバグを修正し、改訂を実行し、アクセスを調節するシステム管理者が被さっただけの、ある種の自然現象と似たような必然性を備えたものになるのだ。

アメリカ国防省は、今日、ドローンの運用における「人間による制御および意思決定の部分を徐々に減らしていく」ことを想定している。[6] まず「監督者付きの自律」へと移行し、長期的には全面的な自律へといたる、ということだ。そこでは、人間の担当者は、そのなかにも、あるいはその上にもいなくなり、完全にサイクルの外に置かれることになる。これが、「人間による制御もしくは介入なしで致死性の実力行使を行なうことのできるロボット」という展望である。[7]

今日、「自律型の致死性ロボット」[8]のもっとも活発な提唱者の一人がロボット学者のロナルド・アーキンである。その主たる議論は、ここでもまた「倫理的」な次元のものである。ロボット戦闘員は「戦場において、人間の兵士よりも倫理的に行動する能力をもつようになるだろう」[9]。さらには、ロボット戦闘員は、「こうした困難な状況において、人間存在以上にいっそう人間的に振る舞う」こともできるようになるだろう[10]。

アーキンは自分の研究を正当化するためにこう打ち明けてもいる。「私の個人的な希望としては、今日も、明日も、そんなものはもう必要なくなってほしい。しかし、人間を戦争に駆り立てる傾向は、圧倒的で不可避的になるように見える」。あぁ、もし戦争を避けられないのならば、少なくともわれわれの技術力でもってそれを倫理的なものにしようではないか、というわけだ。というのも、もしそこにいたることができたならば、「われわれは有意義で人道的な偉業を実現することになる」からだ[11]。もちろん、そうかもしれない……。しかし、ロボット戦闘員はどの点で、「戦場において、人間以上にいっそう人間的になる」というのか[12]。それには、「精緻化」をはじめとする一連の理由があるが、なかんずく、法則を尊重するようプログラム化することができるという理由がある。

こうしたロボットは、ある種の「人工的「意識」」、あるいは機械的超自我のような「道徳司令官」を備えることになるだろう[13]。別のプログラムによって致死性の行動が提案された場合、この熟慮型ソフトウェアによって、この行動は、「これが倫理的に許容される行為となるか確かめるために」、義務論的論理に翻訳された戦争法規のミキサーを経由することになるだろう[14]。

ロボットは、自らの判断を鈍らせるような感情や情熱はもたないため、冷徹な殺人者のように、これらの規則を厳密に適用するだろう。まさしく、ロボットは「恐れも、怒りも、フラストレーションも、復讐心も示さない」がゆえに、[15]言い換えれば、感情と呼ばれる本質的に人間的な特性をもたないがゆえに、人間以上にいっそう人間的になれる、それゆえいっそう倫理的になれる――逆もまたしかり――とみなされているのである。本来的な人間性を実現するためには、人間存在を取り除く必要がある、除去する必要があるということだ。

しかし、この逆説的な言説が不条理なのは見かけだけだ。それを説明するためには、この言説が「人間性（humanité）」という語をさまざまな意味で用いていることをはっきりさせればよいだろう。この語は、古典的には少なくとも二つのことを指していた。一つは、人間的な存在の本質のこと、もう一つは、「人間的」に行動するというときの行動規範である。存在論的意味と価値論的意味の二つである。人間主義の可能性そのものが、この意味の隔たりのなかに宿っている。この隔たりが、奇妙にも、人間的なものに対して人間的であるよう、言い換えると実際に、理念に合致したある型の道徳的な振る舞いをするよう要請するのである。しかし、哲学的な人間主義を構成する振る舞いが先の二つの意味を合わせもっているのに対し、ロボット倫理のポスト人間主義は、両者の不一致を確認し、実際に分裂をもたらす。人間的なものがしばしば非人間的なものになることがあるのならば、なぜ、非人間的なものは、人間以上に人間的なものになることができないのか、言い換えれば、「人間的」な行動を規定する規範的原理によりよく合致することができないのか、ということだ。「人工的な道徳的行為者」が良き規則に従ってプログラム化されさえすれば、価値論的に見た人間性が、非人間的な行為者の特性となりうるかもしれないのだ。ここまでは、すべては（ほとんど）うまくいくだろう。

しかし、当該の行為が人殺しであるやいなや、問題は目の前で破裂する。致死性のあるロボット倫理学の推進者たちが述べているのは、大筋では以下のことである。人間存在を殺害することを決めるのが機械であるかどうかはほとんど重要ではない。この機械が、人間的に殺害する場合、言い換えれば、軍事的暴力の使用を規制する人道的な国際法の原理に基づいて殺害する場合、問題はない、ということだ。しかし、実際には、問題はどこにあるのだろう。法哲学的な観点からすると、すぐさま二つの重要な——実のところ、致命的な欠陥となる——問題を見てとることができる。

第一に、戦地での交戦者が有する殺害権を機械的な行為者に与えることは、人殺しを、純粋に物質的な事物の破壊と同一視することに等しい。これはもちろん、人間の尊厳の根本的な否定となるだろう。そのことに気づいた法は、このような武器の禁止のために、人間性の観念の第三の意味をもち出すことになった。至高の保護の対象となる人類という意味である。

第二に、軍事的紛争についての現行法は、武器の利用に特化しており、[16]物とみなされる武器と、これを利用し、それに責任を負う人格とみなされている戦闘員とのあいだに本質的な区別を設けることが可能であることを前提としている。ところで、この法が暗に秘めている存在論こそが、致死性のある自律的ロボットによって破裂させられる。物が物自身を用いはじめるという予期せぬ事態がそれだ。興味深いことに、武器と戦闘員、道具と行為者、物と人格が、身元が不確かなただ一つの実体のもとで融合しはじめるのである。

この問題は、まずは法的カテゴリーの危機として現れる。つまり、いくつかの物は、人格とみなしてもよいのではないか、ということだ。だがこの問題は、純粋に実用的な観点から、法の適用可能性を蝕む根本的な危機としても現れてくる。いずれの問いも、責任に、そしてそれを通じて、戦争法に結びついた配分的正義の可能性そのものに関わってくる。

　ロボットが戦争犯罪を犯すとき、誰に責任があるのだろうか。それを派遣した将軍だろうか。その所有者である国家だろうか。それを製造した企業だろうか。プログラムを行なった情報技師であろうか。これらの人々には、責任を負わされるおそれがある。軍の長は、自分はロボットに命令を下していない、あるいは、いずれにしても自分の制御下にはないと申し立てることはできる。機械を所有する国家は、「物の番人」という法的資格ゆえに、おそらく自らの責任を認めるだろうが、引き起こされた損害は製造側の欠陥だと申し立て、企業のほうに向き直るだろう。企業の側は、他者に対し引き起こされたリスクの原因として、プログラマーに責任を転嫁する。残るはロボット自身だろう。この最後の仮説において、なすべきは、ロボットや機械を投獄し、人間が訴訟の際に着る服装を着せて、公共の場で処刑することくらいだろうか。一三八六年にカルヴァドス〔フランス北西部の県〕のある村で起きた子ども殺しについて有罪を宣告された雌豚のようにだ[17]。もちろん、このことの意味や実効性は、ぶつかった家具を叩いたり罵ったりして、もう懲りて二度とするなよと言うのとたいしてかわらないだろうが。

　要するに、ここでは無責任な責任者たちの一式が揃うわけである。そこで犯罪が誰のものであるかを割り当てるのは非常に難しい。ボタンを押した者はもはやいないのだから、複雑に絡みあった――法学的な意味でも、情報学的な意味でも――正典《コード》＝信号の流れのなかから、逃亡中の主体の手がかりを見出そうとあくせくするわけだ。

逆説的なのは、このような死をもたらす決断の自律化に伴って、ともかくも死の動力因として唯一直接特定しうる存在である人間的な行為者が、犠牲者自体となるということだ。すでに対人地雷がそうであったように、自分の身体の動きを統御できなくなり、不幸にも、自分自身を破壊する自動的なメカニズムを始動させてしまうのだ。

ここではもはや、たんに責任の帰属がないばかりではない。責任は、この多数の行為者からなる無頭のネットワークに分散してゆき、呼び方の点でも、故意から過失へと、戦争犯罪から軍事－産業的事故へと希薄化されてゆく。金融によって巧妙に練り上げられたジャンク債の場合にいささか似ているが、誰が誰であり、誰が何をしたのかを知るのが非常に難しくなってゆくのである。これが、無責任性の錬成場の典型的な装置である。

しかし――とロボット倫理学者たちは声を揃えて応える――、いるかもしれない有罪者を探し出すことを気にかけて何になるのだ、罪というものが不可能になるのだからいいではないか、と。この反応は、いかに奇妙なものに見えようとも、それが言い表している企てがどれほどのものかは見ておかなければならない。そこで賭けられているもの、それは、法的規範をどのように実装するかである。道路の法定速度制限を守らせるには、罰金を定めたりレーダーを設置したりできるし、あるいは各々の車に自動速度制限装置を設置することもできる。だが、これら二つは、規範の設け方としては、非常に異なっている。一方は、法文による制裁で、他方は、統合技術による制御である。一方は、法を語り、事後的に制裁を加える。他方は、「武器それ自体のデザインのなかに倫理的、法的規範を埋め込む[18]」。しかし、アナロジーはここまでだ。殺人ロボットはもう操縦士を載せていないため、何かが起きた場合に問いただすべき責任がもはや存在しなくなるからだ。

　ところで、「戦争ロボ（warbot）」の推進者たちはそんなことはちゃんと承知している。ただ、国際刑法的な正義か倫理的殺人ロボットか、という選択をしているのである。というのも――彼らが付け加えるところによれば――、注意しなければならないのは、「責任を有すると推定されるメカニズムとしての個人に帰される犯罪責任への信仰」があまりに大きすぎることによって、「うまくいけば、民間人への実際的な被害を減らせる機械の発展を阻止してしまう」ことになってはならないからだ。[19]法によって機械化が認められれば、人間的な正義はなくなることができるというのだ。

　しかし、こうも付け加えなければならない。彼らのように、「武器それ自体のデザイン」に法律を組み込むことができると主張することは、言葉の粗野な乱用である。せいぜいロボット倫理学者ができることは、いくつかのプログラムのデザインにいくつかの規則を組み込むことだ。プログラムというのは、いつでも消去したり組み直したりできる。もし、あなたが自分のコンピュータにプログラムを組み込むことができれば、世界のどの軍でも同じことができることはお分かりいただけるだろう。このような言説の操作は、実際には、きわめて危険なハードウェアの開発を正当化するために、有徳なソフトウェアがオプションでついてくる場合があるというようなものである。おめでとうございます、車を（あるいはロボット自動車）をお買い上げいただいたので、すばらしいキーホルダーを獲得なさいました、という具合だ。

　これは「トロイの木馬」の典型的な例だ。殺人ロボットが倫理的となる展望がありうるという名目で、端的に殺人ロボットの開発を受容させることだからだ。ちなみにその推進者たちは、今日の「世論」はこれをひどく拒絶するだろうということはちゃんと知っている。アーキンとその手先たちは、自律化のプロセスはそれ自身自律的なものであって不可避的なものだと説明し、また寛容にも、その行き過ぎを和らげるしかたをあらかじめ提案してはいる。しかし、彼らは、自分たちこそ、同じプロセスの非常に積極的な当事者であること、[20] 自分たちこそ、このプロセスが発展するためには絶対的に必要となる正当化を行ないながら、それを実際に促進していることを隠しているのである。倫理的ロボットという説明書きが広まれば広まるほど、殺人ロボットの展開に対する道徳的な障壁が消えてゆくからだ。そこでは、未来のサイボーグが起こしうる犯罪を不可能にするもっとも確実な方法は、今のうちに、まだ芽が出ないうちにそれを摘み取っておくことだ、ということがほとんど忘れられているのである――まだ時間があるならばの話だが。[21]

二〇二九年のロサンゼルス。灰色がかった青い夜、電光が空にファスナーのような亀裂を入れる。地上では、人間の戦闘員がロボット飛行機のレーザービームを受けて倒れる。幽霊戦車のキャタピラが、人間の頭蓋の山を進む。これは、ジェイムズ・キャメロンの『ターミネーター』の冒頭の「人類を絶滅させるための機械による戦争」の有名な場面だ。一九八四年、まだＳＦ的であるが、ドローンが一瞬映画に現れた初期の例の一つである。

ロボットのユートピアもディストピアも、人間／機械という二元的な、根本的で単純な図式によって成り立っている。機械は、主権的な人間的主体の盲従的な拡張として現れる場合もあるし、あるいは逆に、自律を手に入れ、かつての主人の制御を逃れて反撃をする場合もある――これが『ターミネーター』のシナリオである。

この物語では、パイロットないし遠隔オペレーターのそもそもの立場が全能の主体として描かれた後、その後の失墜が予告される。「人間」はまもなくその中心的な位置を失うだろう、ということだ。ドローンは〔人間の手を離れ〕ロボットとなる。ちなみに、このような全面的な自律化への移行は、こうした装置にとって必然的なものだと付言される。「長期的には、遠隔存在へと向かうすべての歩みは、ロボットへの歩みである」と一九八〇年にマーヴィン・ミンスキーは予言していた[22]。最初は主体中心主義があり、続いて主体の死が告げられ、主体はそれまで自分が十全にもっていると思っていたものを失う、つまりコントロールを失うことになる。このモデルの逆説はまさにそこにある。主体は、出発点においては徹底的に人間中心主義であるが、確実に人間主体の排斥に行き着く流れにとらわれることになるからだ。しかし、これらの二つの見方はどちらも誤っている。

ヴァルター・ベンヤミンは、当時、爆撃機のパイロットの立場を分析し、次のような最初の現実主義的なアプローチを提示している。「化学爆弾を載せたたった一機の飛行機のパイロットは、光、空気、そして生命を市民から奪う権力のすべてを手中に収める。その力は、平時においては何千もの役場の長に振り分けられていたものだ。一介の爆撃機が〔…〕、自分自身と自らの神しかいない空中で、孤高にも、重症を負った自らの上司、つまり国家の代わりに力を振るう」[23]。このパイロットがどのような行為者ないし主体かを捉えるためには、このパイロットがほかの機械とどのような関係にあるかを考えなければならない。ただし、この機械とは、飛行機ではなく、国家装置のことだ。たとえ下役の地位にいるとしても、このパイロットは一時的に国家の権力のすべてを集中してもっているのだ。

このパイロットは、もしかすると個人的な行動の余地はわずかかもしれないが、「機械の主人としての人間」というイメージが前提とする、孤高で全能の個人であるように見えるのは見かけ上にすぎない。実際には、すでに彼は、ほとんど近代国家の官僚制機構のフェティッシュ化された化身にほかならない。国家機構が、暫定的に、一点に、つまり彼の一手あるいは親指だけに具現化しているのだ。戦闘機のドローン化が技術的に達成しようとしていること、それは、いまもなお国家装置とその戦争機械とを結びつけているこの非常に不完全な一段階〔パイロットの手ないし親指〕を、端的に移し替えること、あるいは廃棄させることなのである。

　ピーター・シンガーは『ロボット兵士の戦争』において、次のような場面を描いている。四つ星の将軍は自分のオフィスのなかで、プレデター・ドローンが転送してくる映像を何時間も眺め、電話をかけて、攻撃の指令を個人的に伝える。さらに攻撃に使う爆弾のタイプまでパイロットに指定するという場面だ。これは命令系統の完全な混乱の事例である。戦略を立てる部門が、戦術の選択のもっとも下位の系統にまで介入するからだ[24]。シンガーは、軍事的実効性の観点から、このような役割の混同を懸念している。いずれにしても、彼がそこから引き出す教訓ははっきりしている。「ネットワーク型戦争」の理論家たちは、この新たなテクノロジーによって命令系統のある種の分権化が可能になると考えているが、「実際には、パイロットのいないシステムの経験が示しているのは今のところそれとは逆のこと」である[25]。

　ここでの問題は、「人間」一般が「機械」のために制御権を失うことではなく、下役のオペレーターが、ヒエラルキーの上位階級のために（ふたたび）自律を失うことだ。全面的なロボット化は、――

別の様態で、つまりいっそう目立たず、もちろん経済的な様態ではあるが、とはいえやはり肥大化させてゆくかたちで——この意思決定の中央集権化の傾向をいっそう強めるだろう。

ロボット学者のノエル・シャーキー（彼はこのようなプログラムの開発に強固に反対する立場だ）は、「倫理的ロボット」の熟慮ソフトウェアには、規則を組み込むことに加えて、必ず特定化を組み入れなければならないと述べている。[26]「合法的な標的しか狙わない」という至上命題をコードに翻訳しても、可変的な「ターゲット」がどこまでの範囲なのかを特定しないかぎり、実践は虚しくなる。同様に、均衡性原理を形式的に表現してコード化を試みることはいつでも可能だが（ぜひがんばって欲しい）[27]、殺される民間人の生命と、戦闘員（を殺害すること）で期待される利益との比率がどれくらいならば受け入れられるのか、直接的にせよ間接的にせよ、その閾値をプログラムに特定してやらねばならない。要するに、意思決定のためのパラメーターを特定することが必要なのだが、この特定化はプログラム自体によってはなされない。あらかじめ選択がなされていなければならないということだ。意思決定のパラメーターについての意思決定、決定についての決定が必要なのである。

命令系統の中央集権化は——たとえ今後この命令が誰かの指令ではなくプログラム化された特定化によってなされるにせよ——、膨大な規模になるだろう。というのも、一つの変数の値だけを決定してみても、この一度きりの決定についての決定によって、各々の手順で今後生じるすべての自動的な決定のパラメーターが固定され、こうして、たった一度にして、将来生じうる無数の行為の展開が決定されうるからだ。プログラムの特定化の値を固定することは、個々の指令を集めあわせたものよりもはるかに実効的に中央集権化したかたちで、無限に複製しうる死刑判決に署名することに等しくなるのである。

　すでに、現代の武器は、戦争法の要請にもっとも合致しうるとみなされた意思決定支援ソフトウェアを使用している――それゆえ、この武器はいっそう「倫理的」になるとされている。しかしそこで、実際上はどのように適切な値が固定されるのか、ちょっと考えてみることはできるだろう。「イラク侵攻の初期、彼らはソフトウェアをいじっていた。これは、「ハエたたき（bug-splat）」プログラムと呼ばれていた。この情報処理プログラムは、各々の空爆で殺される民間人の数を推定するものだ。トミー・フランクス将軍に提出された結果は、今後二二回あると想定された爆撃によって、彼らがハエたたきの高めのレートとして設定したもの、すなわち一攻撃につき三〇人以上の民間人が殺害されるというものだった。フランクスは言った。「よろしい、諸君。二二回すべてやろう」[28]。

　アーキンの前提とは異なり、この軍事行動の残忍さは、下級兵士たち、つまり戦争の靄によって動揺したり、闘争に熱意を覚えたりするような兵卒たちの不行状にあるのではない。この残忍さは、その発端となる地点ではまったく目立たない。ただたんに、しかるべき変数の閾値を固定しようとしているだけだからだ。「最小限の殺戮」という変数に対応する値は何か？――分からない。殺害される民間人が三〇人以上では？――了解、という具合だ。この決定についての決定は、きわめて些細なものであって、たった一語で、あるいはキーボードのたった一タッチでなされるだけなのだが、しかし、その影響は甚大だ。そして、きわめて具体的――あまりに具体的だ。

　しかしながら、このことがいまだ驚きをもたらすということ自体がかなり驚くべきことだ。もっとも実質的な罪は、法に公然と違反したことにあるのではなく、法を主権的に適用する際の深奥にある。

通常の軍事的残虐性は、言葉の強固な殻に守られているかのように、静かに、自らの正当な理のうちに宿っている。やむをえない場合を除いては、この言葉の殻の外に出ることはない。多くの場合には、このような殻を必要ともしていない。現代的な残虐性の形態はかなり法律尊重主義的なのだ。それは、例外状態においてよりもむしろ規則に従った状態においてはたらいている。最終的に例外状態と同等のものになるにしても、それは法を停止することによるのではない。むしろ法〔の内容〕の特定化による。ほとんど抵抗なく譲歩できるまで、自分たちの利害関係に基づいてそれを明確化することによるのである。このような残虐性は、計算を後ろ盾にした、形式主義的で、冷徹で、技術的に合理的なものだ。その計算とは、未来の殺人ロボットをきわめて倫理的なものとするはずだと想定されているものと同じ種類の計算である。

一八三〇年七月の蜂起が絶頂に達し、パリの人民が体制の転覆に成功することがますます明らかになりつつあったとき、アングレーム公〔フランス国王の王太子ルイ・アントワーヌ〕は副官にこう言ったとされる。

——バリケードを破壊せよ。

——殿下、なかには対立している反乱者たちがいます。

——民兵隊に反乱者を撃たせよ。

——殿下、民兵隊は撃つことを拒んでいます。

——拒んでいるだと！　それは反乱だ。軍に民兵隊を撃たせよ。

——しかし軍は民兵隊を撃つことを拒んでいます。

――ならば、軍を撃て。[29]

だがもちろん、それができる者は誰も残ってはいなかった……。

二〇〇三年、ノースロップ・グラマン社が自社の戦闘用ドローンX-47Aを軍部に提案したとき、ある将校はこう本音を漏らした。「あぁ、少なくともこの飛行機が私に向かってきませんように[30]」。SFのシナリオが示唆するものと異なり、ロボットが服従しなくなることが危険なのではない。まったく逆だ。ロボットはけっして反抗はしないのだ。

というのも、人間がもつ不完全性のなかで軍事ロボットには不要なもののリストのなかに、アーキンが入れるのを忘れていたものがあるのだ。それは、きわめて決定的なもの、すなわち、不服従の能力である。[31]ロボットは、もちろんバグがあったり機能不全に陥ることはあるが、反抗することはない。兵士のロボット化は、誤って倫理的利点として説明されているが（実際、「倫理」を規則に機械的に合致する能力と再定義するならば、倫理とは規律遵守やもっとも無思考的な従順さとなるだろう）、実際には、軍における規律違反という古くからの問題にもっとも根本的な解決をもたらしてくれる。それは、不服従の可能性そのものと袂を分かち、不服従を不可能にするのである。もっとも、この場合には不行状の可能性とともに、軍事的暴力を法律以前に制限するための原理的な動因たる行為者の批判的な意識そのものが消えてしまうおそれはあるのだが[32]。

問題は、コントロール権をもつのが「人間」か「機械」かではない。こうした表現は、問題の規定を低い次元で行なったものだ。実際の争点は、「武装した人間集団」が物質的かつ政治的に自律化してゆくことにある。「武装した人間集団」とは、つまり「国家装置」のことである。

『リヴァイアサン』の扉絵（1651 年）

＊＊＊

理論というものはしばしばイメージや画像によって有効に要約されることがある。『リヴァイアサン』の扉絵は、一国の上に上半身が立ち上がった巨獣を示している。そこには、剣、王冠、王杖といった主権者の古典的な属性が認められる。しかし、ここで注意を引くのはその衣装である。彼が身につけている網目のある上着、それは彼の身体そのものなのだが、これはほかならぬ複数の小さな人間たちによって織り成されている。国家は人工物、機械だ——さらには「機械のなかの機械」ですらある。しかし、それを構成している各部品は、その国民たちの生きた身体にほかならない、というわけだ。

主権の謎とは、それがどのように構成されているかという謎であると同時に、それが解体することはありうるかという謎でもある。だが、こうした謎も、主権の素材についての問いを発することで解消する。すなわち、国家は何からできているのか、という問いである。

ホッブズが作ったもの、ラ・ボエシはこれを解体した。ただし、同じ手段によってだ。というのも、あなたを虐げるこの主人というのは、「その偉大さゆえにあなたは勇ましく戦争に行き、自分の身を死に晒すこともいとわないのだが［…］彼は、あなたが与えたのでないならば、あなたを監視するあれほど多くの眼をどこからとってきたのか。あなたから得たのでないならば、あなたを叩く手をどうしてもっているのか[33]」。そこにこそ、根本的な物質的矛盾がある。権力が具体化する〔身体をもつ〕のがわれわれの身体によってのみであるならば、われわれはつねに自分たちの身体をそこから引き剥がすこともできるはずなのだ。

アーレントが述べるように、この根本的な身体への依存ゆえにこそ、国家の権力は――もっとも権威主義的な体制においてですら――いずれにしても、純粋な暴力ではなく、権力でなければならないのだ[34]。どのような権力も身体を必要とする。しかし、その逆も真である。身体を動員することなしには、もはや権力はないのである。

時代が変わればイメージも変わる。一九二四年、ある大衆向けの科学雑誌が新発明品を告げていた。無線で指令を送ることのできる自動警察機械だ。狂乱の時代〔一九二〇年代のこと〕のロボコップは、投光器の眼、タンクのキャタピラの足をもち、拳の代わりに、中世の武器から着想を得た回転式の殻竿を備えている。下腹部には、潰走する抗議者の一群に催涙ガスを振りまくことのできる金属製の小さなペニスがある。肛門の代わりに排出口がある。この滑稽なロボットは、催涙ガスの小便をして、黒煙を放屁して群衆を打ちのめすのだが、これこそがドローン国家の理想を申し分なく説明してくれる。

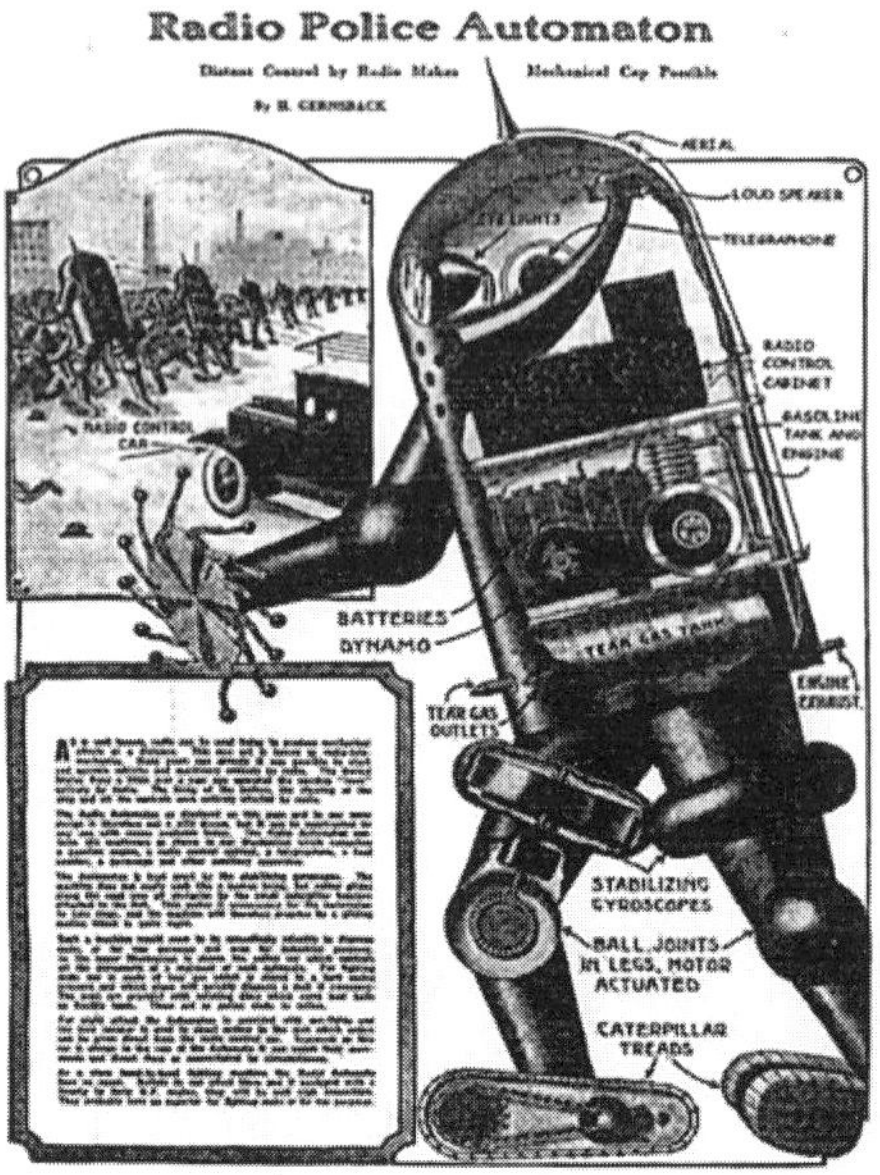

「遠隔無線コントロールによってメカ警察が可能になる」(1924年)[35]

これらの二つの挿画の隔たりから現れるのは、国家の戦力のドローン化およびロボット化の政治的な意義である。身体なき力、人間的器官なき政治体となることが夢見られているのだ——国民たちによって編成された古い身体は、機械的な道具によって置き換えられ、こうした道具がともかくも唯一の行為主体をなすことになる。

こうして実際に装置となった国家装置は、ついにその本質に対応した身体を手に入れることになるだろう。冷たい怪獣の冷たい身体だ。それはついに、それが根本的にもっていた傾向を技術的に実現することになる。エンゲルスが書いていた、「社会から生まれながらも、社会の上に立ち、社会に対してますます異質なものとなる権力」のことだ[36]。しかし、この段階まで到達すると、古くなったくず鉄のようにスクラップにされる運命がますますはっきりしてくるということもありうるのだが。

エピローグ　戦争について、遠くから〔遠隔戦争について〕

以下の文章は、一九七三年に書かれた。当時、アメリカ軍はベトナム戦争の教訓を学びはじめ、軍用ドローンの計画を進めていた。反戦運動に関わっていた若き科学者たちが、活動用の小雑誌『人民のための科学』を作っていた。彼らはこの軍事研究の計画を知っていた。彼らは、先取りするかたちで、一つの記事を熱っぽく執筆し、それがもたらす危険を告げていた。

「空中戦が地上戦にとって代わったのとまったく同じように、まったく新しいかたちの戦争が空中戦にとって代わるだろう。われわれはそれを遠隔戦争と呼びたい。〔…〕遠隔戦争は、遠隔操縦システムという概念を根本にしている。〔…〕機体は遠くに置かれているが、搭載されたセンサーを通じて情報を受信する。〔…〕人間の身体がもつ能力は武器をもったとしても必然的に限界があるが、このようなマシンに対してはどのような防御も虚しいものとなる。このマシンは機械であることを除けばいかなる限界ももたないからだ。遠隔戦争は、人間的身体に対する人間的機械の戦争である。それは、人間の精神が機械のなかに宿り、人間の身体を破壊するようなものである。〔…〕その場に居あわせる陣営の一つは骨肉を有した存在を失うのに対して、もう一つの陣営が失うのは遊具くらいだ。前者に残っているのは撃つか、死ぬかだけだ。というのも、遊具のほうは死なないからだ。[…]

遠隔戦争の経済的、心理的な特性から、誰がその究極の制御棒を握っているかが特定される。経済的には、遠隔戦争は、空中戦にくらべてはるかにコストがかからない。[…] そのコストの低さゆえに、議会は、合衆国の軍事機構が企てている遠隔戦争に対して、当然のごとく、予算的にはいかなる反論も述べることはないだろう。

こうして議会のコントロールから解放されたアメリカ軍は、自らの選択に従っていつでもどこでも遠隔戦争を完全に自由に行なえるようになるだろう。こうしてついに自由になった軍は（CIAについては言うまでもない）、まったく自由にアメリカ帝国の影響領域を拡大し、アメリカの国益に反するとみなされた国民運動をすべて力によって粉砕するだろう。

遠隔戦争の心理的な特性によって、その制御棒を最終的に握っている者が誰かも特定される。遠隔操作をする兵士たちの数は数千人くらいだ。空中戦の兵士のように数十万人ではない。遠隔操作をする兵士たちは、軍事活動で殺害されるおそれに直面することはない。[…]

遠隔戦争の特性は、戦争に反対する批判者を沈黙させることにも役に立つ。戦闘で殺害されたり戦争捕虜になるアメリカの兵士はいなくなるだろう。遊具には、死に際して抗議してくれる母親も配偶者もいない。遠隔戦争は非常にお値打ちだ。戦争の費用やインフレを非難する人々は攻撃すべき題材を失うだろう。精密な殺傷能力のおかげで、遠隔戦争は環境にも害がないだろう。環境破壊に抗議する環境保護主義者も攻撃すべき題材がなくなるだろう……その他も同様だ。それでも抗議しようと思う者にとって抗議すべき唯一の主題は、アメリカ軍が「共産主義者」とか「田舎者」とか、あるいはただたんに「敵」と呼ぶ者に対する殺害ないし隷属化だろう。ただし、もちろん、アメリカ軍にとっては世界中が潜在的な敵なのだが。［…］

戦争と平和の差異はすべて煙のようにして消え去るだろう。戦争は平和になるだろう。遠隔全面戦争が、永続戦争状態によって、人類の歴史を特徴づけてきた戦争や虐殺の長い伝統を延長させることになるだろう。アメリカにとっては、帝国の社会的・文化的な伝統はかつてないほど虐殺機械として再利用されるだろう。アメリカ産業のすべての部門が、この生産において重要な役割を担うことになる。アメリカの科学および技術の進歩は、いっそう実効的な殺傷能力のために用いられるだろう。［…］

遠隔操作をする兵士たちはもはや現実と幻覚の差異を認めることはない。疎外と滅菌が完成の域に達する。妻にまたねと言って抱擁し渋滞に巻き込まれつつ仕事に向かう遠隔操作の兵士は、平和省の自分のスクリーンの前で一日を過ごすだろう。［…］

もしある市民が、平和時に敵に対してなされる戦争を支持しないなどと言ったら、その人は、体制転覆分子となるだろう。彼こそが敵となるのだ。その次の段階は、帝国の内部を制御することだ……。これには、愛情省が創設されることになるだろう」[1]。

以上の文章は四〇年以上も前の古いものだが、懸念を招くほどのアクチュアリティをもっている。

ただし、この文章を掲載した雑誌は、以下のような指摘をつけることが不可欠だと判断した。

「われわれがこの論文を公刊したのには次の二つの理由がある。第一に、この論文は、戦争に反対する者たちの専門知識を高めてくれる。われわれの活動は、情報が多ければ多いほどいっそう有効になることが期待される。第二に、この論文は、この国を指揮する人々のなかに現に見られる政治的‐軍事的な思考についての説得的な概要を描いている。

しかしながら、われわれはこの論文の破局論的な見方や、いっそう高度なテクノロジーを握る者が宿命的に覇権を握るといった仮説を共有するものではない。

われわれは、この論文に示された悲観的で動揺を誘う見地は、本質的には、政治的な見通しの不足に基づくと考えている。だからこそ、われわれは以下で、アメリカ帝国における遠隔戦争のテクノロジーが担う役割について、われわれの分析を提示しておきたい。

まず指摘しなければならないのは、このテクノロジーの発展は、アメリカ資本主義の弱みからくるのであって、その力からくるのではない。それは、システムと人々との疎遠化がいっそう増大していることを表している。空中戦の発展は、アメリカ軍がもはや信用に値しなくなったことによる。遠隔戦争が生じるとすれば、それは目下の戦争が、世界に対する主導権を占有するためにアメリカ帝国主義が今後進めるあらゆる戦争と同様に、アメリカの人民にとって政治的に受容しうるものとはもはや思えなくなってきているからである。一方で、人々の抵抗や不支持に対抗するために監視や社会的なコントロールのテクノロジーに力が注がれてきたが、他方で、それと

同じように、アメリカ軍は、自らの政治的な問題のためにテクノロジーによる解決を探さざるをえなくなっているのである。[…]

さらに、つねにいっそう複合的な（そしていっそう収益性のある）手段に向かってテクノロジーが拡大してゆくことは、アメリカの資本主義の慢性的な特徴である。[…] ここで重要なのは、これらの過程について、そこからイデオロギー的な正当化を剥ぎ取りながら分析を行なうことである。それを突き動かしているもの、それは「進歩」でも、さらなる有効性でも、消費者の需要のさらなる充足でもない。その背景にあるのは、システムの拡張主義的な欲求であり、つねにより大きな利益へと向かう渇望である。遠隔戦争はこの原理を戦争産業という一つの産業に適用したものである。

この論文には注釈をつけるに値する点がほかにもある。

まず、この新たなテクノロジーが「防衛」予算の縮減として現れるというのはあまりありそうなことではない。いっそうありそうなのは、いささかミサイルや爆撃機の場合がそうであったのに似ているが、軍事テクノロジーのさまざまなレベルが隣りあわせで共存することである。

次に、無敵性、超人的な精緻化、情報ネットワークに繋がれたパイロットのいない航空機に搭載されたセンターの全知性等々の問題がある。こうした主張に感銘を受ける方には、過去になされてきた同様の主張に注意を払うようにおすすめしたい。コントロールされた条件のもとで得られる結果と、実際の戦闘の条件とのあいだには膨大な差異がある。多くの場合、アメリカが得てきた結果は、無差別大量破壊を含むものであった。[…] 個々のレジスタンスに対する「ピンポイント」の殺害というのは誤ったイメージだろう。［…］爆撃は恐怖をもたらす武器である。その主たる目的は、現在の、そして潜在的なゲリラの支持者を一掃し、当該の国の伝統的な社会的なつながりを破壊することにある。［…］

テクノロジーは無敵ではない。それは、受動的な態度を誘う神話である。このような神話は、科学労働者においては広く普及しているものであるが、それが表しているのは一種の技術的‐知的ショーヴィニズムである。真の社会変革の力は別のところ、社会の抑圧された広範な部分にある。われわれは彼らにこそ加わらねばならない」[2]。

訳者解題　〈無人化〉時代の倫理に向けて

「ドローンの時代がやってくる」。そんな声をいたるところで耳にするようになった。けれどもそれはどんな時代だろうか。

内閣府の運営する「政府広報オンライン」は、「ソサイエティ5.0」というタイトルで、今後到来すると予想される社会を描いたショートフィルムを流している。「二〇××年」の「ちょっと先の日常」は、ドローンが荷物を運び、顔認証センサーで受取人を認識し配達してくれる朝に始まる。自宅では、話しかけるだけでレシピを提案してくれたり要望に応えてくれる「AI家電」があり、「遠隔診療」で遠くからでも医師の問診を受けることができる。外に出ればGPS衛星によって制御された「無人トラクター」による「スマート農業」が展開され、無人走行バスが目的地まで送り届けてくれる……そんな「未来」だ。

なかでもドローンは、私たちの生活を一変させる新たなビジネスチャンスとして、いまや世界的な研究・開発の注目の的となっている。すでに日本では一九八〇年代からとりわけ農薬散布の分野で産業用無人ヘリコプターが用いられてきたが、二〇一〇年代からは飛躍的な発展を見せている。無人で飛行する物体は昔からあるが、かつてのラジコンと異なり、ドローンはたんに無人であるだけでなく「自律」するようになってきた。GPS、携帯電話等々の関連する技術改良のおかげで、軽量化・実用化がいっそう進んでいる。すでに農業分野でのデータ収集、空撮による河川や天然ガスパイプラインなどのインフラ管理・点検、災害時の調査・測量・警備などで実用化がなされ、今後は配送を含めたさまざまな分野での応用が期待されている。国際的にも、大学などの研究機関や企業と協同しながら、各国は鎬《しのぎ》を削ってそこに投資している。こうした趨勢からすると、内閣府の提示する未来予想図もあながち絵空事ではないかもしれない。

他方で、ドローンによる「未来」は、薄暗い側面も見せているだろう。アニメ『PSYCHO-PASS』が描きだすように、空中を浮遊するドローンのカメラは、どこにでも移動できる監視カメラとして人々の行動を追跡するかもしれない。それればかりではない。収集された膨大なデータは、あれこれのアルゴリズムを介して「犯人」を突き止めることもできるようになるだろう。もしこの高解像度の移動型監視カメラが武器をもてば……技術的には、「データ」に基づく刑執行も可能になるだろうし、相互接続された端末からその信号を送ることもできるようになるかもしれない。すでに、アフガニスタンでは無人飛行機による標的殺害が実施されているが、そうした「未来」の一部は確かにすでに世界の一部で「現実」となっていると言うことすらできるかもしれない。

もちろん、空想的に描かれるディストピアの像を根拠にして、いまここにある技術を断罪しても説得力はないだろう。けれども、不安に目をつむり、技術の進歩とそれを操作する人間の健全なる理性をあくまで信じることも、さほど合理的には思えない。一つの技術が民生技術として産業利用されることと軍事技術として利用されることの差異がますます不明瞭になり、しかも技術を操作するのがはたして人間なのかも分かりにくくなってゆく時代において、このような期待しうると同時に悩ましい技術をどのように考えたらよいだろうか。

本書は、グレゴワール・シャマユー著『ドローンの理論』（原著は二〇一三年公刊）の全訳である。日本語版では、主題をより分かりやすく示すために、タイトルを『ドローンの哲学』とし、副題に原著にはない「遠隔テクノロジーと〈無人化〉する戦争」を付した。フランスで公刊されると瞬く間に世界中で注目を集め、二〇一七年のアメリカ東部の大学教授たちが学生に勧める七冊のうちの一冊にも挙げられたという。英語、ドイツ語、スペイン語、イタリア語、ポルトガル語をはじめ各国語に翻訳されている（本書の訳出にあたってはこれらの翻訳も大いに参考にした。なお、翻訳によって異同がある場合は、明らかな誤記を除いて基本的に原著のフランス語表記を優先した）。

本書が対象にしているのは、ドローン全般ではなく、二〇〇〇年代以降とりわけアメリカにおいて本格的に活用されている軍事兵器としてのドローンである。軍関係者や研究開発に携わる「推進派」の研究者たちの発言から、マスコミや批判的な立場の言説まで、幅広いリサーチに基づいて、遠隔テクノロジーによる殺害がどのような問題を孕んでいるのか、そしてそれが社会や人々に対して、さらにこれまで当然だと思われていたいくつもの考え方に対してどのような影響を及ぼすのかについて、根本的な考察を加える著作である。したがって、本書は、ドローン全般を扱うものではないとはいえ、軍用ドローンに向けられた「哲学」的な考察として、ドローンをはじめ遠隔テクノロジーがますます重きをなす社会にあって、多くの考える糸口を与えてくれるだろう。

「哲学」といっても、なんらかの抽象的な「理念」を旗印にして、観念的な議論を繰り出すものではない。とりわけ、ドローンによる超監視社会の到来といった悲観的な未来像を煽り立ててイデオロギー的な断罪を行なおうとするものではまったくない。お読みいただければ分かるように、ドローンをめぐる歴史的経緯やその運用についての調査を経て、具体的な議論に基づいて簡潔な論が展開されている（ただし、ときに簡潔すぎて説明が不足しているように見受けられることもあるため、論の流れがどうなっているかはのちに辿りなおしておきたい）。他方で、本書の射程は、軍用ドローンの活用についての現状を「客観的」に（つまり、あたかも技術が価値中立であるかのように）記述し、問題点を整理したり、矛盾点を指摘したりすることにはとどまらない。「哲学する」ことにはさまざまな定義があるだろうが、さしあたりたいていはあたりまえに見えている具体的な事象について、そもそもそれは何か、そこに何が秘められているのか、という問いを発するという意味で、本書はきわめて「哲学的」な分析をめざすものと言える。

著者のグレゴワール・シャマユー（Gregoire Chamayou）は、一九七六年にフランスに生まれた哲学研究者である。名門の高等師範学校フォントゥネ・サン・クルー校を卒業し、現在はフランス国立科学研究所（CNRS）研究員を務めている。関心は幅広いが、主たる専攻は科学哲学と言える（指導教官は同じく科学哲学者のドミニク・ルクールである）。本書に先立って、主著として、『卑しい身体――一八世紀から一九世紀にいたる人体実験』（二〇〇八年）、『人間狩り』（二〇一〇年）がある。さらに、特筆すべきこととして、英語および独語からフランス語への多くの翻訳を行なっている。ドイツ語からは、クラウゼヴィッツ『戦争論』、カント『心身論集』、マルクス『フランスの内乱』、エルンスト・カップ『技術の哲学的原理』、英語からは、ジョナサン・クレーリー『24／7――眠らない社会』、『K

UBARK――CIA精神操作・心理的拷問秘密マニュアル』などの翻訳や編纂に携わっている。

このように著者の関心は、医学史から戦争論、技術哲学、近現代政治学、近代社会史まで多岐にわたっている。クラウゼヴィッツの『戦争論』や、CIAの「拷問」マニュアルの仏訳があるとはいえ、一貫して軍事問題を扱っているわけでもなく、いわゆる戦争倫理学の専門家と紹介するわけにはいかない。そうした科学哲学者がどうして軍用無人航空機を主題とした本を公刊したのか。さしあたり指摘できるのは、人間の「身体」が、実験、狩り、操作、拷問といった具体的な介入の対象となってきた歴史や意味について、シャマユーがなみなみならぬ関心を払ってきたことだ。前著『卑しい身体――一八世紀から一九世紀にいたる人体実験』において、近代科学としての医学の成立において人体実験が果たした役割、さらにそれを正当化してきた言説を綿密に追い、さらに『人間狩り』では、魔女狩りからユダヤ人狩りにいたるまで、人間を「狩る」という行為の歴史を綿密に辿っている。そこからすると、現在、「ドローン」という「身体」をもはやもたない幽霊のような兵器に追われ、攻撃を受け、傷つき、失われる「身体」とは何か――こうした問いが著者の考察の根本にあると言えるだろう。

すでに軍用ドローンについては、多くのことが語られている。日本語で読める文献は多数あるが、本書にもっとも近いのはP・W・シンガー『ロボット兵士の戦争』(NHK出版、二〇一〇年)である。これは、本書でも何度か言及され、ときに批判的なコメントも付けられているが、ドローンにかぎらず、「ロボット戦争」の経緯や現代の戦争におけるロボットの活用全般についての見取り図を与えてくれる良書である。さらに、軍用ドローンについては、リチャード・ウィッテル『無人暗殺機ドローンの誕生』（文藝春秋、二〇一五年）がある。これの原著は二〇一四年に公刊されているため、本書よりも後に書かれたものが日本語では先に読めるという逆転が起きている。シャマユーが言及している具体的な出来事については、これを通じてさらに詳しい情報を入手することが可能である。もう一つ特筆すべきは、米軍で軍用ドローンの操縦に実際に携わっていたマーク・マッカーリーの自伝的な本『ハンター・キラー』（角川書店、二〇一五年）である。これも原著は本書の後に公刊されたものだが、シャマユーが執筆時に利用することができたならば、いっそう興味深い分析を施したのかもしれない。

このように、本書で紹介される事実に関しては、すでに日本語でも十分にアクセスできるわけだが、それでもなお本書を訳出したのは、序文で述べられているように、本書が「ドローンに対して哲学的な探究」を行なっている点にある（二五頁）。その特徴がどのようなものかもう少し著者とともに確認しておこう。

シャマユーは冒頭で、一九三〇年代に、起こりうる新たな世界大戦についての根源的な省察を行ないながらも夭折した女性哲学者シモーヌ・ヴェイユの「戦争についての考察」から引用をしている。ヴェイユによれば、検討しなければならないのは、「追求される目的ではなく、使用される手段がどのような帰結を必然的に含んでいるか」を見ることだ（二六頁）。抽象的な言い回しであるが、この引用は、本書全体の姿勢を理解する上できわめて重要なためにもう少し説明しよう。ドローンの軍事利用については、「自国の兵士の犠牲者ゼロにする」、「副次的被害を軽減する」、「標的殺害の精度を高める」等々、さまざまな〈実現してほしい目的〉が想定されるだろう。もちろん、どういう意図ないし目的で開発が進められているかを考慮に入れることは怠ってはならないだろうが、いざ当該の「手段」それ自体について考えるとき、こうした「目的」を語る言説は、往々にして、「目的」の名のもとに、逆算的に「手段」を正当化してしまうことがある。これは推進側ばかりではなく批判側についても言えるだろう。ドローンによる超監視社会といった〈実現してほしくない目的〉を論拠として現実の「手段」を断罪することも、評価の点では逆であるが、構造は同一である。それに対し、ヴェイユが――そしてシャマユーが――重視しているのは、あくまでも「手段」に注目し、それがもたらしうるさまざまな帰結を幅広く捉えようとすることだ。「自国の兵士の犠牲者ゼロ」を「目的」とする一見きわめて「人道的」な「手段」は、しかし同時に、いくつもの非人道的な帰結を含んでいるのではないか。「副次的被害の軽減」を目的として用いられた「手段」は、ほかにさまざまな「被害」を生み出しているのではないか。「手段」に注視することは、追求されている大義名分の名のもとに目を塞ぐことをやめ、いまここにある物それ自体が、そしてそれについての言説が、そもそもどのような「意味」や「機能」を含みもっているのかをできるだけ多角的に明らかにすることだと言える。随所でなされるドローンと他の兵器との比較考察も、見た目上の相違ではなく、根本的な「意味」「機能」の観点からなされているものだし、さまざまな立場の論者の批判的な検討も、表面上の賛否ではなく、それぞれの議論が立脚している根本的な主張に照らしてなされている。

本書は、このような視点から、軍用ドローンが含みもつさまざまな意味について、実に多角的な分析を行なっている。具体的には、本書は5章に分かれているが、それらは、次のような五つの領域のそれぞれにおいて、軍用ドローンの登場が、いくつかの根本的な「変容」をもたらしているという問題関心に貫かれている。それぞれの議論は相互に重なりあっているが、大まかに述べるならば、第1

章はドローンという遠隔テクノロジーがもたらす「戦争」の変容（戦争論・技術論）、第2章は人間の「精神」の変容（心理学）、第3章は（若干第2章と重複するところがあるがとりわけ）「道徳」の変容（倫理学）、第4章「法」の変容（法学）、第5章「権力」の変容（政治哲学）である。それぞれの議論の流れについて以下にスケッチしておこう。

「戦争」の変容

本書は、遠隔技術がもともと博愛的ないし人道的とも言える動機を伴っていたことの確認から論が始まっている（1-1：章と節を以下このように表記する）。地底の炭鉱、大火事や災害の現場、放射能で汚染された地域や破壊された原子力発電所の建屋、さらには深海、宇宙空間など、人間が生身の体では入ってゆくことのできない「過酷な環境」に介入するためにこそ、遠隔テクノロジーは活用されてきた。しかし、「戦争」という「過酷な環境」にこの遠隔テクノロジーが導入されるとき、いったい何が生じるのか。

歴史を振り返ると、軍用ドローンの原型は第二次世界大戦中のアメリカで生まれた。その後、ベトナム戦争および中東戦争における束の間の利用を経て、ほとんど忘れさられていたが、二〇〇〇年代初頭、「コソボとアフガニスタン」のあいだに、「新たなジャンルの戦争」において脚光を浴びるようになる。冷戦終結とともに「核」の時代が終わり、湾岸戦争、イラク戦争、コソボ紛争を経て、戦争が「ヴァーチャル化」してゆく過程についてはこれまでも多くの考察がなされてきた。しかし、二〇〇〇年代のRMA（軍事における革命）、すなわち情報通信技術を統合した「ネットワーク中心の戦争」において、ドローンの登場がさらなる変動を引き起こしている（1－2）。

　こうして生まれた軍用ドローンに「プレデター」、つまり「捕食者」という名前が付けられたことはなんとも意味深長だ。軍用ドローンによって、「戦争」は「狩り」に——つまり「人間狩り＝マンハント」に——変貌するからだ。この変貌の不気味さは次のような対比からも理解されるだろう。二〇〇〇年代初頭にアメリカで、実際の飼育農場に放たれた動物をヴァーチャルな遠隔操作で撃つというインターネット上のオンラインゲーム「ライヴ・ショット」が生まれたが、これに対し動物愛護団体からなんと全米ライフル協会にいたるまで猛反対の声があがった。しかし、まさに同じころ、「捕食者」ドローンによる「国際的なマンハント」計画が、さしたる抵抗もなく動き出していったのである（1－3）。

　しかしドローンは、これまでの武器と——とりわけ混同されやすいロケットなどの「飛び道具」とすらも——根本的に異なる特徴を備えている。ドローンは、「牙」であると同時に「眼」でもあるからだ。フーコーが注目した「パノプティコン」は、ギリシア語ではまさしく「すべてを見る」という意味であったが、「眼」はもはや刑務所の中央にではなく、空のあちこちに浮遊することになる（1－4）。

　ここには「監視社会」をめぐる言説と交差する分析が見られるが、シャマユーの目論見は、こうしたドローンによるハイパー監視社会の到来を予言することにはない。むしろ、ドローンの推進派たちの言説を仔細に読み込み、現在の軍用ドローンをめぐるイノベーションにおいて、どのような「原理」がすでに実際に提示されているかを明らかにすることが試みられている。三交代制のオペレーターによる恒常監視、ハエの眼のように複眼的な視野をもった総覧的監視、ただ見るだけではなく記録化・

アーカイブ化すること、それをいつでも有効に引き出し関連づけるためのインデックス化、携帯電話やGPS等のほかの通信機器からのデータの融合、これらを組みあわせた「生活パターン」の分析等々だ。これらにより、不審な「個人」の行動が自動的・統合的に探知されるようになるばかりでない。莫大なデータに照らして「異常」と判断されるものは、現在どこにいるかだけでなく、かつてどこにいたのかも追跡できるようになり、さらにこれからどこに行くのか「予防的予期」すら可能になる。無論、シャマユーが繰り返し思い起こすように、監視され追跡され壊滅させられるのは実際の人間であるにしても、扱われているのはつねに「データ」である。ただ、そうすると、ビッグデータによる「定量分析」が、「テロリスト」と「ひげの生えた普通の男」、「アルカイダに関連した戦闘員の行動様式」とアフガニスタンの伝統的な祭りに集った人々、「テロリストの訓練キャンプ」とエアロビクスをしている男たちを区別できるかどうかはきわめて致命的な問題となるだろう（1－5）。

ドローンは、記録と予期により時間的な限界を突破するだけではなく、空間的・地理的な変容ももたらす。対テロ戦争による戦争の「グローバル化」は、ドローンの登場によって、世界全体の「狩猟場」化と捉えられる。ただしドローンによる「マンハント」は、従来のような、地上における水平的な追跡・狩猟ではない。領土的な主権原理をなし崩しにするかたちで、空からの垂直的な追跡・狩猟を可能にするからだ。これに呼応したテクノロジーもすでに考案されている。世界は、スクリーン上に3Dで碁盤目上に仕切られた「キル・ボックス」に切り分けられる。軍事作戦は、あれこれの「地域」に向けられるのではなく、こうして細分化された「キル・ボックス」を単位としてなされることになる。これによって「戦闘地域」という考えも時代遅れのものとなり、「戦場」が、地域から家屋へ、家屋から部屋へ、部屋から個人の「身体」へと限定される。かつてのように、不動の「場所」ではなく、――まさしく逃げ回る獲物のように――動き回る「身体」こそが「戦闘地域」となるのだ（1‐6）。能にしている。

シャマユーによれば、このような技術的‐概念的な変容こそが、「対テロ戦争」の新たな展開を可能にしている。チェ・ゲバラが喝破したように、かつてのゲリラ戦における「対反乱作戦」において、空爆は有効な手段ではなかった。どこに潜んでいるか分からない反乱者を狙って地域全体に爆撃を加えると、その地域の住民にも被害が及びさらなる反乱者を生み出すことになりかねないからだ。ドローンによる空からの標的殺害は、こうした困難を除去するが、問題は反乱者やテロリストの効果的な排除という戦術的な利点にとどまらない。シャマユーは、対テロ戦争におけるドローンの活用に対して軍内部から繰り返し発せられる異論を細かく検討することで、それがどのようなパラダイム転換をもたらしているかを指摘する。従来の対反乱作戦が政治的‐軍事的なものであるのに対し、ドローンによる対テロ作戦は「根本的に警察的‐保安的」である。「テロリストとは交渉しない」というのは、けっして強い政治的ポリシーを述べているのではない。対テロ作戦においてもはや交渉が不要なのは、目標が端的に「異常な人物」とされた者の排除・無力化にあるからだ。とすると、ここでは、当該地域の住民への政治的配慮は後景へと退き、「テロリスト」の特定・除去を定期的に実施するというプロセスのみが残ることになる。いかにその地域の住民に心理的な圧迫を与えようとも、定期的なパトロール（場合によっては除去）のみが要請されるわけだ（1‐7）。

ここまでくると軍用ドローンは完全無欠の、まさしく「不死身」というべき兵器にも見える。空の高みからつねにわれわれを監視し、ビッグデータによって「異常」と診断されてしまえば、「キル・

ボックス」によって細分化された「戦闘地域」への攻撃指令が送られ、説明も逮捕もなく、即座に「除去」されることになるのだから……。しかし、ドローンは、いくつかの「脆弱性」「弱点」をもっている。それは、ドローンが見ているものとオペレーターに送信された信号にズレがあったり、あるいは傍受される可能性があるといった技術的な問題や、ドローンが飛行しうる空間をあらかじめ制御しておく必要があるといった戦術上の問題にかぎられない。軍用ドローン推進の道徳的モットーである自国の兵士の犠牲者ゼロという目標は、自国のほうは安全な聖域として守られることを前提としているが、しかしドローンという安上がりの武器は、誰でも作れてしまう。敵の側も容易に「自爆攻撃兵器」を飛ばしたり、――おぞましいことだが――犠牲となる人物に自爆兵器を備えさせて遠隔操作することで軍用ドローンと同じ機能を担わせることができるからだ（1－8）。

「倫理」と「精神」の変容

すなわち、対テロ戦争のパラダイムを一変させたはずの「ドローン」は、実のところ自爆テロ攻撃と表裏の関係にあるということだ。この観点から第2章でなされるドローンと「カミカゼ」の対比は興味深い。無論、戦闘員その人の命を犠牲にし一度きりしか可能でない自爆攻撃と、戦闘員の命を危険に晒すことなく繰り返し使用できるドローンにはちがいがあるが、両者は遠隔操作される兵器に眼をつけるという同じ要請に答えるものだ。だとすると、両者の究極の差は、「カミカゼ」と呼ばれる自爆攻撃と異なり、ドローンの利点は、自国の兵士の命を保護してくれる点できわめて「倫理的」ないし「道徳的」な武器となる点にあることになる（2－1）。けれども、そこで言われている「倫理」

ないし「道徳」とは何か――これが「エートスとプシケー」と題された第2章の主題である。

けれども、こうした倫理的なメリットは見かけのものである。というのは、そこで保護されるのは、すべての人間の命ではなく、自分たちの側の命だけだからだ。シャマユーによれば、ドローン・リーパーのワッペンには「他の誰かが死にますように」と描かれているというが、このようなおぞましい台詞は、実のところ、「非対称戦争」が、根底的な構図としては、従来の帝国主義戦争の延長上にあることを示している。宗主国が――つまり「西洋」が――植民地に対してなしてきた戦闘は双方の武器のリーチや破壊力の圧倒的な非対称性に基づいてきたが、ドローンもまたこの歴史の延長線上にある。この観点では、ドローンは「健忘症のポスト植民地主義的な暴力兵器」なのだ(2－2)。

だが、ドローンによる「道徳」の変容は、こうした外見上の倫理性にかぎらない。それは、従来の戦争文明を支えていた自己犠牲、名誉といった英雄主義的な価値観全体の変容、まさしく「軍事的エートスの危機」をもたらしてもいる。シャマユーが紹介するように、軍用ドローンの活用に対する批判が、いわゆる反戦団体からよりも、かつて命をかけて戦闘機に乗り込んでいた軍人たちから浴びせられたことは傾聴に値する。自国の兵士の犠牲をゼロにすることをめざすドローンは、これまでの自己犠牲を英雄的な武勲として賞賛する倫理的パラダイムを時代遅れのものにするのだ(2－3)。

それに対し軍用ドローンの推進から浮かび上がる新たな「倫理」がどのようなものかは第3章で提示されている。第2章の後半が焦点を当てているのは、ドローンによる遠隔攻撃が、人間の「精神」にどのような影響を及ぼすかだ。スクリーンで標的をクリックすることで殺害が可能になるという点で、ドローンによる「戦闘」は、コンピュータ・ゲームになぞらえられることが多い。さらに感性が麻痺してしまうゲーム感覚の殺人という危険が指摘されることもある。他方で、実際のドローンのパイロットを見てみるとストレスや罪悪感に苛まれる者が多いとの報告もある……。どちらが正しいのかを裁定する前に、シャマユーが強調するのは、いずれにしても、ドローンのパイロットたちが感じるこの種のストレスは、定義上、ＰＴＳＤとは言えないということだ。というのも、ＰＴＳＤは「当人の身体に対する脅威」をもたらす経験に基づくとされるが、スクリーンをクリックするパイロットたちには、この「自分の身体」への脅威は皆無だからだ（２－４）。

むしろなすべきは、「遠隔的に殺すこと」（２－５）が可能になった時代の新たなタイプの精神病理学を考案することだろう。哲学者のギュンター・アンダースが『ヒロシマ　わが罪と罰』で論じたように、広島に原子爆弾を投下したパイロットはその圧倒的な距離ゆえに良心の呵責を感じることがなかった（それを感じたがために精神病院へと隔離されたC・イーザリーだけが例外だ）。さらにデーヴ・グロスマンが心理学的に明らかにしたように、標的との距離と殺人への抵抗は反比例するのであった。対して、遠隔殺人を可能にするドローンはどうなのか。シャマユーによれば、ドローンはたんに引き金と銃口の距離が何千キロも離れているだけではなく、銃口と標的はこれまでのあらゆる「飛び道具」以上に接近する。遠隔的に殺害する光景を、間近で見ることができるのだ。そこからシャマユーが明らかにするのは、そうしたドローンの操作をするオペレーターに見られる精神的な、さらにこう言ってよければ存在論的な影響だ。「朝は殺人者、夜は家庭の父」として、二つの世界を行ったり来たりすることができるためには、なんらかの「道徳的緩衝材」を必要とする。しかし、そこには、いわゆる「アイヒマン実験」のミルグラムが指摘した「行為の現象学的統一性の解体」（つまり自らの行為と帰結がつながりをもつものだと認識することが困難になること）がはたらいているのではないか。ドローンは、「私」の「身体」の「行為」としてこれまで理解されてきたものに根源的な変容をもたらしているのではないか。これらの問いはドローンのみならず遠隔テクノロジー時代における人間の条件の変容を考えるときにきわめて示唆に富むだろう。とりわけ、この問題の哲学的側面に関心のある読者には、とりわけ第2章5節原注10（一つの論文に匹敵するほどの長文だ）がきわめて有益である。

こうした考察を経て、第3章において、遠隔攻撃がもたらす「倫理」の変容に焦点が当てられる。従来の戦争に関する倫理的規範としては、「非戦闘員の犠牲を最小化すること」が求められていた。けれども、先に触れたように、軍用ドローンの活用が「犠牲者ゼロ」をめざすとき、そこで「犠牲者」とされているのは、ドローンによって戦場に行かなくて済むようになった兵士＝戦闘員のことである。「リスクなき戦争」は、戦闘員の生命のほうが非戦闘員のそれに優越し、「免除特権」は戦闘員のほうに与えるべしというラディカルな倫理的な逆転をもたらしている（3－1）。

無論、こうした批判的な分析にはいくつもの反応が予想されよう。ドローンの活用によって実際に犠牲者の数が減るのだから、それはいっそう「人道的な武器」ではないか。標的攻撃の精度をいっそう上げていけば、懸念される副次的被害《コラテラル・ダメージ》も避けられるのではないか。これらの反応は、アメリカやイスラエルのドローン研究推進側のとりわけ「倫理学」を標榜する研究者たちから提示されるものだ。シャマユーは、これらの反論がどのような前提から発せられているのかを仔細に検討する。そこで浮かび上がってくるのは、これまでは「善く生きる」ことを根幹としていた「倫理学」それ自体の変容だ。「われわれの命」と「彼らの命」を峻別し、前者の保存をめざす新たな倫理学は、実のところ「善く殺す」ことに専心する「死倫理学」なのだ（3－2、3－3）。

法の変容

第4章では、戦争の正しさを検討してきた「正戦論」を主たる対象としつつ、軍用ドローンがいかにして戦争の権利に変容を迫るものであるかが法的観点から分析される。

まず、アメリカの政治哲学者マイケル・ウォルツァーがコソボ紛争の際のNATO軍による空爆を批判する際に提示した議論が検討される（4－1）。ウォルツァーは、「リスクなき戦争」をめざす遠隔戦争について、「自分が死ぬ覚悟がなければ相手を殺すことはできない」という従来の戦争を統べていた規範からの逸脱として、道徳的に批判されるべきとした。これに対し、シャマユーは基本的な議論には賛同しつつ、ウォルツァーが典拠とするアルベール・カミュの『反抗的人間』にさかのぼり、ウォルツァーの誤読を訂正するかたちで、いっそう根本的な問題をえぐり出そうとする。カミュに照らすと、根本的な問題はむしろ、「死ぬ覚悟」の有無ではなく、もはや「戦闘」と呼べない状況において行なわれる殺人をどのように正当化するかにあるのだ（ちなみにこの点でも「リスクなき戦争の当事者たちは、爆弾テロの実行者と同じ立ち位置にいる」ことが示される）。

第2節では、この点についていっそう法的な観点からの検討がなされている。従来、戦争における殺害が法的に正当化されてきたのは、たがいに殺す権利が平等に保障されてきたためである。無論、軍用ドローンの活用は、こうした権利の平等性を無効にする。決闘のように敵同士が向かいあっているのではなく、狩りのように一方的に死がもたらされることになる。こうした無効化の根本的な意味は、たんに、非対称化という戦闘形態の変容にとどまらない。むしろ、軍用ドローンによって、少なくとも法的に正当化しうる概念としての「戦闘」が消滅してしまうこと、さらに敵から「戦闘する権利」すら奪われること、つまりこれまでの法的言語がまったく通用しなくなることが問題なのである（4－2）。

こうして「戦闘」が、警察的な死刑執行に似たものになってゆくことはよく指摘される。これまでの戦争法の規定を無視するかたちで、「世界の警察」によって「テロリスト」の摘発が行なわれるからだ。ただし、法的な問題として考えてみると、軍用ドローンの活用は、戦争法による制約を受けた「戦闘」でないばかりでない。警察的な「法の施行」と言いうるかもきわめて微妙だ。というのも、法的には、警察が致死力のある実力を行使することができるには、通常、あらかじめ警告を発したうえで、逮捕・拘束もできないやむを得ない場合にのみ認められるという制約があるが、軍用ドローンにはこうした制約が原理的に不可能だからだ。むしろ、軍用ドローンとともに、戦闘でも警察行動でもない、奇妙な「法律的なハイブリッド」が新たに生じていることを見てとらなければならないのだ（4－3）。

「政治」の変容

第5章では、ドローンによる戦争が一般化することで、法律のみならず、「政治」のあり方そのものにも根本的な変容が生まれることがいくつかの観点から論じられる。

第一は、国家と国民の関係の変容だ。これまで両者の関係は、国家が国民に保護を与える代わりに、国家が危機に陥った場合には国民には「犠牲」を払うことが求められてきた。徴兵制がない場合でも、警察や消防など文字通り自らの身体をかけたかたちの「犠牲」もあるだろうし、そうでない場合でも、「勤労」や「納税」というかたちでの国家への奉仕もあるだろう。近代国家はこのように「保護と従属の相互関係」を基盤としていた（軍人恩給制度がその典型的な例だ）。しかし軍事力のドローン化はこの図式そのものにも修正を迫る。先に触れたように、ドローンを武器とすることで――少なくともそれを活用する側には――国民の生命が危険に晒される必要はなくなる。第5章が検討するのはその政治的意義だ。シャマユーがここで強調するのは、このように国民の側からの「犠牲」のベクトルを欠いた国家においてこそ、「保護（あるいは「夜警」）だけをする」というかたちで新自由主義的国家が完成することだ。しかし、こうした国家が国民の「生命」に配慮するとしても、「生命」および「死」の政治的な意味が変質する。これまで国民の「死」に込められていた政治的な意味づけがなくなると、逆説的にも、「死」がたんに物理的なもの、経済的なものへと還元されるというのである。シャマユーはそこまで述べていないが参考までに付言すると、ロボットで代用可能な仕事に人間がわざわざ自らの身を犠牲にする必要はないという言説は、反転すると、ロボットで代用可能な仕事（たとえば肉体労働）に従事して自らの身を犠牲にする人間の生には価値がないという主張に繋がりかねないだろう。生も死も、代替可能、置換可能なものとなるからだ（5－1）。

しかし、やはり国民の犠牲が減るのならばそれはむしろ喜ぶべきことではないか――そう反論する向きもあろう。しかし、シャマユーは、第二の論点として、ときに「平和」を旗印にして「犠牲」の減少を求めてきたように見える西洋の民主主義の只中にも矛盾を見出そうとする。事実、西洋の「民主主義的平和主義」は、歴史を遡ると、戦争の犠牲の「外部委託」という代替によって成立してきた。一九世紀の帝国主義戦争は「勇ましいインド人」など植民地住民を帝国の兵士とすることで本国の市民に平和をもたらしてきた。シャマユーは、ホブスンの帝国主義論に基づきつつ、植民地住民であろうとロボットであろうと、リスクが「外部委託」されることで、当の市民における戦争における意思決定の条件が変質することに注目する。すなわち、自分たちの側にはリスクもコストもなく自由に意思決定できるのだから、軍事暴力の行使に対して国民の側の関心は低下してゆき、一種の「モラル・ハザード」すらもたらしかねない。犠牲になるのは自分たちではないからだ（5－2）。

そういう事態に対してどう振る舞ったらよいのだろうか。本書は、なんらかの実践的な処方箋を提示することを目的としているわけではないが、とはいえ、いくつかの可能性が示唆されてはいる。ドローンによって、加害者としても被害者としても（少なくとも「西洋」の側では）直接軍事的な暴力に晒されなくなった市民たちは、自分も家族も友人も犠牲になることがないのであれば、異議を申し立てることができるのか。第5章3節では、それを可能にするのは、「平和主義」や「人権」という抽象的な概念ではなく、「われわれ」が何になろうとしているかという観点だと述べる。それはドローンの軍事利用に反対する政治的主体としての「われわれ」を立ち上げることではない。このままドローン化が進むと「われわれ」はどうなるかを見越すことだ。軍用ドローンは現在は地球の反対側で軍事兵器として利用されるにすぎないかもしれないが、しかしドローンとはそもそも従来の地理的な概念を無効化し、「戦闘兵器」とも「警察行為」とも言いがたいものとなっているのであれば、「われわれ」が標的となるような「未来」も十分に想定しうる。そのような「未来」を「われわれ」が欲するかどうかが賭けられているというのだ（5―3）。

ドローンは、ある意味で人間の「身体」の代わりとなる武器として、人間の犠牲を軽減してくれる一方で、さまざまな人間の存在条件の変容をもたらす。シャマユーは、この事態を徹頭徹尾「身体」を起点にして考察していると言えるだろう。ドローンのおかげで自らは危険に晒されなくなる「身体」、地球のあちら側で狩られる「身体」、もしかすると「われわれ」の「身体」もそうなるかもしれない……。いずれにしても、最終節「政治的自動機械の製造」が描き出すのは、遠隔テクノロジーによる人間の「身体」の代替がもちうる政治的な帰結である。軍用ドローンの開発がいっそう進み、人間の介入が減りいっそう「自律」的になっていった場合にどうなるのか。シャマユーは、自律型ロボットによる暴走、さらにそれに続く人間に対する支配といった仮説は退ける。むしろ、ロボットはいくらかの道徳法則をプログラム化すれば、人間以上にそれに従い、人間以上に人間的、人道的に振る舞うことすら可能だろう。むしろ問題は、ロボットの反乱など荒唐無稽なシナリオではなく、その過程において、人間の関与が一切不要になることにある。人間以上に人間的に振る舞うロボットのプログラム化に成功すれば、人間が判断することも責任をもつことも不要になる。けれども、人間の判断も責任も不要な社会とはどのような社会だろうか。これがシャマユーが最後に提起する問いである。ホッブズ『リヴァイアサン』の扉絵に描かれた「国家」を表象する巨人は良く見ると小さな「国民」たちから構成されているが、それが示唆するように、元来「国家」なるものは、そこに住む「国民」の生きた「身体」を必要条件としていた。彼らこそが、平時には労働し納税し、戦時には兵士として身を犠牲にしてきたわけだ。しかし、そのような「身体」の諸機能が、自律型ロボットによって技術的に代替可能となり、不要になるとすれば、「国家」そのものの意味づけが変質するだろう。「無人化」を加速するにつれて、「器官なき身体」ならぬ「身体なき器官」として、「われわれ」がいてもいなくても、自動的に動き続けるようになる国家器官が生まれてくるのではないか。最終的に若干悲観的な展望で締めくくられるが、とはいえ「人間」の「身体」を起点になされたこうした推論の論理をたどってみることは無益ではあるまい。

最後に、訳者として、本書がもちうる意義について少し触れておこう。

第一に、本書には軍用ドローンに限られず、遠隔テクノロジー全般に関わるような哲学的・倫理学的な考察が含まれていると思われる。とりわけ本書は、「人間の代わり」というかたちで遠隔テクノロジーが導入されてゆくとき、代替してもらったほうの当の「人間」はどうなるかという問いを提起してくれるだろう。掃除機をはじめ自律型のロボットが人間の代わりをしてくれることで、人間はますます自由を手にするようになるのかもしれない。しかし、「人間の代わり」が増えてゆくと、当の「人間」そのものも代替可能になるのではないか。本書は、遠隔テクノロジーの活用によって、これまで当然のものとして受けとられてきたさまざまな概念がどのように変質するかをたどるものと言えるが、実は、その焦点は、軍用ドローンという「技術」よりもむしろ、「人間」をめぐるものであると言うこともできるかもしれない。

たとえば、本書が特化しているのは、「殺す」という行為が遠隔テクノロジーによって代替されたケースである。けれども、よく考えてみると、「殺す」というのは、人間と人間のあいだでしか成立しないのではないか。人を殺せるほどの勢いでソファーにナイフを突き刺すことができるが、物理的な動作としては同じであっても、われわれはソファーを「殺す」とは言わない。逆に、ソファーが倒れて人が下敷きとなって落命したとき、誰かがソファーを倒したのであれば「殺す」と言えるかもしれないが、ソファーが自然に倒れたのであればそうは言わない。誰かが「私」に倒させた場合はどうだろう。「私」がそうプログラムしておいた場合はどうだろう。ドローンは、人間とソファーのようなただの物体の中間にあって、あたかも自律したロボットであるかのように「殺す」わけだが、それについての考察は、「殺す」という行為が本来いかなるものであったのか、かつて人間と人間のあいだでしか成立しえなかった事態が別のものへと変質しているのではないかと考えさせてくれるだろう。とりわけ、「見る」「聞く」「掃除する」「運転する」といった、一人でもできる行為はもとより、「会話する」「ケアする」「愛撫する」といったそもそも人間と人間のあいだでしか成立しないはずの行為が遠隔テクノロジーによって技術的に代替される可能性について考える際に、多くの示唆を与えてくれるのではないか。

つまり、問題は、「技術」や「テクノロジー」それ自体にも、「人間」がそれをどう使うかにもかぎられないということだ。本書が示すのは、とりわけ「人間の代わり」をもたらす「技術」の促進が、「人間」と「技術」の関わりを超えて、「人間」と「人間」の関わり、人間の「心理」や「道徳」、人間社会の規範を定める「法的」システムや「政治」体制、つまり「身体」をもって生きる具体的な人間たちの存在条件それ自体にどのように関わってくるということだからだ。このような考察は、〈無人化〉時代の「倫理」（何をなすべきかを語る道徳論でも、いわゆる「技術者倫理」でもなく、人々の「住み処」を意味していた「エートス」の語源的な意味で）を考える上できわめて重要だろう。

第二に、日本における軍事技術の開発という点に触れないわけにはいかない。本書は主にアメリカにおける事例を中心に扱っているが、日本も無関係ではないだろう。二〇一四年四月に武器輸出が解禁され、同年七月に集団的自衛権行使容認が閣議決定され、二〇一五年九月には安保法制が成立する。こうした政治的な流れは、産業界・民間企業、さらには大学をはじめとする研究機関を巻き込んで、社会全体で進められはじめている。防衛装備庁が二〇一六年八月に発表した「研究開発ビジョン」では、「航空無人機」が近い将来に主要な「防衛装備品」となるとし、重点的な研究・開発の促進を求めている。その開発には民間企業の技術力が期待され、すでに「ドローン等を用いた監視・検査の自動化・効率化」といったテーマでの構想設計が進んでいる。他方で、防衛省は二〇一五年度から「安全保障技術研究推進制度」を設立し、これまでの日本の慣例を打ち破るかたちで、大学における軍事研究の推進の方向性を打ち出した。日本経済団体連合会は同年九月に「防衛産業政策に向けた提言」を発し、大学にも「安全保障に貢献する研究開発に積極的に取り組むことが求められる」としている。実際、こうした情勢のなか、大学等の研究機関において、ドローンに関しても、軍事利用が十分に想定されるような研究がすでになされはじめている。

本書で示されている見解が、こうした日本の状況にどれほど合致するのかはそれぞれ検討しなければならないだろうが、「ドローンのある世界」についてさまざまな観点からなされた本書の根本的な考察は、われわれ自身の「未来」を考える際にも大きな助けとなるだろう。

最後に、本訳書の公刊に際しては、明石書店編集部の武居満彦氏にひとかたならぬサポートをいただいた。武居さんは、フランス語の原著と照らしあわせ、丹念に訳文を読んでくれ、内容の理解はもちろん、文章の読みやすさについても多くの助言をいただいた。本書が少しでも読みやすいものになっているとすれば武居さんのおかげである（できるかぎり減らそうと試みたが、力不足ゆえの誤解や誤訳が残っていれば、その責はもちろん訳者にある）。

本書の翻訳はそもそも、武居さんに加え、明石書店での先輩にあたる小林洋幸氏と、現代社会のさまざまな問題を考えるうえで哲学をはじめとする人文社会系の知見がいまだなんらかの意義を有しているのではないかとの話から生まれたと記憶している。そこでどちらからともなく挙がったのが本書であった。けれども、小林さんは病のために二〇一六年一二月一二日に帰らぬ人となった。逆境のなか人文社会系の出版に熱意をもって取り組んでいた方で、これから一緒に仕事をしましょうと言っていた矢先だった。とはいえ、彼の意思を引き継いだ武居さんとともにこの翻訳ができたことは望外の喜びである。ここに小林さんへの深い感謝の意を記すことをお許しいただきたい。

二〇一八年六月

渡名喜　庸哲

はないのである」。Human Rights Watch, *Losing Humanity: The Case Against Killer Robots*, November 2012, p. 4.

33. La Boétie, *Discours de la servitude volontaire*, Paris, Vrin, 2002, p. 30.〔ラ・ボエシ『自発的服従論』ちくま学芸文庫、2013 年、22 頁〕

34. Hannah Arendt, *On Violence, op. cit.*, p. 151.〔アレント「暴力について」前掲、139 頁〕

35. Hugo Gernsback, "Radio police automaton", *Science and Inverntion*, vol. 12, no. 1, May 1924, p. 14.

36. フリードリヒ・エンゲルス『家族・私有財産・国家の起源』〔岩波文庫、1999 年、225 頁〕。

エピローグ

1. "Toys Against the People, or Remote Warfare", *Science for the People Magazine*, 5, no. 1, May 1973, p. 8-10, p. 37-42.

2. *Ibid.*, 42.

の失われる民間人の生命と想定される戦術上の利点の共通の尺度は何か。この共通の尺度の単位は何か。ただし、エイヤル・ワイツマンが指摘したように、この種の計算は、必要であると同時に不可能なものでもあるのだが、それが役に立つことがあるとすれば、それは、こうした計算を行なったというただそれだけの事実によって、結果として現れる死を正当化する場合のみである。Cf. Eyal Weizman, *The Least of All Possible Evils, op. cit.*, London, Verso, 2012, p. 12ff.

28. Allan Nairn. 以下に引用。 Robert C. Koehler, "'Bugsplat': The Civilian Toll of War", *Baltimore Sun*, January 1, 2012. 以下も参照。Bradley Graham, "'Bugsplat' Computer Program Aims to Limit Civilian Deaths at Targets", *Washington Post*, February 26 2003.

29. Ferdinand d'Esterno, *Des privilégiés de l'ancien régime en France et des privilégiés du nouveau*, tome II, Paris, Guillaumin, 1868, p. 69.

30. 以下に引用。Matthew Brzezinski, "The Unmanned Army", *New York Times Magazine*, April 20, 2003.

31. アーキンはあるインタビューで反論を予想しこう述べている。「彼らがつねに命令に従うとはかぎりません。命令が倫理に合致していないとみなされた場合には、ロボットが命令を拒むというのも可能なはずです」。倫理というのは、ソフトウェアに組み込まれた交戦規定のことである。だが、先の例におけるように、反乱者を撃つのを拒む兵士は、軍事紛争法への執着ゆえに拒んでいるわけではない。彼らが自分たちに命令を下す権力から離脱するのは、命令の形態に関してではなく、根底的に、政治的な意味に関してである。これがロボットにはまさしくできないことである。Sofia Karlsson, "Ethical Machines in War: An Interview with Ronald Arkin" (owni.eu/2011/04/25 /ethical-machines-in-war-an-interview-with-ronald-arkin).

32. この点が、最近の報告書の著者たちを悩ませている問題の一つである。「軍事紛争において致死的な力を行使する決断から人間的な関わりを排除してしまうと、完全に自律した武器は、民間人を保護するためのほかの非合法の形態を切り崩すかもしれない。第一に、ロボットは人間的な感情や共感能力ゆえに自制することはしないだろう［…］。それゆえ、独裁者が、群衆が自分に刃向かってくることをもはや恐れる必要がないようにと、自らの人民を鎮圧しようとする場合、感情を欠いたロボットは、こうした独裁者のための道具となることもありうる。［…］感情は必ずしも合理性を欠いた殺害にいたるわけで

20. ロナルド・アーキンは、ここ数年、DARPA、米軍、サヴァンナ・リヴァー・テクノロジー・センター、ホンダR&D、サムソン、チャールズ・スターク・ドレイパー研究所、SAIC、NAVAIR、アメリカ海軍研究局らの軍産複合体からの寛大な資金援助のおかげでこうした開発を進めている。https://www.cc.gatech.edu/people/ronald-arkin.
21. 2009年9月、物理学者のユルゲン・アルトマン、哲学者のピーター・アサロ、ロボット学者のノエル・シャーキー、哲学者のロバート・スパローは、ロボット兵器管理国際委員会（ICRAC）を創設し、殺人ロボットの禁止を呼びかけている。http://icrac.net.
22. Marvin Minsky, "Telepresence", art. cit., p. 204.
23. ヴァルター・ベンヤミン「ドイツ・ファシズムの理論」〔『ヴァルター・ベンヤミン著作集1』前掲、78頁〕。
24. アンドリュー・コックバーンは（ブッシュ自身がカンダハルに向かっている車列への攻撃命令を出したという）類似した事例を報告し、映像を直接転送することは、政治指導者たちに対し、「直接コントロールできるという常軌を逸した――そして幻想的な――感情をもたらす」と注記している。Andrew Cockburn, "Drones, Baby, Drones", *London Review of Books*, March 8, 2012, p. 15.
25. Peter W. Singer, *Wired for War, op. cit.*, p. 349.〔ピーター・シンガー『ロボット兵士の戦争』前掲、505頁〕
26. Noel Sharkey, "Killing Made Easy: From Joystick to Politics", in Patrick Lin, Keith Abney, and George A. Bekey (ed.), *Robot Ethics: The Ethical and Social Implications of Robotics*, Cambridge, MA, MIT Press, 2012, p. 123.
27. というのも、軍事紛争法において、均衡性原理が、想定される副次的な被害と、期待される軍事的な利点とのあいだのふさわしい関係と規定されているといっても、そこではどのような計算の尺度も、もちろん計量単位も与えられてはいない。シャーキーが指摘するように、「不必要、余計、あるいは均衡的ではないような苦痛を客観的に測定するための既知の計量手段はまったくない。それは人間による判断を要する。戦争法では、均衡可能なものについて計算するための客観的な手段は与えられていない」(Sharkey, "Killing Made Easy", art. cit.)。均衡性原理を計算へと転換することは、識別する手段をいっさいもたないのにリンゴとナシを足し算しようとすることに等しい。いくらか

4. 同上〔71 頁〕

5. Lysiak, « Marschflugkörper V1 vor Start », Bundesarchiv, Bild 146-1973-029A-24A.

6. *The Unmanned Systems Integrated Roadmap FY 2011-2036*, p. 14.

7. Gary E. Marchant et al., "International Governance of Autonomous Military Robots", *Colombia Science and Technology Law Review*, vol. 12, 2011, p. 273. 韓国のロボット SGR-1 は今日ではこうした未来型機械の先駆けの一つである。南北朝鮮の国境地帯の非武装地域に据えつけられたこれらのロボットは、センサー（画像センサーもあるが、動作探知センサーおよび温度センサーもある）によって人間の存在を探知し、個人に標的を定め、遠くにいるオペレーターが許可すれば、5ミリ弾か自動榴弾のどちらかを発射することができる。

8. "Lethal autonomous robotics" (LAR).「自律型」とは、人間の介入なしに機体が自分自身で必要な決断を下すことができることを意味している。

9. Ronald Arkin, "The Case for Ethical Autonomy in Unmanned Systems", 2010 (http://hdl.handle.net/1853/36516).

10. Ronald Arkin, "Ethical Robots in Warfare", *Technology and Society Magazine*, vol. 28, no. 1 Spring 2009, p. 30.

11. Ronald Arkin, "Governing Lethal Behavior: Embedding Ethics in a Hybrid Deliberative/Reactive Robot Architecture", 2007, p. 98(http://hdl.handle.net/1853/22715).

12. Arkin, "Ethical Robots in Warfare", art. cit.

13. Ronald Arkin, *An Ethical Basis for Autonomous System Deployment, Proposal 50397-CI, Final Report*, 2009.

14. Ronald Arkin, Patrick Ulam, and Brittany Duncan, *An Ethical Governor for Constraining Lethal Action in an Autonomous System, Technical Report GIT-GVU-09-02*, 2009.

15. Arkin, "Ethical Robots in Warfare", art. cit.

16. Cf. Vivek Kanwar, "Post-Human Humanitarian Law: The Law of War in the Age of Robotic Warfare", *Harvard Journal of National Security*, vol. 2, 2011.

17. Cf. Michel Pastoureau, *Une histoire symbolique du Moyen Age occidental*, Paris, Seuil, 2004, p. 33.

18. Kenneth Anderson and Matthew Waxman, "Law and Ethics for Robot Soldiers", *Policy Review*, no. 176, December 2012.

19. *Ibid.*

5. Emilio Lussu, *op. cit.*
6. Cora Diamond, *L'importance d'être humain*, Paris, PUF, 2011, p. 103.
7. *Ibid.*, p. 106.
8. *Ibid.*
9. Amitai Etzioni, "The Great Drone Debate", art. cit.
10. Jean-Paul Sartre, *L'existentialisme est un humainisme*, Paris, Nagel, 1970, p. 25-27.〔ジャン＝ポール・サルトル「実存主義とは何か」『サルトル著作集』第7巻、人文書院、1961年、11-12頁〕
11. Cora Diamond, *op. cit.*, p. 108.
12. Not in Our Name, *Pledge of Resistance*, 2001.
13. Cf. Judith Butler and Gayatri Chakravorty Spivak, *L'Etat global*, Paris, Payot, 2011, p. 57.
14. George N. Katsiaficas, *Vietnam Documents: American and Vietnamese Views of the War*, New York, M.E. Sharpe, 1992, p. 116.
15. Joe Pappalardo, "The Blimps Have Eyes: 24/7 Overhead Surveillance Is Coming", art. cit.
16. *Ibid.*
17. *Ibid.*
18. *Ibid.*
19. Hannah Yi, "New Police Surveillance Drones Could Be Armed with Nonlethal Weapons", *The Daily*, March 12, 2012.
20. マルクス「経済学批判序説」『経済学批判』〔岩波文庫、325頁〕。
21. https://ahprojects.com/projects/stealth-wear/

5-4　政治的自動機械の製造

1. Hannah Arendt, *Du mensonge à la violence*, 1989, p. 151.〔アーレント「暴力について」『暴力について』前掲、139頁〕「政治的自動機械」という表現については、以下を参照。« Et vous trouvez ça drone ? », *Z*, no. 2, Marseille, automne 2009, p. 141.
2. このパイロットのいない機体は無線操作されていたのではなく、機械的にプログラムされて一定の距離を飛んで地上で破裂するようになっていた。その名前に見られるVはVergeltungswaffen、すなわち「報復武器」の略字である。
3. アドルノ『ミニマ・モラリア』〔法政大学出版局、2009年、69頁〕。

れる技術に合わせて再定義されるという傾向だ」(Michael Walzer, *Just and Unjust Wars, op. cit.*, p. 120.〔ウォルツァー『正しい戦争と不正な戦争』前掲、249 頁〕

12. Jeremy R. Hammond, "The Immoral Case for Drones", art. cit.
13. Eyal Weizman, *The Least of All Possible Evils, op. cit.*, p. 10.
14. AmitaiEtzioni, "The Great Drone Debate", *National Interest*, October 4, 2011.
15. Benjamin H. Friedman, "Etzioni and the Great Drone Debate", *National Interest*, October 5, 2011.
16. Beverly J. Silver, "Historical Dynamics of Globalization, War and Social Protest", in Richard Applebaum and William Robinson (ed.), *Critical Globalization Studies*, New York, Routledge, 2005, p. 308. 私はこの段落全体で彼女の分析を参照している。
17. この概念に関しては以下を参照。Mary Kaldor, *New and Old Wars*, Cambridge, Polity Press, 2006, p. 17.
18. Cf. Yagil Levy, "The Essence of the 'Market Army' ", *Public Administration Review*, vol. 70, no. 3, May/June 2010, p. 378-89.
19. Jonathan Caverley, "The Political Economy of Democratic Militarism: Evidence from Public Opinion", *International Relations Workshop*, University of Wisconsin, March 28, 2012.
20. Niklas Schörnig and Alexander C. Lembcke, "The Vision of War Without Casualties: On the Use of Casualty Aversion in Armament Advertisements", *Journal of Conflict Resolution*, vol. 50, no. 2, 2006, p. 204-27.
21. *Flight International*, vol. 161, no. 4834, June 4, 2002, p. 2.
22. Silver, "Historical Dynamics", art. cit., p. 309.
23. Ehrenreich, "War Without Humans", art. cit.
24. *Ibid.*

5-3 戦闘員の本質

1. Emilio Lussu, *Sardinian Brigade : A Memoir of World War I*, New York, Grove Press, 1970. 以下に引用。Michael Walzer, *Just and Unjust Wars, op. cit.*, p. 142.〔ウォルツァー『正しい戦争と不正な戦争』前掲、286 頁〕
2. ヘーゲル『精神現象学』〔平凡社ライブラリー、上、433 頁〕
3. Seymour Hersh, "Manhunt", art. cit.
4. カント『人倫の形而上学』第 1 部第 57 節〔前掲、198-199 頁〕。

Bringing the State Back In, New York, Cambridge University Press, 1985.

5-2 民主主義的軍国主義

1. 以下に引用。Jonathan D. Caverley, "Death and taxes: Sources of democratic military aggression", thesis, University of Chicago, 2008.
2. カント『永遠平和のために』〔岩波文庫、33 頁〕。
3. 同上。
4. 以下に引用。Barbara Ehrenreich, "War Without Humans: Modern Blood Rites Revisited" (http://www.tomdispatch.com/blog/175415).
5. J. A. Hobson, *Imperialism: A Study*, London, Nisbet, 1902, p. 145.〔ホブスン『帝国主義論』岩波文庫、下、36 頁〕
6. *Hansard's Parliamentary Debates, Third Series*, 1867-1868, vol. 1, London, Buck, 1868, p. 406. 今日でも、契約社員化や下請け化といった別の形態ではあるが、このような実践は消えずに残っている。アメリカでは現在、国防総省と契約している民間の軍事関連企業を通じ、サブサハラ・アフリカの使い捨ての軍用労働者を無視しえない数で雇っている。この点については、以下の有益なルポルタージュを参照されたい。Alain Vicky, "Mercenaires africains pour guerres américaines", *Le monde diplomatique*, mai 2012.
7. Cf. Jonathan D. Caverley, "Death and Taxes", art. cit., p. 297.
8. カント『人倫の形而上学』〔前掲、196 頁〕。
9. John Kaag and Sarah Kreps, "The Moral Hazard of Drones", art. cit.
10. ローザ・ブルックスはこの点を次のように説明している。「事故による民間人の犠牲者数を減らすことで［正確に言えばそのように自称することで］、ドローンの精緻化のテクノロジーは、致死的な軍事力の行使に関連した道徳的コストや評判に関するコストを減らすことができる」（Rosa Brooks, "Take Two Drones and Call Me in the Morning: The Perils of Our Addiction to Remote-Controlled War", *Foreign Policy*, September 12, 2012）。
11. ウォルツァーは、この点についてイェフダ・メルツァーの考えに触れつつ、次のよう述べている。「目的に手段を合わせるときには均衡性が問題になるが［…］戦時においては、目的を手段に合わせるという逆向きの抑えがたい傾向が存在する。すなわち、もともとは限定的であった目的が、軍事力や利用さるのは私であると。この常なる恩恵に対して汝は私に何を返してくれようか。私が危機に瀕することがあれば［…］、汝らは私の変わらぬ保護を犠牲にして動乱の時に私を見捨てようか。［…］いやおそらくそうはすまい。いくらかの場合には、私がつねに保護してきたこの同じ権利、同じ財、そして汝の命自体をも捧げるよう私が汝らに求めるだろう」。*Réimpression de l'ancien Moniteur*, t. IX, Paris, Plon, 1862, p. 82.

9. 「もし、このような犠牲の要求を正当化するために、市民社会としての国家しか検討せず、その最終目的として個々人の生命および財産の保護しか認めないのならば、それは不ぞろいの計算となるだろう。というのも、この保護は、まさしく保護されなれければならない者の犠牲によって確保されるわけではなく、まさにその逆だからである」（ヘーゲル『法の哲学』324節〔中公クラシックス、II巻、404頁〕）。

10. 「国民が自分たちに課せられた税やその他の負担を耐えなければならないのは、それが平時であれ戦時であれ国家の支出のための必要であるからにほかならないが、それと同様に、主権者は公的な必要性によって求められる以上を要求してはならない」（プーフェンドルフ『自然および諸国民の法について』第7巻9章）。

11. Jaucourt, "Guerre", in *Encyclopédie*, vol. VII, Livourne, 1773, p. 967.

12. カント『人倫の形而上学』第1部第55節〔『カント全集』岩波書店、第11巻、196頁〕。

13. 同上。

14. 動物政治学とは、飼育関係を政治関係に移し替えるだけでなく、とりわけ、その法的次元において、政治的権利を私法の根本カテゴリー、とりわけ私有財産のカテゴリーへと格下げするような、生物政治学のなかの特定の一部門と定義できるだろう。典型的には、奴隷制度的権力が群を抜いた動物政治学を表している。

15. 「このような限定的な条件のもとにおいてのみ国家はこのような危険な奉仕を市民に要求できる」（カント『人倫の形而上学』〔前掲、196頁〕）。

16. 同上。

17. この点については以下を参照。Charles Tilly, "War Making and State Making as Organized Crime", in Peter Evans, Dietrich Rueschemeyer, and ThedaSkocpol (ed.),

た」。Anderson, *Targeted Killing, op. cit.*

21. Abraham D. Sofaer, "Responses to Terrorism: Targeted Killing Is a Necessary Option", *San Francisco Chronicle*, March 26, 2004.

22. Anderson, "More Predator Drone Debate", art. cit.

23. 「[…] このような類概念の混同は、結果として、適用可能な法的な枠組みの境界線を広げ、輪郭をぼやかしてしまう。[…] その結果、あいまいに定義された殺害許可証に利するように、明確な法的基準がずらされることになる」(Alston, *Report, op. cit.*, p. 3)。

24. Anderson, "More Predator Drone Debate", art. cit.

第5章　政治的身体

5-1　戦時でも平時でも

1. A. H. Joly, *Le Souverain. Considérations sur l'origine, la nature, les fonctions, les prérogatives de la souveraineté, les droits et les devoirs réciproques des souverains et des peuples*, Paris, Renault, 1868, p. 262.

2. ミシェル・フーコーはこの困難を次のように要約していた。「主権者の権利を基礎づけるのは生ではないのか。主権者は国民に対し、自分はお前たちの生殺与奪の権力を行使する権利をもつ、つまり端的に殺す権利をもつと主張しうるのではないか」。Michel Foucault, « *Il faut défendre la société* », Paris, Hautes Études/Gallimard/Seuil, 1997, p. 215〔ミシェル・フーコー『社会は防衛しなければならない』筑摩書房、2007年、241頁〕

3. ホッブズ『リヴァイアサン』〔岩波文庫、第4巻、172頁〕。

4. カール・シュミット『政治的なものの概念』〔未來社、1970年、60頁〕。

5. ホッブズ『リヴァイアサン』〔前掲、第4巻、159頁〕。

6. ホッブズにとって、国民の義務はたんに実際の保護を受けるのと引き換えに従属するという慣例から導出されるばかりではなく、「主権を設立する際に追求されていた目的」、すなわち国民のあいだの平和および共通の敵に対する防衛からも導出されるものであった（同上、第2巻、95頁）。

7. ジャン＝ジャック・ルソー『社会契約論』第2編第5章〔岩波文庫、54頁〕。

8. フランス革命の雄弁家たちはこのレトリックを忘れてはいなかった。たとえばバレールは1791年に、危機に瀕した祖国のために長い熱弁を振るいこう述べた。「市民諸君、祖国はこう語る。汝の個人的な安全、安らぎ、財を保護す

Executions, Addendum, Study on Targeted Killings, UNO, May 28, 2010, p. 11.

8. このことによって「法律の施行」にふさわしい均衡性原理が規定されることは注意しておきたい。これは、軍事紛争法で認められている原理とはかなり異なっている。Cf. Blank, "Targeted Strikes", art. cit., p. 1690.

9. Alston, *Report, op. cit.*, p. 25.

10. Cf. Blank, "Targeted Strikes", art. cit., p. 1668.

11. Koh, "The Obama Administration and International Law", art. cit.

12. Mary Ellen O'Connell, "Lawful Use of Combat Drones", Congress of the United States, House of Representatives, Subcommittee on National Security and Foreign Affairs Hearing: Rise of the Drones II: Examining the Legality of Unmanned Targeting, April 28, 2010, p. 2.

13. Cf. Strawser, "Moral Predators", art. cit., p. 357.

14. Jo Becker and Scott Shane, "Secret 'Kill List' Proves a Test of Obama's Principles and Will", art. cit.

15. Kenneth Anderson, "Predators over Pakistan", *The Weekly Standard*, vol. 15, no. 24, March 8, 2010, p. 32.

16. Alston, Report, *op. cit.*, p. 22. さらに別の条件もある。「軍事紛争という状況の外で、CIA が主導する殺害が超法規的処刑となるのは、それが人権法に反しないという条件においてである」(*ibid.*, p. 21)。

17. Kenneth Anderson, *Targeted Killing in U.S. Counterterrorism Strategy and Law*, Brookings Institution, May 11, 2009 (https://www.brookings.edu/wp-content/uploads/2016/06/0511_counterterrorism_anderson.pdf).

18. *Ibid.*, p. 27.

19. Kenneth Anderson, "More Predator Drone Debate in the Wall Street Journal, and What the Obama Administration Should Do as a Public Legal Position", The Volokh Conspiracy, January 9, 2010 (http://www.volokh.com/2010/01/09/more-predator-drone-debate-in-the-wall-street-journal-and-what-the-obama-administration-should-do-as-a-public-legal-position).

20. 「アメリカは、司法当局の監督を受けた「法律の施行」の枠組みにも、国際条約に合致した公然かつ大規模の軍事紛争の枠組みにも組み込まれずに力を行使できるような、法律的、政治的、規制的な領域の存在を長いこと認めてきるあらゆる可能性を法によって奪われた戦闘員にとっては、もはや自分に残されているのは撃ち落とすべき標的という資格だけしかないような法原理に進んで従おうとする動機づけはない、というものだ。ショーモンの関心はプラグマティカルなものである。軍事紛争法の目的が、向かいあう両陣営に対し暴力を抑えたり、とりわけ非慣例的な暴力を規制することにあるとするならば、彼らを法のうちに包摂すると言いつつも、彼らをそこから即座に排除するような規則を彼らに課してはならない、ということだ。争点は、紛争の非対称化という時代において、軍事暴力の規制手段としての法の実効性についてのプラグマティカルな条件は何かというものである。この事例を論じる近年の試みとしては以下を参照。Michael L. Gross, *Moral Dilemmas of Modern War*, New York, Cambridge University Press, 2010, p. 199.

4-3 殺害許可証

1. 以下に引用。Medea Benjamin, *op. cit.*, p. 123.
2. Adam Liptak, "Secrecy of Memo on Drone Killing is Upheld", *New York Times*, January 2, 2013.
3. Harold Koh, "The Obama Administration and International Law". 2010 年 3 月 25 日にワシントンで行なわれたアメリカ国際法学会での講演。
4. "UN Special Rapporteur Philip Alston Responds to US Defense of Drone Attacks' Legality", Democracy Now, April 1, 2010 (https://www.democracy now.org/2010/4/1/drones).
5. 法律家のなかにはそこに危険なぼやかしを見る者もいる。「実際の戦闘領域外での標的攻撃のために合法的だと正当化しようとして、軍事紛争のカテゴリーと自衛というカテゴリーを同時に」用いることで、「合衆国はこれら二つのパラダイムの境界およびそれに関連した保護をぼやかすおそれがある」とローリー・ブランクは指摘している。Laurie R. Blank, "Targeted Strikes: The Consequences of Blurring the Armed Conflict and Self-Defense Justifications", *William Mitchell Law Review*, vol. 38, 2012, p. 1659.
6. Cf. Nils Melzer, *Targeted Killing in International Law*, Oxford, Oxford University Press, 2008, p. 89 sq.
7. Philip Alston, *Report of the Special Rapporteur on Extrajudicial, Summary or Arbitrary*

来て移動するよう要求するのは不条理であろう。ここには、不平等な状態（正規軍にとってもパルチザン勢力にとっても）に対し平等な法を適用すること（弁別可能な指標指標を身につける義務）が退廃を招くことの典型的な事例があるだろう。

ショーモンはこの種の倒錯した効果が生じることに対処するために次のような指導原理を提案している。「人道法は、客観的かつ信頼に足るものになるためには、闘争において双方の陣営に等しい機会を与えなければならない。もしある法規範がこの原理と両立せず、二つの陣営の一つに対し勝利する展望をあらかじめ不可能にするものであれば、規範を立てることは諦めたほうがよい」（*ibid*）。彼がここで推奨しているのは、平等な闘争への権利ではない。これは平等な武器を用いた闘争を求めるものとなろう。そうではなく、闘争への平等な権利である。法が規範によって「二つの陣営の一つに対し勝利する展望をあらかじめ不可能にする」ことをしてはならないといっても、そのことは戦争を —— ピストル対ピストル、サーベル対サーベルといった —— 試合へと転換することを意味するのではない。そうではなく、それが意味するのは、逆に、向かいあう勢力の不均衡を認めた上で、一方には利点をますます増やし他方には闘争の可能性そのものを奪うような盲目的な規範によってこの不均衡を増大させることがないように配慮するということである。

ショーモンはこうした主張によって伝統的な法学論理の形式的な平等性と袂を分かっている。問題はもはや、現行の交戦法規のモデルがそうであるように、すべての交戦者に権利の絶対的な同一性を認める原理ではなく、逆に、力関係の不平等を逆にした権利の非対称性の原理なのである。この原理が立脚しているのは、強い平等性の概念、すなわち、非対称な力には非対称な権利をという、権利の幾何学的平等という概念である。ある意味では、一方的な殺害権を主張する者たちもこれと同じことを語っているが、ただし、もちろん、そうした人々にとって問題なのは、権利を調整することで力関係を再均衡化することではなく、—— この権利自体をぶち壊すことになろうとも —— 一方的な力の行使に合致するように権利を一方的なものにすることである。ショーモンにとっての問題は、懐古趣味的に騎士道的理想へと回帰することではなく、逆に、現代の非対称的な紛争のパラメーターを軍事紛争法に現実的に統合しようとすることである。その核となる関心は以下のものだ。合法的に闘争す

18. カール・シュミット『大地のノモス　ヨーロッパ公法という国際法における』〔慈学社出版、2007年、423-424頁〕
19. これには別の選択肢もあるかもしれない。それは、軍事紛争の法的規制を、致死的な制裁をもたらす独占的権利の付属物とするのではなく、その法的規制の地平自体を維持することの利点を示すという選択肢である。シャルル・ショーモンは20世紀末の国際法理論については「ランス学派」のなかでもっとも多産で批判的な思想家の一人であったが、今日、彼の考察は、非対称な紛争という文脈における戦争法を再考するにあたってきわめて有用である。

最低限検討すべき原理は、闘争可能性の権利という原理である。戦争法が、向かいあう部隊のうちの一つから闘争可能性を結局奪っているという点については、間接的、直接的という二つの補完的な様態がある。

まず間接的な様態については、非対称な状況において、闘争するあらゆる可能性を敵から構造的に奪うような手段、武器ないし戦術を用いることを認めるというものだ。今日の軍用ドローンがそうである。ここで提起されるのは、非対称的な紛争においてこうした武器を用いることは適法かという問いである。

さらに、直接的な様態は、一方の陣営が闘争を行なうには唯一用いることのできる資源であってもこれを法によって禁じるというものである。ショーモンはゲリラの例を取り上げている。「軍事的、戦術的な手段について占領者と抵抗者のあいだに不平等が存在するがゆえに、ゲリラは特殊な闘争手法を用いることでこの不平等の埋めあわせをしようとする。不意打ち、伏兵、妨害工作、路上戦や密林戦などは、平坦な戦場での戦闘や、比較可能な軍事単位の衝突にとって代わろうとするものである。こうした手法において、武器の明らかな携行や弁別可能な指標［軍事紛争法による義務によって規定された指標］は、意味をもたなくなる場合もあるし［…］闘争の実効性からすると現実的には比較しえないものとなる場合もある［…］。したがって、こうした手段を禁じることは、ゲリラを禁じることになる」（Charles Chaumont, “La recherche d'un critère pour l'intégration de la guérilla au droit international humanitaire contemporain”, in *Mélanges offerts à Charles Rousseau*, Paris, 1974. 以下に引用 CICR, *Commentaire des protocoles additionnels du 8 juin 1977 aux Conventions de Genève du 12 août 1949*, Dordrecht, Kluwer, 1986, p. 5360）。たとえば、1943年のフランスの占領区域におけるレジスタンスの闘士に対し、軍事紛争に関する法に合致するようにとパリの街路に制服を

de la Guerre, Paris, Dumaine, 1866, p. 60)。

6. François Laurent, *Histoire du droit des gens et des relations internationales*, vol. 10, Les Nationalités, Paris, Librairie international, 1865, p. 488.

7. プーフェンドルフ『自然および諸国民の法について』第 5 巻 9 章。

8. *Ibid.*

9. 言い換えると、ここでは、不確かさこそが、敵対関係があるにもかかわらず慣例的な合意があるという逆説的な可能性を支えている。死の契約が考えられうるのは、それが幸運の契約である場合のみである。

10. Théodore Ortolan, *Règles internationales et diplomatie de la mer*, Paris, Plon, 1864, 1:9.

11. Michael Ignatieff, *Virtual War, op. cit.*, p. 161.〔イグナティエフ『ヴァーチャル・ウォー』前掲、191 頁〕

12. *Ibid.*

13. 「戦争道徳の根本原理とは、リスクを相互に課すという条件の枠内で自衛することができる権利をもつということである」。Paul W. Kahn, "The Paradox of Riskless Warfare", *Philosophy and Public Policy Quarterly*, vol. 22, no. 3 (2002) (http://digitalcommons.law.yale.edu /fss_papers/326).

14. *Ibid.*, p. 3.

15. Bradley J. Strawser, "Moral Predators", art. cit., p. 356. さらに以下も参照。Jeff McMahan, *Killing in War*, Oxford, Oxford University Press, 2009.

16. Michael Walzer, *Just and Unjust Wars*, London, Allen Lane, 1977, p. 41.〔マイケル・ウォルツァー『正しい戦争と不正な戦争』風行社、2008 年、119 頁〕戦争法に関してこの種の哲学が勝利を収めたことは、きわめて重い意味をもっているかもしれない。この哲学は、「不正な戦争」には等しい交戦権を認めず、これを即座に法外の犯罪行為とする。それは、「不正な戦争」を交戦法規（jus in bello）から除外することで、こうした原理を守らせるためのあらゆる勧奨をなくしてしまうこととなる。というのも、「不正な戦争」は、何をしようが、戦闘の形態を尊重することに結びついた法的な保護からはもはや何も享受するものはなくなるからだ。となれば、双方の側で、暴力はあらゆる歯止めを失うだろう。

17. 戦争行為を指す warfare という語をモデルにした造語。兵士やミサイルと同じようにして弁護人や覚書による攻撃があるという、戦闘の法学的な次元を示す。

19. Madiha Tahir, "Louder than bombs", *New Inquiry*, July 16, 2012 (https://thenewinquiry.com/essays/louder-than-bombs).

第４章　殺害権の哲学的原理

4-1　心優しからぬ殺人者

1. Joseph de Maistre, *Les soirées de Saint-Pétersbourg*, t. 2, Bruxelles, Maline, 1837, p. 8-9.〔ド・メーストル『サン・ペテルスブルグの夜話』中央出版社、1948 年、111-113 頁〕
2. Michael Walzer, "The Triumph of Just War Theory (and the Dangers of Success)", in *Arguing About War*, New Haven: Yale University Press, 2005, p. 16.〔マイケル・ウォルツァー『戦争を論ずる —— 正戦のモラル・リアリティ』風行社 , 2008 年、31 頁〕
3. *Ibid.*
4. *Ibid.*, p. 17.〔同上、32-33 頁〕
5. *Ibid.*, p. 101.〔同上、145 頁〕
6. *Ibid.*, p. 102.〔同上、146 頁〕
7. Albert Camus, *L'homme révolté*, Paris, Gallimard, 1958, p. 211.〔アルベール・カミュ『反抗的人間』『カミュ全集』6 巻、新潮社、1973 年、152-153 頁〕
8. *Ibid.*, p. 212.〔同上、153 頁〕
9. *Ibid.*, p. 213.〔同上、153 頁〕

4-2　戦闘のない戦争

1. Voltaire, « L'A, B, C », in *Oeuvres complètes, Mélanges VI*, Paris, Garnier, 1879, p. 368.
2. フーゴー・グロティウス『戦争と平和の法』第 3 巻 14 章、15 頁。
3. *Ibid.*
4. *Ibid.*
5. グロティウス自身がこう注釈を加えている。「このような決まりはおそらく王の人格に起因するだろう。というのも、一方で、王の生命は、ほかの人々の生命以上に、あけすけな力から守られているのだとしても、他方で、王の生命はほかの人以上に毒に対しては晒されているだろうから」(*ibid*)。ある戦争論の理論家はこう注釈を加えている。「この点についてグロティウスは正しい。王が戦場で絶命するのが五回のうちに一回のみであったとすれば、文明的な民族のもとでは戦争は長いこと起こらなかったろう」(Nicolas Villiaumé, *L'Esprit*

jeremyrhammond.com/2012/07/16/the-immoral-case-for-drones).

7. Anna Mulrine, "Warheads on Foreheads", *Air Force Magazine*, 91, no. 10 October 2008, p. 44-47.

8. Cf. *Living Under Drones, op. cit.*, p. 10.

9. "Transgenders Take to the Streets Against Drones", *Express Tribune*, July 31, 2012.

10. John Brennan, "The Ethics and Efficacy of the President's Counterterrorism Strategy", Wilson Center, April 30, 2012 (https://www.wilsoncenter.org/event/the-efficacy-and-ethics-us-counterterrorism-strategy).

11. 言い換えれば、ここでの議論は、ドローンの技術によって、識別能力という点で、視覚的な精緻さと物理的な近接性のあいだに伝統的に認められてきた紐帯が断ち切られるというものだ。オペレーターの近接性はもはや標的の特定のために必ずしも適切な要因ではなくなる。Christian Enemark, "War Unmanned: Military Ethics and the Rise of the Drone", intervention at the International Studies Association Convention, Montreal, March 16-19, 2011.

12. Adam Entous, Siobhan Gorman, and Julian E. Barnes, "US Relaxes Drone Rules: Obama Gives CIA Military Greater Leeway in Use Against Militants in Yemen", *Wall Street Journal*, April 26, 2012. 以下に引用、*Civilian Impact, op. cit.*, p. 33.

13. 「文民は、敵対行為に直接参加していないかぎり、この編の規定によって与えられる保護を受ける」。1949 年 8 月 12 日のジュネーヴ諸条約の非国際的な武力紛争の犠牲者の保護に関する追加議定書（議定書 II）第 4 編第 13 条 3、1978 年 12 月 7 日。

14. John Brennan, "Ensuring al-Qa'ida's Demise", Paul H. Nitze School of Advanced International Studies, Johns Hopkins University,Washington, June 29, 2011. 聴衆の質問への応答。http://www.c-spanvideo.org/program/AdministrationCo/.

15. "Military Age Mage" (MAM).

16. Jo Becker and Scott Shane, "Secret 'Kill List'", art. cit. これは明らかに、区別原理を侵害するものである。戦闘員の地位は対象者の年齢や性別からそのまま導出することはできない。

17. *Ibid.*

18. この点に関しては以下を参照。Eyal Weizman, "Forensic architecture: only the criminal can solve the crime", *The Least of All Possible Evils, op. cit.*, p. 99 sq.

ルツァー『政治的に考える——マイケル・ウォルツァー論集』風行社、2012年、431頁〕

18. *Ibid.*

19. このような考えについては、ワイツマンの考察に加えて、以下も参照。Adi Ophir, "Disaster as a Place of Morality, The Sovereign, the Humanitarian and the Terrorist", *Qui Parle*, vol. 16, no. 1, Summer 2006, p. 95-116.

20. 「ケア」には、「世話」、「配慮」、「注意」などさまざまな意味がある。フェミニストの理論家キャロル・ギリガンとジョアン・トロントは、この概念を、新たな倫理学的アプローチの核心とすることに貢献した。前述の心理的な脆弱性〔傷つきやすさ〕や共感といった概念と同様、配慮をめぐる倫理学的な言説が、ここでは自己弁護的なかたちで、死をもたらすような実践のために組み込まれて用いられている。

21. Eyal Weizman, *The Least of All Possible Evils: Humanitarian Violence from Arendt to Gaza*, London, Verso, 2012, p. 6.

22. Hannah Arendt, "Personal Responsibility under Dictatorship", in *Responsibility and Judgment*, ed. Jerome Kohn, New York: Schocken Books, 2003, p. 36.〔ハンナ・アーレント「独裁体制のもとでの個人の責任」『責任と判断』ちくま学芸文庫、60頁〕以下に引用。Weizman, *Least of All Possible Evils, op. cit.*, p. 27.

3-3 精緻化

1. Thomas De Quincey, *On murder*, Oxford, Oxford University Press, 2006, p. 84.〔トマス・ド・クインシー「芸術の一分野として見た殺人」『トマス・ド・クインシー著作集』第一巻、国書刊行会、1995年、327頁〕

2. Leon E. Panetta, *Director's Remarks at the Pacific Council on International Policy*, May 18, 2009.

3. この軍事紛争についての根本的な法原理では、無差別攻撃は禁じられている。軍事的な標的のみが直接狙われなければならない、ということだ。照準を合わせる際に民間人と戦闘員とを区別しなければならないということである。

4. Bradley Strawser, "The Morality of Drone Warfare Revisited", *The Guardian*, August 6, 2012.

5. Scott Shane, "The Moral Case for Drones", *New York Times*, July 14, 2012.

6. Cf. Jeremy R. Hammond, "The Immoral Case for Drones", July 16, 2012 (https://www.

3-2 人道的な武器

1. 以下に引用。Medea Benjamin, *Drone Warfare: Killing by Remote Control*, OR Books, New York, 2012, p. 146.
2. 以下に引用。Scott Shane, "The Moral Case for Drones", *New York Times*, July 14, 2012.
3. Kenneth Anderson, "Rise of the Drones: Unmanned Systems and the Future of War", *Written Testimony Submitted to Subcommittee on National Security and Foreign Affairs, Committee on Oversight and Government Reform, U.S. House of Representatives, Subcommittee Hearing*, March 23, 2010, p. 12.
4. Avery Plaw, "Drones Save Lives, American and Other", *New York Times*, September 26, 2012.
5. Bill Sweetman, "Fighters Without Pilots", *Popular Science*, vol. 251, no. 5, November 1997, p. 97.
6. カリフォルニア州モントレーの米国海軍大学院。
7. Rory Carroll, "The Philosopher Making the Moral Case for US Drones", *The Guardian*, August 2, 2012.
8. *Ibid.*
9. Bradley J. Strawser, "Moral Predators: The Duty to Employ Uninhabited Aerial Vehicles", *Journal of Military Ethics*, vol. 9, no. 4, 2010, p. 342.
10. *Ibid.*, p. 344.
11. *Ibid.*
12. *Ibid.*, p. 342.
13. *Ibid.*, p. 346.
14. *Ibid.*, p. 351.
15. *Ibid.*
16. ストローサーがここで引用しているのは、イスラエルの国営企業の「ラファエル社」の主張である。それによれば、ドローンに使用するために構想された同社の新型の長距離高性能ミサイル「スパイク」のおかげで、「精緻な市街戦」が可能になったとされる（*ibid.*, p. 351）。
17. Michael Walzer, "The Argument About Human Intervention", in *Thinking Politically: Essays in Political Theory*, New Haven: Yale University Press, 2007, p. 245.〔マイケル・ウォ

5. Amnesty International, *"Collateral Damage" or Unlawful Killings:Violations of the Laws of War by NATO During Operation Allied Force*, June 5, 2000.
6. Michael Ignatieff, *Virtual War: Kosovo and Beyond*, London, Vintage, 2001, p. 62.〔マイケル・イグナティエフ『ヴァーチャル・ウォー —— 戦争とヒューマニズムの間』風行社、2003 年、73 頁〕
7. 以下に引用。Nicholas Kerton-Johnson, *Justifying America's Wars: The Conduct and Practice of US Military Intervention*, New York, Routledge, 2011, p. 80.
8. Jean Bethke Elshtain, "Just War and Humanitarian Intervention", *Ideas from the National Humanities Center*, vol. 8, no. 2, 2001, p. 14. エルシュテインはこう付け加えている。「戦闘員の免除特権がわれわれの新たな行動指針となるよう求められているのであれば、われわれが将来において、われわれの公然たる目的を達成するために必要ならばそれを拒まざるをえなくなり、その結果、逆に、これらの目的の実現のみならず戦争を戦闘員にできるかぎり限定するという何世紀にもわたる努力をも切り崩しかねない手段に依拠するという状況に直面することもありうる」。
9. Alex J. Bellamy, "Is the War on Terror Just?", *International Relations*, vol. 19, no. 3, 2005, p. 289. 以下に引用、Daniel Brunstetter and Megan Braun, "The Implications of Drones on the Just War Tradition", *Ethics & International Affairs*, vol. 25, no. 3, 2011, p. 337-58.
10. Amos Harel, "The Philosopher Who Gave the IDF Moral Justification in Gaza", *Haaretz*, February 6, 2009.
11. *Ibid.*
12. *Ibid.*
13. Asa Kasher and Amos Yadlin, "Military Ethics of Fighting Terror: An Israeli Perspective", *Journal of Military Ethics*, vol. 4, no. 1, 2005, p. 3-32.
14. *Ibid.*, p. 17.
15. *Ibid.*, p. 20.
16. Avishai Margalit and Michael Walzer, "Israel: Civilians and Combatants", *New York Review of Books*, May 14, 2009.
17. *Ibid.*
18. Menahem Yaari, "Israel: The Code of Combat", *New York Review of Books*, October 8, 2009.

でいる（UAV Operators Suffer War Stress）」。2011 年 5 月閲覧。

30. 戦争とは「文明的な規範の公的な廃止」であり、そこでは通常の「われわれの美的および道徳的な性向」に対してこれまでとは別様に抵抗する行動をとることが奨励されるばかりか、そうするよう強制される。だからこそ兵士たちは「かつての精神的な態度や行動規範を大幅に再調整する必要に迫られる。[…] 一般的な道徳性、清潔性、美的感情についてのかつての規範は、すべてかなりの変容を迫られる」。兵士たちは、ダブル・スタンダードを生きることになるということだ。Ernest Jones, "War Shock and Freud's Theory of the Neurosis", in Ernest Jones (ed.), *Psycho-Analysis and the War Neuroses*, London, International Psycho-Analytical Library Press, 1921, p. 48.

31. John Keegan, *The Illustrated Face of Battle*, New York, Viking, 1989, p. 284.

32. Nicola Abé, "Dreams in Infrared: The Woes of an American Drone Operator", *Spiegel Online*, December 14, 2012 [Nicola Abé, « Un ancien "pilote" américain raconte », *Courrier international*, 3 janvier, 2013.]

33. Bumiller, "A Day Job", art. cit.

34. Ortega, "Combat Stress" discussion.

35. *Ibid.*

36. Simone Weil, *La Pesanteur et la grâce*, Plon, Paris, 1948, p. 139.〔シモーヌ・ヴェイユ『重力と恩寵』岩波文庫、238 頁〕

37. *Ibid.*〔同上、237 頁〕

第 3 章　死倫理学

3-1　戦闘員の免除特権

1. 以下に引用。Thomas G. Mahnken, *Technology and the American Way of War*, Columbia University Press, New York, 2008, p. 187.

2. Wesley Clark, *Waging Modern War: Bosnia, Kosovo and the Future of Combat*, New York, Public Affairs, 2002, p. 183.

3. William Cohen and Henry Shelton, *Joint Statement on Kosovo After-Action Review Before the Senate Armed Service Committee*, October 14, 1999, p. 27.

4. Andrew Bacevich and Eliot Cohen, *War over Kosovo: Politics and Strategy in a Global Age*, New York: Columbia University Press, 2001,p. 21.

もった「状況意識」をどのように維持および簡便化すべきかという問題がある。二つの環境を知覚しつつそのうちの一つに焦点を合わせること、〔一方を〕無視しつつも、〔他方の〕一つの視線に注意し、精神的に焦点化するという問題である。

ネッカーの立方体の場合には、二つの形象を同時に見ることはできない。一方を見るやいなや他方は消えるからである。これは厳密な二者択一であって、一方の視点をとることで他方は消えることになる。ここでの視点の転換は全面的なものだ。〔これに対し〕遠隔オペレーターの場合には、焦点意識と副次的意識の転換はあるが、とはいえ問題は、一方の意識は他方の意識に密かに寄生している点にある。というのも、一方の意識は他方の意識がはめ込まれている直接の枠組みだからである。残り続けている他方の意識、もう一方の意識のために選言的に〔あれかこれかのかたちで〕消去されずに残る意識を切断し、選別し、抽象しなければならないのだ。

そこでの問題は、遠隔存在の完全なる幻覚を前にして、それがどこに存在するのかとか、現実なのかとか、どれが現実的でないのかと問うことではない。逆に、局所的であると同時に遠隔的でもある存在についての混在し錯綜した経験を前にして、この混じりあった現実経験の地平をどのように整合的に分節化するかである。一方を他方とみなすということではなく、一方を他方とともに、一方を他方のうちに把握することである。混同ではなく、はめ込み、部分的な重ねあわせ、あるいは蓋然的な分節化である。それは、一つの存在のうちにとらわれる経験ではなく、二つの重ねあわされた経験なのである。

遠隔存在についての存在論的および現象学的な議論については、以下も参照。Luciano Floridi, "The Philosophy of Presence: From Epistemic Failure to Successful Observation", *Presence: Teleoperators and Virtual Environments*, vol. 14, no. 6, 2005, p. 546-57.

26. 以下のディスカッションでのデイヴ・ララの発言。Colonel Hernando J. Ortega Jr., "Combat Stress in Remotely Piloted/Unmanned Aircraft System Operations", *op. cit.*

27. Martin and Sasser, Predator, *op. cit.*, p. 85.

28. Blake Morlock, "Pilot is in Tucson; His Aircraft's over Iraq Battlefield", *Tucson Citizen*, August 30, 2007.

29. 軍人コミュニティのインターネット上の掲示板より。http://www.militarytimes.com. スレッド「UAV のオペレーターたちは戦争ストレスに苦しんそこには一種の媒介の忘却があるが、この忘却はプラグマティカルな次元におけるものでしかない。すなわち、行為するにはそのことを考える必要がもはやないということだ。つまり、それを無視しているといっても、その役割やその存在を認めることが不可能だという意味ではなく（これは認識論的な無知である）、たんに、行為する際にそれを無視することができるという意味においてだ（これがプラグマティカルな忘却である）。このような媒介のプラグマティカルな忘却は、知覚主体の失敗、すなわちそれを知覚したりその役割を認識したりする能力の欠如を示すのではなく、逆に、道具を我が物とし、自らに同化させ、もはやそのことに思いをめぐらす必要もないようするために払った長い努力の産物なのである。道具的媒介をしばし忘却することは、そこに達するのに成功しなければならない状態だということだ。つまり認識論的な失敗ではなく、プラグマティカルな成功だということだ。

遠隔存在の強い感情を体験するためには、主体はたんに、道具的な媒介の意識を実効的に副次化するだけでなく、自らの局所的存在についての意識も副次化できなければならない。つまり、自らを直接取り巻く環境（背中を居心地悪くさせているこの椅子、自分の周りの騒音等々）のなかで自分に影響を与えている刺激の総体を副次化できなければならない。ところで、この種の経験を特徴づけているのは、おおよそ以下のことである。「知覚主体は、一方の遠隔的な環境やシミュレートされた環境に関わる情報や、他方の観察者の居あわせる実際の物理的な環境を関わる情報など、対立するさまざまな情報が現れていることに気づく。そこでこう仮説を立てることができる。「遠隔存在」（意識が他所にある）を完全に信頼に足るものとするには刺激が不十分な場合、観察者は実際の環境については「副次的な意識」を、遠隔的ないしシミュレートされた環境については焦点意識を経験している。［…］たとえば電話で誰かと話す場合、装置を通じて会話をしながら一つの場所にいることについては副次的な意識を、そして、電線の向こうに人がいることについては焦点意識をはたらかせているということだ」（*ibid.*, p. 177）。副次化の作業は、その維持に成功するために多くの努力を求める。そこには、インターフェイスのデザインを考える人間工学者と遠隔オペレーターの作業について研究する心理学者とが交差する地点における、長時間焦点的な注意をどのように維持すべきかという問題がある。あるいは彼らの語彙で言えば、遠隔オペレーターのつねに脆さをの遠隔オペレーターが体験していることは、表面に触れるために杖や棒を用いるときに生じることと必ずしも異なるものではない。そのときに感じられるものは、棒の先にあるものとして感じられるのであって、棒をもつ手におけるものとしてではない。そこでは棒の視点が採用されているのだ。遠隔オペレーターが自らの指令で動く機械の腕の視点を採用するときに起こることも、これと根本的に異なっているわけではない。この種の視点の転換、道具の視点の採用という現象は、知覚与件の投影ないし転移という現象として記述することもできるが、こうした技術的な装置に特有のものではまったくないし、さらには道具の使用にとって特有のものですらない。こうした現象が作用する際の共通の基底にあるのは、心理学において「投影」と呼ばれるものである。感覚器官それ自体で生じるこの一般的な現象は、「外部化（externalisation）」、「転移（translocation）」ないし「遠位帰属（attribution distale）」とも呼ばれている。この場合、感覚そのものは身体において感じられているのだが、他所に割り当てられ、なんらかの場を指し示すものとなっている。ここでルーミスは、主体の意識に何が生じているかを記述するために、焦点意識と副次的意識という概念を用いている。前者は、前面における注意を、後者は意識の背景にとどまる一群の微小知覚を指す。道具を操作する習慣によって、「一連の媒介についての副次的意識が薄まりこの連鎖が透明なものになってゆく」とき、主体は「遠位の焦点意識」を発展させることができる。しかし、主体が行動を起こすために注意を払う必要がもはやない場合でも、棒に触れた手の感覚は弱く残り続ける。道具による媒介はもちろん透明になるが、とはいえ、背面のキャンバスには何かが残っている。少なくとも、副次的な意識の細かな基底に潜んだ微小知覚としては残っている。しかし、たとえば、棒の表面に残った棘によって私の掌に傷がつくことがあれば、媒介物によって触れている石は副次的意識のスペクトルのなかに追いやられ、棒のほうが瞬時に私の焦点意識の領野に入ってくることは十分ありうる。この点にこそデネットが語る「視点の転換」がある。すなわち、私が自分の身体と媒介をなす道具とのあいだの接触領域 —— たとえば私がレバーを動かそうとする際に用いる棒や部品 —— に焦点を合わせるか、それともこれらの要素を副次的なものとし、私がこの媒介物を通じて狙っている対象に注意を向けるか、それに応じて、焦点意識と副次的意識のあいだで転換があるということだ。

と後で転換することができるようになるだろう。いささか、ネッカーの透明な立方体やエッシャーのだまし絵について、自分の視線の向きを変えることができるのに似ている。このような精神訓練のようなものを伴うことで、作業員たちも行ったり来たりしているのだと仮定しても言いすぎではないように思われる」。Daniel Dennett, "Where Am I?" in *Brainstorms: Philosophical Essays on Mind and Psychology*, MIT, Cambridge, 1981, p. 314.

オペレーターは、機械でできた腕の動きに注意を集中させつつ、いわば機体操縦者の視点をとり、あたかも自分自身がそこで操作していると考える。とはいえ彼は、自らの身体が居座っている場所とは異なる場所でそう思っているわけではない。つまり、彼の経験は、感覚的な幻覚によって引き起こされた欺瞞、あるいは偽の思い込みなのではない。とはいうものの、「あたかも」彼は操作が行なわれている部屋にいるかのようなのだ。明らかにする必要があるのは、この「あたかも」の意味である。これは、思い込みの次元に属するものではないし、幻覚でもない。デネットが最終的に出しているアナロジーは巧妙なものだ。彼が挙げる例は、矛盾した対象についてのきわめて特殊な事例だ。ネッカーの立方体に注意を向けるとき、人はそれを前後に行ったり来たりしながら見ることができる。頭のなかで、それぞれの面を前面ないし背面へと転換させることで、先に見ていた面が後にきたり、その逆になったりするからである。

遠隔オペレーターの経験と関係づけた場合、このアナロジーで重要なのは、解釈的な決定不可能性という考えではなく、主体の精神的な局所化に応じて対象の布置が変化するという考えである。これに関連して主張されるべきは、遠隔存在の感情が幻覚的なものであるとか、あるいは幻覚的とならねばならないということではない。むしろ問題は、注意の焦点をどこに当てるか、さまざまな選択をどのように分離するか、さらに、同一の知覚野において前面ないし背面にくるべきものをどのように差異化、優先化するかということである。このような視点の転換という経験をどのように説明すべきか。この経験を下支えしている現象学的な操作はどのようなものだろうか。

ルーミスは、この現象について説得的な説明をしている。彼によれば、遠隔オペレーターは「「遠隔存在」ないし「遠い存在」という印象を強く受けたとしばしば報告している」。Jack M. Loomis, "Distal Attribution and Presence", *Presence, Teleoperators and Virtual Environments*, vol. 1, no. 1, 1992, p. 113. ルーミスによれば、こ

理学』前掲、225頁〕

21. Milgram, *Obedience to Authority*, *op. cit.*, p. 38.〔ミルグラム『服従の心理』前掲、2008年、58頁〕

22. Martin and Sasser, *Predator*, *op. cit.*, p. 31.

23. 遠隔操作のインターフェイスを用いることで生じる「道徳的な緩衝材」の効果については以下を参照。Mary Cummings, "Creating Moral Buffers in Weapon Control Interface Design", *Technology and Society Magazine*, vol. 23, no. 3, Autumn 2004, p. 28-33; Mary Cummings, "Automation and Accountability in Decision Support System Interface Design", *Journal of Technology Studies*, vol. 32, no. 1, Winter 2006, p. 23-31.「道徳的な束縛からの解放」という関連した概念については以下を参照。Albert Bandura, "Moral Disengagement in the Perpetration of Inhumanities", *Personality and Social Psychology Review*, vol. 3, no. 3, August 1999,p. 193-209.

24. "Telecommute to the warzone"（オルテガの発言）。ドローンのオペレーターにもっとも近いケースはおそらくスナイパーであろう。スナイパーもまた、物理的な距離と視覚的な近さとを結びつける経験をしている。しかし、スナイパーと異なり、ドローンのオペレーターは、もはや敵対者のいる領域に物理的に存在しているわけではない。

25. 遠隔存在に関連したこのような転換、「シフト・チェンジ」の感情の現象学的な次元についてここに注記を付け加えておきたい。ドローンのオペレーターが体験している「道具化される経験」は奇妙な形態をもっている。それは、二つのもののあいだのギャップという形態である。このような一種の存在トラブルのような感情をどう説明できるだろうか。アメリカの哲学者ダニエル・デネットの省察はここで出発点として役立つ。「実験室ないし工場でフィードバック制御された機械の腕《アーム》を使って危険な物質を操作している作業員は、シネラマの経験が引き起こしうるあらゆることよりもいっそう鋭敏でいっそう際立った視点の転換を体験している。この作業員は、自分の金属製の手が操作している箱の重みや滑らかさを感じとっているのだ。彼らはそれがどこにあるかはちゃんと知っている。彼らは経験から誤った推論をしているのではないし、偽の思い込みによって欺かれているのでもない。そうではなく、あたかも自分が視線を向けているこの隔離された部屋の内部に自分自身がいるかのようなのである。いくらかの精神の鍛錬を積めば、彼らは自分の視点を前ゲルはこのように付け加えている。「火器は、普遍的で、無差別で、非人称的な死を発見した」。感情を欠いた主体によって大量さゆえの抽象によって、冷血にもたらされる死に対する奇妙な礼賛だ。ドローンがこうした関係を逆説的にもふたたび人称化しようとしている時代にあって、われわれの耳はおそらくヘーゲルの言うことを理解する備えができていないのだが、それというのも 20 世紀の歴史がわれわれに教えてきたのはその暗い側面であったからだ。ベルリンの哲学者が国家暴力の合理化へと向かう目的論を目の当たりにしていたのに対し、20 世紀が恐怖とともに見出したのはそれとは別のものである。ジョン・ウルリック・ネフが第二次世界大戦直後にこの問題をふたたび取り上げたときには、いっそう自信を失っていた。「進歩によって、かつての闘争に付随していた感情的な怒りが現代の戦争から一掃された。歩兵を別にすれば、殺すことはきわめて非人称的なものとなったため、殺人者は、偽物のピストルで遊ぶ少年や、浴室でゴキブリを潰している男に似たものとなった」(John U. Nef, "The Economic Road to War", *Review of Politics*, vol. 11, no. 3, July 1949, p. 330)。遠隔的な暴力の「進歩」のもとで目下頭をもたげてきているのは、無菌化された殺人という野蛮である。機械化された殺人、事務的な殺人が、感情のこもった血の一撃にくらべて恐ろしいものではないかどうかは、いまや疑わしいものとなったのである。

16. Dave Grossman, *On Killing*, *op. cit.*, p. 128.〔グロスマン『戦争における「人殺し」の心理学』前掲、225 頁〕

17. 以下に引用。Jane Mayer, "The Predator War", *New Yorker*, October 26, 2009.

18. William Saletan, "Joystick vs. Jihad: The Temptation of Remote-Controlled Killing", *Slate*, February 12, 2006.

19. ミルグラムはこう付け加えている。「処刑される小隊の犠牲者に目隠しをすることを許可するという事実がもつ明白な機能は、犠牲者にとってのストレスを減らすことにあるが、執行者のストレスを減らすという潜在的な機能もありうる。通俗的な表現で言われるように、たとえば「背後から」誰かの悪口を言うほうがいっそう簡単なのだ」。Stanley Milgram, *Obedience to Authority: An Experimental View*, New York: Harper & Row, 1974, p. 39.〔スタンレー・ミルグラム『服従の心理』河出書房新社、2008 年、58 頁〕

20. Grossman, *On Killing*, *op. cit.*, p. 128.〔グロスマン『戦争における「人殺し」の心

同時に、その先端に適切な受信機を備えていれば、われわれの感覚能力の領域に、身体のみではもちえない次元を付け加えることもできる（たとえば赤外線映像など)。これは技術的な選択に依存している。

第二に、遠隔テクノロジー装置は、さまざまな次元のなかから、同時存在に対し、完全に一方向的なものから十分相互的なものまで、程度の差はあれ相互的な構造を与えるよう選択することもできる。通常、遠隔コミュニケーションの装置は相互的なタイプの構造を採用しているが、これは必然ではない。そこではまた、遠隔テクノロジー装置のデザインにおける決定がなされているのである。ドローン装置は逆に、非相互的な構造が選択されたものである。

遠隔テクノロジー装置は、身体そのものがその直接的な統一性において一緒のものとして示すものを離脱させると同時に再総合する。こうした新たな総合によって修正を受けるもの、それは、間主観的な経験の条件にもなっている、経験を構成する形態および構造である。この点こそ、ドローンという遠隔テクノロジーが、暴力関係に関して、同時存在の様態および間主観性の構造に革命をもたらしながら根底的に再編しているものなのである。

11. Elisabeth Bumiller, "A Day Job Waiting for a Kill Shot a World Away", *New York Times*, July 29, 2012.

12. *Ibid.*

13. Scott Lindlaw, "Remote Control Warriors Suffer War Stress: Predator Operators Prone to Psychological Trauma as Battlefield Comrades", *Associated Press*, August 7, 2008.

14. 戦争哲学においては、武器の射程と兵士の感情の関係について古典的な主張がある。これは、クラウゼヴィッツ－ヘーゲル法則と名づけることができる。クラウゼヴィッツはこう書いている。「敵を遠距離から攻撃できる武器のおかげで、きっちり休息をとりたいという兵士の欲求や感情を受け入れることができるし、射程がいっそう大きくなればなるほど、兵士は完全に休息をとることができる。投石機については、石を投げることに付随するいくばくかの怒りを想像することはできる。このような感情にとらわれることは、マスケット銃の発砲の場合には大いに減ぜられる。大砲の発射の場合にはなおさらそうである」。一対一の戦闘は感情を巻き込み手を汚すが、その野蛮さに対し、一つの進歩として、大砲の漠然とした抽象が対置されるわけだ。このような大きな物語においては、武器の歴史は理性の勝利と一体となって現れる。ヘー体と呼んでいるのである。「身体」とは、経験のもつこれら四つの次元、あるいは四つの側面の、見かけ上は分離しがたい直接的な総合のことなのである。これら四つはたがいに求めあい、文字通りともに歩む。この直接的な統一こそ、遠隔テクノロジーによって根底から解体されるものである。遠隔テクノロジーは、これらの四つの側面の関係を根底的に再編する技術的な統合を重ねあわせることで、この直接的な総合に、さらなる総合を付け加える。これら四つの側面は、これまでは連結していたが、そのうちのいくつかは独立し、離脱するようになる。身体は脱臼し、有機的な身体が部分的に複製されることで、これまで身体がその直接的な統一のもとで結合させていた諸要素が分離するようになるのである。

したがって、これらの〔テクノロジーによる〕装置は、同時存在のさまざまな次元に影響を及ぼすと同時に同時存在の構造にも影響を及ぼし、それによって、技術的な枠組みを定めることのできる選択に応じて、新たな経験を生み出すことができる。たとえば、損傷した存在、盲目の存在、非相互的な同時存在等々だ。これらは、同時存在の形態を変容させ、直接的な経験においてはありえないようなかたちで、さまざまな布置を可能にするばかりではなく、それを必然的にしたり不可能にしたりもする。もう一度電話の例をとるとこういうことだ。通常の経験において、たがいの顔を見ずにたがいに話をすることはもちろん可能だ（目を閉じたり、ドアの後ろにいたり、暗闇にいたり等々）。しかし、この布置は経験の構造のなかに必然的なものとして組み込まれているわけではない。ところが、電話はまさしくこの点に変化をもたらす。すなわち、電話という装置は、たがいに話をしながらたがいの顔を見ることを、その媒介それ自体ゆえに不可能にするのだ。ここでは、経験の形態そのものが構造的に修正されている。遠隔テクノロジー装置のデザインが、同時存在にどのような形態がありうるかを規定するのだ。さらにそれは、これまでになかったような経験の構造の布置も可能にする。どのようにしてか。これには二つの仕方がある。

第一に、遠隔テクノロジー装置は、それが伝達している同時存在の諸次元を「フィルターにかける」ことができる。すなわち、多様な現象に直接見られる豊富な側面のうちいくつかだけを取捨することができる。たとえば、映像だけ、音だけを伝えるというかたちだ。しかし、こうした遠隔テクノロジー装置は、になるのだ。つまり、ここでと同時にそこで、ということだ。この出来事はもはや原子的なものではない。実行されるときに両極に引き裂かれているのだ。

第二に、離脱には、破裂、つまり日常の経験において直接結びついているさまざまな同時存在の次元の分断という意味がある。これは、同時存在が細分化し、バラバラになる経験である。20世紀初頭、最初の電話機の普及を目撃した当時の人々は、電話による会話を「欠けた存在」ないし「不完全な存在」と呼んだ。これは、電話で話す人は、受話器の向こう側にいる人に対し不完全に局所化されているという考えではない（各々は自分が電話しているときに自分がどこにいるか、どの場所にいるかは知っている）。そうではなく、むしろ、二人の対話者の同時存在が欠け、不完全なものになっているということである（聞き、話すが、見ることも、触れることも、感じることもしない――顔なき声、身体なき声ということだ）。この欠けた存在という考えは、同時存在の縮減という現象に関わっている。触発する能力や触発される能力について言えば、対面での相互作用において十全ないし完全な同時存在を形成していた諸々の次元のうち、その他の次元を減退させることで、ただ一つの次元へとこの触発能力を縮減するという現象だ。そこでは、通常、直接的な経験という形態においてたがいに結合していた経験の諸要素が、根底的に解体し、分離し、バラバラになる。見られることなく話しあうことができるようになる。叩かれることなく叩くことができるようになる。見られることなく見ることができるようになる……。

ここで離脱するもの、それはもともとは分離していなかった身体的な存在の諸側面である。身体がつねに総体的に示していた諸側面が、別々に出現可能になるのである。非常に図式的に言えば、身体がその他の装備なしにただ一つの場において統合している存在の側面が、少なくとも四つあると言えるだろう。まず、身体は行為する。行為しようと思えば、この身体によって、ここにおいてである。また、身体は知覚する。ここでもまた、知覚するときには、なんらかの装備なしに、自分がいる場所で、自分自身の手段を通じてである。さらに、身体は知覚されうる（可視的である、匂いがある等々）。最後に、身体は脆弱で、傷つき、殺されうる。というのもそれは生ける身体だからだ。行為する身体、知覚する身体、知覚可能な身体、生ける身体の四つはどれも、同じただ一つの場につなぎとめられている。そしてこの場のことを、われわれは身身の身体や身に付けた装備の感覚運動野の射程よりもむしろ、信号が伝わる領域によって規定されることになる。重要なのは、各々の地点から伝達のネットワークに接続されていることだけである。遠隔テクノロジーに固有なのは、その操作のための物理的な媒体となる空間の同一的で連続的な領域において、それぞれの項が同時に局所化されていなければならないという条件から、同時存在を解放するという点にある。それぞれの項は、ネットワークがカバーする領域のなかにあればそれで十分なのである。それに対応して、遠隔存在とは、距離をとって存在するという点によってではなく、それぞれの項が同時局所化からは独立して同時存在するという点によって定義される。これが接続による同時存在である。〔遠隔テクノロジーの〕操作にとって、無媒介的な運動感覚野が連続していることは、必要ではなくなるのである。

遠隔テクノロジーの主要な効果は、同時存在を同時局所化の条件から分離させたことにあるということができる。遠隔テクノロジーが生み出すのは、通常の、とはいえ身体の物理的な同時局所化の条件からは分離・離脱した同時存在の、修正されたプラグマティカルな等価物である。各項はもはや、空間内の同一的で連続的な領域における同時局所化という意味ではもはや同時存在していない。それらが同時存在しているのは、相互接続された同時性という意味においてのみである。遠隔テクノロジーがそのオペレーターに対して生み出すものは、離脱の経験と呼ぶことができるだろう。これには以下の二重の意味がある。

第一に、同時存在と同時局所化の分離という意味である。離脱（disloquer）とは、リトレ辞典によれば、「脱臼させること、解体すること、外すこと、離断すること」である。ここで起きているのは、存在と場所の脱臼、プラグマティカルな同時存在と身体の物理的な同時局所化の離断である。存在はもはや、身体の場所にぴったりとはめ込まれているのではない。それは地表を離れた同時存在の現象である。話しあうためには、もはや空間という制限された同一の領域に物理的にいる必要はない。物理的な同時局所化とプラグマティカルな同時存在は、かつてはそれぞれ、必然的な条件づけの関係のもとでたがいに結ばれていたが、もはやそうではない。それゆえ、かつては非常に単純であった行為の場の問題がいっそう錯綜してくる。行為はどこで起きているのか。電話の会話はどこで起きているのか。行為が複数の場所で同時に展開されること件を撹乱させようとするような単なる策略と、一方向化して同時存在の構造を根底的に修正する試みのあいだには差異がある。

通常、装備の少ない身体同士にとって、同時存在は同時局所化を前提とするが、これは遠隔テクノロジーの場合にはもはや必ずしも当てはまらなくなる。遠隔テクノロジーによって根本的に可能になるのは、プラグマティカルな同時存在の関係を、物質的な同時局所化の条件から切り離すことである。ただし、遠隔テクノロジーという名称は正しいものではない。この呼称が示しているものとは逆に、それは、根本的には距離をとった操作技術としては定義されないのである。もちろん、われわれは地球の反対側にいる相手と電話をすることができるが、よくあるように、同じ通りで背中を向けながら、携帯電話を介して会話することも可能だ。遠隔テクノロジーの特殊性は、近さや遠さとは無関係に機能することにあるのである。この特殊性こそが、遠隔テクノロジーを、かつての、別の原理に立脚していた手法から区別するものとすら言える。遠方にある物体を双眼鏡で観察することはできるが、しかし、近くの物体にこの装置を向けるとすべてがぼやけてしまう。同様に、電話は、拡声器ではない。同じ部屋でメガフォンを使って会話しようとしてみたらどうなるだろうか……遠隔テクノロジーは距離を無視できるが、とはいえ同じ機器を近くにいる相手に使うことを妨げるものではまったくない。つまり、遠隔テクノロジーを特徴づけるのは距離ではなく、機能するためには距離が無関係だという点なのである。携帯電話と拡声器、あるいは双眼鏡とビデオカメラの差異は次の点にある。一方の技術は、同時局所化の領域の空間的な連続性に沿って射程を伸ばそうとする（これがまさしく、連続的な距離という意味での遠隔的な技術の場合である。ここでは、物理的な空間が物質的な媒介として直接的に用いられている）。他方の技術は、プラグマティカルな同時存在の脱局所化の技術であって、これは物質的な局所化の条件を消去してしまう。（音量を上げたり、映像を拡大したり、より遠くに投げたり等々）現象の増幅によって射程領域を拡張させる手法と、（一つの地点から別の地点へと、受信 − 伝達 − 再生する）信号の送信の原理に基づく同時存在の手法という、二種類の技術ははっきり区別しなければならない。後者の図式においては、二点のあいだの物理的な遠さないし近さの度合いは、同時存在の効果が発揮されるかどうかには無関係である。遠隔テクノロジーによって、同時存在の領域は、自域に含まれていれば同時存在していると言える。同時存在することが意味するのは、プラグマティカルに同一の領域に含まれているということだ。しかし、この領域は一つだけでも十分だ。この場合には、一方的な同時存在が問題となる。これは、一つの項が他方の項の射程に非相互的に含まれていることと規定される。したがって、同時存在は、さまざまな次元に応じて可変的なさまざまな射程をもつだけでなく、当該の関係性が相互的か否かに応じて変わる形態論的な構造をももっているのである。

私が同時存在の構造と呼んでいるのは、一つの実体が他方の実体の射程のうちに相互的であろうとなかろうと含まれる関係である。このような同時存在の構造によって、各々の実体が他方の実体に対し何をなしうるか、あるいはなしえないかが規定される。このような構造によって、関係を構成するプラグマティカルな規則が定められる（たとえば、われわれはたがいに話すことなくたがいを見ることができるが、しかし私の声が君の声よりも射程が長い場合、私は君の声を聞くことなく、君に話すことができる、など）。同時存在の構造および領域は、可変的に組みあわせることができ、さらに、この組みあわせによって、同時存在のさまざまな構成の枠組みを容易に生み出すことができる。たとえば、ありうる同時存在の形態についての形態論を生み出し、稀なケース、あるいは予見しがたいケースをも出現させることができる。透明人間という虚構的なケースは、このような形態論のうちに位置づけられる。これは、視覚領域においては非相互的であるが、接触的ないし致死的な領域においては相互的である同時存在のケースである。

同時存在の構成は競争の対象となることもある。この場合には、各々は、自らの利益になるようその規則を修正しようと努めることになる。たとえば、直接的には非相互的となっていない同時存在の構造を非相互的なものにするための策略としては、多かれ少なかれ実効的なものが多数存在する。動物の世界ばかりでなく、戦争の歴史、武器の歴史はこの種の策略に満ちている。たとえば、同等の装備がないために他者はわれわれに攻撃できないけれども、われわれのほうは他者のところまで届くように武器の射程を伸ばすことはできる。さらにまた、他者の知覚領域や操作領域のうちに含まれているにもかかわらず、自らの身を知覚不可能にすることもできる。カモフラージュのような不可視化の策略がそうだ。しかし、同時存在の一般的な構造は変わらないままでその条同心円状の領域に置かれている。プラグマティカルな同時存在の関係は、その位階において、豊富であったりなかったり、完全であったりなかったりする。したがって、距離および近さは、たんに計量的な概念だけではないのである。プラグマティカルには、それらは、あいだにある空間を通り抜ける移動時間に対応しているだけではない。プラグマティカルな同時存在の領域においては、われわれが他者の射程のうちにあるか否か、あるいは他者が特定の関係性の観点から見てわれわれの射程のうちにあるか否かという、同時存在のさまざまな次元の多かれ少なかれ充満した重なりあいに対応した閾に応じて（このような次元は生きた身体を含む、さまざまな物体のあいだにありうる関係の様態と同じくらい多数ある）分節化されているのである。

したがって、同時存在の次元の幅は、意味の幅と同じではない。それは、たとえば、致死的領域と呼びうる領域（これはここでは中心的なものだ）、あるいはその反対に脆弱性の領域と呼びうるものも含んでいる。こうした領域の境界は、もともとは爪、腕、牙などの射程や、速さや、獲物と狩猟者のあいだの相対的な耐久性によって確定される。言い換えれば、プラグマティカルな面においては、厳密に数値化しうる距離概念の代わりに、射程ないしリーチという概念を用いなければならないということだ。その射程の範囲が、可能な同時存在の領域の境界および外延を確定するのである。

射程領域の範囲はまた、関係する個人もしくは実体によっても変化する。典型的な例では、ある者の視野が別の者の視野よりも広いということはありうる。そこからは以下のような矛盾した帰結が出てくる。この観点からすると、私がより広い視野をもっていれば、私はいわば、他者が私に現前しているより先に他者に現前することができることになるのだ。これが矛盾した帰結だというのは、同時存在が必ずしも相互的でなくともよくなってしまうからだ。獲物と陰に身を潜める狩猟者は、たとえ獲物が狩猟者を見ることができなくとも、同時存在しうる。同時存在があるためには、二項のうちの一つが、少なくとも他方の項の射程領域のうちに含まれていさえすればよいのだ。実体Aが実体Bに対してははたらきかけたりあるいは影響を被るがその逆はない、という、一方的な同時存在という矛盾した形態は複数ある。

ここで「同時（co-)」という接頭辞が示しているのは、関係の相互性ではなく、共通に含まれているという事態である。二項が同じ知覚領域ないし操作領

ルな同時存在は、二つの項の少なくとも一つが、他方の運動感覚的ないし因果的な領域の少なくとも一つの次元の境界内に内包されることと規定される。同時存在のプラグマティカルな境界は、知覚的作用（知覚すること、されること）の領域ないし、可能な行為（効果を生み出す、効果を被る）の領域によって規定される。可能な同時存在の次元と同じ数だけ、射程の領域がある。視線の射程、耳で聞こえる射程、手が届く射程等々にいることができるということだ。さらに射程の領域は、同時存在のさまざまな側面ないし次元に対応しているのだが、それらの外延は異なっている。一般的な規則としては、距離が遠くなればなるほど、同時存在はそれがどれくらいの幅をもつかに応じていっそう完全なものとなる。

さまざまな次元のあいだには可変的に重複し、重なりあう領域もある。それゆえ、同時存在するさまざまな次元を多かれ少なかれ組みあわせることによって、あるいは射程の領域を多かれ少なかれ交差させることによって、同時存在の経験は豊かになったり貧しくなったりする。「生活世界の領域」との関係で言えば、距離は純粋に量的なものではなく、運動感覚のさまざまな射程の消失限度に対応した質的な閾をもっている。この観点からすると、二つの物体の最大の近さと最大の遠さの差異は、同時存在の積み重なった次元がどれくらい豊富にあるかによる。駅のホームにいる彼に私は話しかけて、最後に抱擁することもできたが、電車が離れてゆくと、もはや彼の姿を遠くからしか見ることができなくなる。豊富で多次元的な同時存在は貧しいものとなり、視覚的な領域だけに縮減される。

こうして、射程領域という概念は、限界への移行とともに、距離および近さの概念を質的に規定することになる。最大の近さは、あらゆる領域がたがいに重なる場合だ。しかし徐々に、一連の移行によって、私が遠ざかるにつれて、複数の同時存在の領域の限界から私は離れてゆくことになる。そこには、閾の効果、距離における質的な断絶の効果がある。これは、遠ざかるにつれて、同時存在するさまざまな位階ないし次元が徐々に消失してゆくことに現れる。これらの領域の外延は、関係する次元がどれかによって変わってくる。たとえば、視覚的な領域は、通常は、触覚的な領域よりもいっそう広い。目は、通常は、手が触れることのできる以上に遠くのものを見ることができる。運動感覚的な領域は、実際には、異なる外延をもつさまざまな領域に分解され、いわばて存在しあうということだ。もちろん、一般的な規則としては、同時存在は同時的な局所化を前提とする。同時存在するためには、同じ地点にいなければならないということだ。しかし、つねにそうとはかぎらない。しかも、遠隔テクノロジーによって導入された主たる断絶は、まさしくこの点に存するとさえ言える。

同時存在が「～に対する存在」と規定されるとしても、それは必ずしも「～のための存在」ではない。これはたびたび経験されることだ。そうとは知らずに同時存在することができる。他者がそこにいたけれども、私がこの他者をまだ見ていなかった場合などがそれだ。言い換えると、同時存在は、同時に存在しているという意識を前提とするのではない。主観的な感覚に還元できるものではないのだ。不活性な事物、物質的な対象も同時存在しうる。

しかし、同時存在は単なる共存（coexistence）でもない。二つの実体が共存していると言うためには、それらが同時にあれば、さらにどちらも自発的に存在していれば十分である。それに対し、同時存在はそれ以上のものを前提としている。すなわち、一方の項が他方の項に作用する、あるいは他方の項から作用を受ける可能性（因果関係）を前提としている。言い換えれば、同時存在は、現実的な関係の瞬間的な可能性によって規定されるが、必ずしも、この可能性そのものが現勢化されている必要はない。さらに言い換えると、同時存在は、一方の項が他方の項へとアクセス可能であるという可能性によって規定される。同時存在するためには、たがいにたがいの射程内にいる必要がある、ということだ。

二つの武器がたがいに存在しあっているのは、両者が射撃の射程内にあるときである。これは、射撃がまったく交わされない場合でもそうだ。この射程という観念によってこそ、プラグマティカルな概念としての同時存在は、単なる共存と区別される。同時存在が前提としているのは、二つの実体がたんに同時的にあることだけではなく、一方が他方の射程内に含まれていることである。

複数の実体が同時的にあるような、対象が共存する不確定的な基盤から、同時存在の特定の領域を切り取ることも可能だろう。プラグマティカルに同時存在するものの領域は、ある実体が別の実体の因果的な領域に内包されることによって規定される。人間であれ動物であれ、この因果的な場は、活動ないし知覚の領域、さらには運動感覚の領域に対応している。プラグマティカいるのであって、水平線を見ているのではないのだ。上に突き出た、垂直的な視点は、コクピットからのパイロットの水平的な視点の反復というよりも、かつて腹面がガラスでできた丸天井にいた砲兵のそれである。この意味では、かつての主体の視点に相当するものではない。このようなあいまいな形態を示すために、ファロッキは別の用語を作り出すことを提案している。「われわれは、爆弾の視野をもつような映画を、主観的なファントム・イメージと解釈することもできる」(*ibid.*, p. 13)。この表現は、ドローンが撮る映像の性質を十全に捉えている。それもまた「主観的なファントム・イメージ」なのだ。

3. ファロッキの指摘によって、ポール・ヴィリリオの次のような指摘にも重要なニュアンスをつけることができるようになる。ヴィリリオは「戦闘員にとって、武器の役割は目の役割である」と述べ、さらにこう付け加えている。「戦争兵器は[…]表象道具である」。Paul Viririo, *Guerre et cinéma. Logistique de la perception*, Paris, Cahiers du cinéma, 1984, p. 26.〔ポール・ヴィリリオ『戦争と映画 知覚の兵站術』平凡社ライブラリー、1999年、59頁〕

4. Mathieu Triclot, *Philosophie des jeux vidéo*, Paris, La Découverte, 2011, p. 94. ただしここでは、起動サインは、もう一つの種類の実在的な道具によって二重化されているというちがいがある。というのも、これは一旦起動してしまうと、世界中の周辺装置も起動させてしまうからだ。

5. "Stáca", *Ancient Laws and Institutes of England*, II, Glossary, London, Eyre & Spottiswoode, 1840, n.p.

6. Dave Grossmann, *On Killing: The Psychological Cost of Learning to Kill in War and Society*, Back Bay Books, New York, 1995, p. 59.〔デーヴ・グロスマン『戦争における「人殺し」の心理学』ちくま学芸文庫、2004年、194頁〕

7. *Ibid.*, p. 107.〔同上、194頁〕

8. *Ibid.*, p. 98.〔同上、181頁〕

9. *Ibid.*, p. 118.〔同上、209頁〕

10. 私がここで提案しているプラグマティカルな同時存在(coprésence pragmatique)という概念について、長くなるが理論的な注記をここに挿入しておきたい。場所的存在は、実体と場所との関係によって規定されるが(局所化の関係)、同時存在のほうは、諸々の実体(存在であれ出来事であれ)のあいだの関係だけによって規定される。同時存在するということが意味するのは、たがいにとっ

16. DSM-IV, Diagnosis and Criteria, 309.81.
17. *Ibid.*
18. U.S. Marine Corps, *Combat Stress-Army Field Manual (FM) 90-44/6-22.5*, 2000.
19. Karl Abraham, in Ernest Jones (ed.), *Psycho-Analysis and the War Neuroses*, London, International Psycho-Analytical Library Press, 1921, p. 25.
20. *Ibid.*
21. *Ibid.*, p. 247. ここで先取り的に指摘しておくべきだろうが、フロイトの主張は、本書でものちに扱う予定のグロスマンにおける「殺害への嫌悪」という主張のような、天使的な性格はもっていない。フロイトは、殺害することへの抵抗を人類学的に第一の所与とみなすよりもむしろ、自我のさまざまに矛盾した側面のあいだの抗争、さらに、死の欲動が戦争状態によって解放されることで生じる脅威に力点を置いている。
22. 抗争が「生まれるのは、かつての平和的自我と兵士の新たな戦闘的自我とのあいだである。平和的自我が、新たに形成された自らに寄生する分身の向こう見ずな企てゆえに、自分の生命がなくなってしまうという危険をどれほど冒すにいたるかを見るやいなや、この抗争はいっそう鋭くなる。こう言うこともできる。かつての自我は、自らの生命を脅かす危険についてのトラウマ的な神経症のなかに逃げ込むことによって自らを保護している、あるいは、このかつての自我は、自らの生命を危険に晒すものとみなされた新たな自我から自らを防衛している、と」。フロイト「『戦争神経症の精神分析にむけて』への緒言」〔前掲、3 頁〕。
23. 以下を参照。Rachel MacNair, *Perpetration-Induced Traumatic Stress: The Psychological Consequences of Killing*, Westport, Praeger/Greenwood, 2005.

2-5 遠隔的に殺すこと

1. Martin and Sasser, *Predator, op. cit.*, p. 85.
2. Harun Farocki, "Phantom Images", *Public*, 29, 2004, p. 17. 1920 年代の映画製作者たちは、人間には不可能な視点から撮る場面を指し示すために（たとえば全速力で走る電車の下など）、「ファントム・ショット」というものを考案した。ドローンの先端に付けられたカメラは、かつて司令板の前に座ったパイロットが見ていたものを再現しているわけではない。そのカメラは、垂直に地上を見つめて岩波書店、2010 年、113 頁〕。

2. Scott Lindlaw, "Remote Control Warriors Suffer War Stress: Predator Operators Prone to Psychological Trauma as Battlefield Comrades", *Associated Press*, August 7, 2008.

3. *Ibid.*

4. 軍人コミュニティのインターネット上の掲示板より。http://www.militarytimes.com. スレッド「UAV のオペレーターたちは戦争ストレスに苦しんでいる（UAV Operators Suffer War Stress）」。2011 年 5 月閲覧。

5. *Ibid.*

6. Blake Morlock, "Pilot Is in Tucson; His Aircraft's over Iraq Battlefield", *Tucson Citizen*, August 30, 2007.

7. Matt J. Martin and Charles W. Sasser, *Predator: The Remote-Control Air War over Iraq and Afghanistan*, Minneapolis: Zenith, 2010, p. 31.

8. Peter W. Singer, *Wired for War, op. cit.*, p. 332.〔シンガー『ロボット兵士の戦争』前掲、481 頁〕

9. Mark Mazzetti, "The Drone Zone", art. cit.

10. "Come in Ground Control: UAVs from the Ground Up", *Air-force Technology*, November 17, 2010 (http://www.airforce-technology.com/features/feature101998).

11. ピーター・シンガーとともにブッキングス研究所で 2012 年 1 月に行なわれた会議でオルテガが自らの研究の成果を発表した。ここでの引用は以下に掲載された発言録に基づく。"Combat Stress in Remotely Piloted/Unmanned Aircraft System Operations" (http://www.brookings.edu/events/2012/02/03-military-medical-issues).

12. *Ibid.*

13. *Ibid.*

14. 「われわれは、この罪悪感がどのようなものか具体的にしっかりと研究してはいません。分かっていることは、上手くいかないときにこうした感情があるということです。彼らはいくらか内面のことを話しはじめています。実際、私たちは安全な環境内に司祭をもっとつけようともしているところなのです。さらに多くの医療技師も必要でしょう」。*Ibid.*

15. 有名な以下の資料による。*Diagnostic and Statistical Manual of Mental Disorders (DSM)*, Washington, DC, American Psychiatric Association, 1994.

Paris, Odile Jacob, 2002.

10. 以下を参照。John L. McLucas, Reflections of a Technocrat, *op. cit.*, p. 141.

11. 以下で視聴できる（手製のビデオクリップ付き）。http://www.youtube.com/watch?v=t8-kNPKNCtg.

12. このテーマについては以下を参照。Franck Barrett, "The Organizational Construction of Hegemonic Masculinity: The Case of the US Navy", *Gender, Work and Organization*, vol. 3, no. 3,1996, p. 129-42.

13. ヴァルター・ベンヤミン「ドイツ・ファシズムの理論」〔『ヴァルター・ベンヤミン著作集１』前掲、66 頁〕。

14. *JDN 2/11: The UK Approach to Unmanned Aircraft Systems.* 以下に引用。Walter Pincus, "Are Drones a Technological Tipping Point in Warfare?", *Washington Post*, April 24, 2011.

15. Al Kamen, "Drone Pilots to Get Medals?", *Washington Post*, September 7, 2012. このような勲章はすでに作られている。以下を参照。Andrew Tilghman, "New Medal for Drone Pilots Outranks Bronze Star", *Military Times*, February 13, 2013.

16. 以下に引用。Greg Jaffe, "Combat Generation: Drone Operators Climb on Winds of Change in the Air Force", *Washington Post*, February 28, 2010.

17. Mark Mazzetti, "The Drone Zone", art. cit.

18. このような考えおよびその逆説については、今日それと同様なものが、その他の専門職の分野において多く見受けられる。Christophe Dejours, *Souffrance en France, la banalisation de l'injustice sociale*, Paris, Seuil, 1998, p. 108f.

19. Leah Libresco, "Brave Enough to Kill", Unequally Yoked (blog), July 19, 2012 (http://www.patheos.com/blogs/unequallyyoked/2012/ 07/brave -enough-to-kill.html).

20. Alfred de Vigny, « Souvenirs de servitude militaire », *Oeuvres*, I, Bruxelles, Méline, 1837, p. 11.

21. Jane Addams, "The Revolt Against War", in *Women at The Hague: The International Congress of Women and Its Results*, Urbana, University of Illinois Press, 2003, p. 35.

22. *Ibid.*, p. 34.

23. *Ibid.*, p. 35.

2-4　ドローンの精神病理学

1. フロイト「『戦争神経症の精神分析にむけて』への緒言」〔『フロイト全集』16 巻、

死者と自らを同一化し、報復的正義に依拠しなければ満足感を得られない目撃者たちにおけるそれ —— が徹底的に脅威に晒され、戦慄にとらわれることになる」。Asad, *op. cit.*, p. 90.〔アサド『自爆テロ』前掲、130-131 頁〕

13. Gusterson, "An American Suicide Bomber?", art. cit.
14. Jean de Vauzelles, *Imagines mortis*, Birckemann, Cologne, 1555, ill. 40.

2-2 「他の誰かが死にますように」

1. Raoul Castex, *Synthèse de la guerre sous-marine*, Paris, Challemel, 1920, p. 121.
2. Voltaire, *Essai sur les moeurs, Oeuvres complètes*, Garnier, Paris, 1878, vol. 11, p. 349.
3. Talal Asad, *On Suicide Bombing, op. cit.*, p. 35.〔アサド『自爆テロ』前掲、58 頁〕
4. David Bell, "In Defense of Drones: A Historical Argument", *New Republic*, January 27, 2012.
5. Ernst Jünger, *Le Noeud gordien* (Bourgeois, 1995), p. 57.〔エルンスト・ユンガー『東西文明の対決——ゴルディウスの結び玉』筑摩書房、1954 年、63-64 頁〕
6. Asad, *op. cit.*, p. 35.

2-3 軍事的エートスの危機

1. 以下に引用。Castex, *op. cit.*, p. 125.
2. John Kaag and Sarah Kreps, "The Moral Hazard of Drones", *The Stone, New York Times blog*, July 22, 2012.
3. ルソーの有名な表現による。ルソー『社会契約論』第 1 編第 3 章〔岩波文庫、19 頁〕。
4. Général Cardot, *Hérésies et apostasies militaires de notre temps*, Paris/Nancy, 1908, p. 89. 以下に引用、François Lagrange, "Les combattants de "la mort certaine". Les sens du sacrifice à l'horizon de la Grande Guerre", *Cultures et conflits*, no. 63, 2006, p. 63-81.
5. 〔ロシア陸軍の〕ドラゴミノフ大将の言葉。以下に引用。Count P. Vassili, *La Sainte Russie*, Paris, Firmin-Didot, 1890, p. 134.
6. 毛沢東『遊撃戦論』〔中公文庫、2001 年、90 頁〕。
7. ヘーゲル『法の哲学』327 節〔中公クラシックス、2 巻、411 頁〕。
8. これは、イギリス空軍将校のブライアン・バーリッジが用いた表現である。
9. 以下を参照。Edward N. Luttwak, *Le Grand Livre de la stratégie: de la paix et de la guerre*,

3. Cf. Walter Benjamin, "Das Kunstwerk im Zeitalter seiner technischen Reproduzierbarkeit", *Gesammelte Schriften*, vol. VII (Frankfurt am Main: Suhrkamp, 1989), p. 359.〔ヴァルター・ベンヤミン「複製技術時代の芸術」『ボードレール他五篇』岩波文庫、1994 年、75 頁〕この参照については、マルク・ベルデに感謝したい。
4. *Ibid.*
5. Vladimir K. Zworykin, "Flying Torpedo with an Electric Eye" (1934), in Arthur F. Van Dyck, Robert S. Burnap, Edward T. Dickey, and George M.K. Baker (ed.), *Television*, vol. IV, Princeton, RCA, 1947, p. 360.
6. *Ibid.*
7. Richard Cohen, "Obama Needs More Than Personality to Win in Afghanistan", *Washington Post*, October 6, 2009.
8. Richard Cohen, "Is the Afghanistan Surge Worth the Lives That Will Be Lost?", *Washington Post*, December 8, 2009.
9. "Suicide Bombers: Dignity, Despair and the Need for Hope-Interview with Eyad El Sarraj", *Journal of Palestine Studies*, vol. 31, no. 4, Summer 2002, p. 74. 以下に引用。Jacqueline Rose, "Deadly Embrace", *London Review of Books*, November 4, 2004, p. 21-24 (http://www.lrb.co.uk/v26/n21/jacqueline-rose/deadly-embrace).
10. Jacqueline Rose, *ibid.*
11. Hugh Gusterson, "An American Suicide Bomber?", *Bulletin of the Atomic Scientists*, January 20, 2010 (http://www.thebulletin.org/american-suicide-bomber). タラル・アサドはこう付け加えている。「西洋列強による軍事的な介入がこの植民地主義の伝統を引き継いでいるかぎり、その第一の目的が、人命それ自体を守ることではなく、特定のタイプの人間主体の構築を促進し、その他の人間主体を非合法化するものであることは明らかである」。Talal Asad, *On Suicide Bombing*, New York, Columbia University Press, 2007, p. 36.〔タラル・アサド『自爆テロ』青土社、2008 年、58-59 頁〕
12. 「もし、死をもたらす者が、犯罪を犯すのと同時に、自分の意志で死ぬとすればどうなるだろうか。言い換えれば、罪と罰とが融合する場合、何が起きるだろうか。[…] 報復はつねに、反撃として正当化されている。それゆえにこそ、罪と罰とは時間的に隔たっていなければならないのだ。自爆攻撃のように、このような出来事化が不可能な場合にこそ、同一化という根本的な感覚——

www.the-american-interest.com/fukuyama/2012/09/20/surveillance-drones-take-two).

16. 以下を参照。http://www.youtube.com/watch?v=M9cSxEqKQ78. さらに以下も参照。http://www.team-blacksheep.com.

17. "Terrorists' Unmanned Air Force", Defensetech, May 1, 2006 (https://defensetech.org/2006/05/01/terrorists-unmanned-air-force). デニス・ゴームリーにとって、もっともありそうなのは、「組み立て式の飛行機や、民間の有人の飛行機を「貧者用のドローン」に転換する」というシナリオである。Dennis Gormley, "UAVs and Cruise Missiles as Possible Terrorist Weapons", *Occasional Paper*, no. 12, Center for Nonproliferation Studies, 2003, p. 8.

18. 2006年11月の Report DIIR SCID 010-17-0410. 以下を参照。"Iraq War Logs: Al Qaida's New Suicide Bombing Tactics", *The Guardian*, October 22, 2010 (https://www.guardian.com/world/iraq/warlogs/C39190D3-0310-47E3-A50A-27B20C4A81B).

第2章　エートスとプシケー

2-1　ドローンとカミカゼ

1. 以下に引用。Peter W. Singer, *Wired For War : The Robotics Revolution and Conflict in the 21th Century*, Penguin, New York, 2009, p. 62.〔ピーター・シンガー『ロボット兵士の戦争』NHK出版、2010年、94頁〕

2. 遠隔指令に人々が望んでいたのは、有機体から機械を解放し、誤謬から精緻化を解放し、恐れから速さを解放することであった。1934年、ジョン・フラー少将は、そこに、幽霊飛行機という武器へと必然的にいたることになる目的論的な原理を見てとっていた。「規律、訓練および才能は恐れを減らすことはできるだろうが、なくすことはできない。それゆえ、私は、次なる軍事的な大発明は操縦士のいない飛行機だと考えている。〔…〕もし電磁波によって操縦士のいない飛行機を操縦することができるのならば――しかもわれわれはそれが可能なことは知っている――、操縦士のいない大砲、戦車、潜水艦、あるいは静止していようが動いていようが、ほかのあらゆる兵器も可能であろう。その行動を制御しつつ遠隔的に兵器を派遣できるという能力は、全体的にであれ部分的にであれ、過去のあらゆる戦争における弱点、すなわち人間という要素を消去するだろう」。John Frederick Charles Fuller, "Speed in Modern Warfare", in Stephen King-Hall et al., *The Book of Speed*, London, Batsford, 1934, p. 138.

1-8 脆弱性《ヴァルネラビリティ》

1. Brasseurde Bourbourg, *Histoire du Canada*, I, Paris, Placy, 1852, p. 21.
2. Louis de Baecker, *De la langue néerlandaise*, Paris, Thorin, 1868, p. 40.
3. Felice, *Encyclopédie ou Dictionnaire universel raisonné des connaissances*, tome III, 1781, Yverdon, 1781, p. 570.
4. *Ibid.*
5. Mark Mazzetti, "The Drone Zone", *New York Times*, July 6, 2012.
6. "DoD News Briefing with Lt. Gen. Deptula and Col. Mathewsonfrom the Pentagon", July 23, 2009.
7. Siobhan Gorman, Yochi J. Dreazen, and August Cole, "Insurgents Hack U.S. Drones", *Wall Street Journal*, December 17, 2009.
8. UPI, "Israel Encrypts UAVs as Cyberwar Widens", June 12, 2012.
9. Noah Shachtman, "Computer Virus Hits U.S. Drone Fleet", *Wired*, July 10, 2011.
10. Lorenzo Franceschi-Bicchierai, "Drone Hijacking? That's Just the Start of GPS Troubles", *Wired*, July 6, 2012.
11. Qiao Liang and Wang Xiangsui, *La Guerre hors limites*, Payot, Paris, 1999, p. 140.〔喬良、王湘穂『超限戦　21世紀の「新しい戦争」』共同通信社、2001年、119頁〕
12. Trent A. Gibson, "Hell-Bent on Force Protection: Confusing Troop Welfare with Mission Accomplishment in Counterinsurgency", master's thesis, Marine Corps University, Quantico, VA, 2009, p. 6.
13. 以下を参照。Mike Davis, *Buda's Wagon: A Brief History of the Car Bomb*, London, Verso, 2007, p. 190.〔マイク・デイヴィス『自動車爆弾の歴史』河出書房新社、2007年、273頁〕
14. 敵対的な陣営において致死的な力に身を晒さないという原理には、作戦を実行している基地の安全性の原理が関係している。「祖国合衆国は、空軍が地球規模に力を発揮しうるような安全な基地でなければならない」。――これが意味しているのは、「力の発揮のために用いられる合衆国のインフラや施設の保護を保証する」ということである。Steven M. Rinaldi, Donald H. Leathem, and Timothy Kaufman, "Protecting the Homeland Air Force: Roles in Homeland Security", *Aerospace Power Journal*, no. 1 Spring 2002, p. 83.
15. Francis Fukuyama, "Surveillance Drones, Take Two", September 12, 2012 (https://

17. *Ibid.*

18. *Ibid.*

19. *Ibid.*

20. David Galula, *Counterinsurgency Warfare in Theory and Practice*, Westport, CT, Praeger Security International, 2006, p. 4.

21. David Kilcullen, "Counterinsurgency Redux", *Survival*, vol. 48, no. 4, December 2006, p. 117.

22. *Ibid.*, p. 113.

23. David Kilcullen, *Counterinsurgency*, Oxford, Oxford University Press, 2010, p. 188.

24. "Counterinsurgency", in *Joint Publication 1-02 Department of Defense Dictionary of Military and Associated Terms*, 2010, p. 69.

25. Kilcullen, "Counterinsurgency Redux", art. cit., p. 6.

26. Kilcullen, *Counterinsurgency, op. cit.*, p. 186.

27. *Ibid.*, p. 187.

28. David Kilcullen, "Countering Global Insurgency", *Journal of Strategic Studies*, vol. 28, no. 4, August 2005, p. 605.

29. Peter Matulich, "Why COIN Principles Don't Fly with Drones", *Small Wars Journal*, February 2012 (http://smallwarsjournal.com/jrnl/art /why-coin-principles-dont-fly-with-drones).

30. 以下に引用。Shuja Nawaz, *Fata - A Most Dangerous Place: Meeting the Challenge of Militancy and Terror in the Federally Administered Tribal Areas of Pakistan*, Center for Strategic and International Studies, January 2009, p. 18 (http://csis.org/files/media/csis/pubs/081218_nawaz_fata _web.pdf).

31. *Joint Publication 3-24, Counterinsurgency Operations*, October 5, 2009, p. xv.

32. Dunlap, "Making Revolutionary Change", art. cit., p. 60.

33. *Ibid.*

34. *Ibid.*, p. 59.

35. Andres, "The New Role of Air Strike", art. cit.

36. Joshua S. Jones, "Necessary (Perhaps) but Not Sufficient: Assessing Drone Strikes Through a Counterinsurgency Lens", *Small Wars Journal*, August 2012 (smallwarsjournal.com/blog/necessary-perhaps-but-not-sufficient-assessing-drone-strikes-through-a-counterinsurgency-lens).

October 13, 2001.

6. Charles J. Dunlap, "Air-Minded Considerations for Joint Counterinsurgency Doctrine", *Air and Space Power Journal*, Winter 2007, p. 65.

7. Charles J. Dunlap, "Making Revolutionary Change: Airpower in COIN Today", Parameters, Summer 2008, p. 58.

8. 以下に引用。*Ibid.*, p. 58.

9. *Ibid.*

10. Angelina M. Maguinness, "Counterinsurgency: Is 'Air Control' the Answer ?", *Small Wars Journal*, June 2009 (http://smallwarsjournal.com/blog/journal/docs-temp/261-maguinness.pdf).

11. F.S. Keen, "To What Extent Would the Use of the Latest Scientific and Mechanical Methods of War Affect the Operations on the North-West Frontier of India?", *Journal of the United Service Institution of India*, 53, no. 233, 1923, p. 400, 以下に引用。Andrew Roe, "Aviation and Guerilla War: Proposals for 'Air Control' of the North-West Frontier of India", *Royal Air Force Power Review*, vol. 14 no. 1, 2011, p. 55. 以下も参照。Derek Gregory, "From a View to a Kill: Drones and Late Modern War", *op. cit.*, p. 189.

12. Maguinness, "Counterinsurgency", art. cit. 強調は引用者。

13. *Ibid.*

14. Richard Andres, "The New Role of Air Strike in Small Wars: AResponse to Jon Compton", *Small Wars Journal*, July 2008 (http://smallwarsjournal.com/blog/the-new-role-of-air-strike-in-small-wars).

15. アーレントは次のように予見していた。「政治の領域においては、秘密および故意の欺瞞がつねに重要な役割を担ってきた。そこでもっとも大きな危険をなしていたのは自己欺瞞である。自分を騙すペテン師は、公衆のみならず、現実の世界とのあらゆる接触を失う。だがこの現実の世界はかならず彼をふたたび捉えるだろう。というのは、彼の精神をそこから遊離することはできても、身体を遊離することはできないからである」。Hannah Arendt, "Lying in Politics", in *Crisis of the Republic*, New York: Harcourt, Brace, Jovanovich, 1989, p. 36.〔ハンナ・アーレント「政治における嘘」『暴力について』みすず書房、2000 年、34 頁〕

16. David Kilcullen and Andrew McDonald Exum, "Death from Above, Outrage Down Below", *New York Times*, May 17, 2009.

十全に市民ではなかったし、本当にはアメリカ人ではなかったのだろう。デンバーに生まれた彼の17歳の息子は、その1週間後、締めくくりのためにもたらされた攻撃によって殺害されたが、彼もまたそうではなかったのだろう。Cf. Tom Finn and Noah Browning, "An American Teenager in Yemen: Paying for the Sins of His Father ?", *Time*, October 27, 2001.

29. Human Rights Watch, "Letter to Obama on Targeted Killings and Drones", December 7, 2010 (https://www.hrw.org/news/2010/12/07/letter-obama-targeted-killings).

30. Mary Ellen O'Connell, "Unlawful Killing with Combat Drones: A Case Study of Pakistan, 2004-2009", abstract, Notre Dame Law School, Legal Studies Research Paper, no. 09-43, 2009.

31. *Ibid.*

32. ケネス・アンダーソンがまとめているように、批判者たちに不安が生じるとすれば、それは「軍用ドローンによる標的殺害の技術が生まれることで [...] 戦争法が暗黙のうちに根底においている戦争地理学の考え方を混乱させ、破損する可能性がある」からだ。Kenneth Anderson, "Targeted Killing and Drone Warfare: How We Came to Debate Whether There Is a 'Legal Geography of War'", in Peter Berkowitz (ed.), *Future Challenges in National Security and Law*, Research Paper, no. 2011-16, Hoover Institution, Stanford, p. 3.

33. この概念については、以下を参照。Katherine Munn and Barry Smith, *Applied Ontology: An Introduction*, Ontos Verlag, Heusenstamm bei Frankfurt, 2008.

1-7　空からの対反乱作戦

1. Dexter Fikins, "U.S. Tightens Airstrike Policy in Afganistan", *New York Times*, June 21, 2009.

2. チェ・ゲバラ『ゲリラ戦争』〔中公文庫、2008年、47頁〕。

3. Philip S. Meilinger, "Counterinsurgency from Above", *Air Force Magazine*, vol. 91, no. 7, July 2008, p. 39.

4. カール・シュミット『パルチザンの理論』〔ちくま学芸文庫、1995年、47頁〕。

5. この発言は、アメリカ軍の攻撃に反抗する街の住民であるモルヴィ・アブデュラ・ハイジャジという人物のものである。以下に引用。Barry Bearak, "Death on the Ground, U.S. Raid Kills Unknown Number in an Afghan Village", *New York Times*,

15. *Joint Publication 3-24, Counterinsurgency Operations*, October 5, 2009, VIII-16, n. p.
16. Air Land Sea Application Center, *Field Manual 3-09.34 Multi-Service Tactics, Techniques and Procedures (MTTPs) for Kill Box Employment*, June 13, 2005, I-5, n. p.
17. *Ibid.*, I-1.
18. *Joint Publication 3-24, op. cit.*, II-19.
19. 1996年、軍用ドローンの将来の活用を予測する軍部のリポートにおいては、明晰にもこう書かれている。「長期的に見ると、UAVは、標的の位置特定のためのデータ集積と、自律した作戦区域（キル・ボックス）における標的の攻撃とを同時に可能にするだろう」。Cf. Air Force Scientific Advisory Board, *UAV Technologies and Combat Operations, 3-4, SAF/PA 96-1204*, 1996, 3-4.
20. 以下に引用。James W. MacGregor, "Bringing the Box into Doctrine: Joint Doctrine and the Kill Box", *United States Army School of Advanced Military Studies*, United States Army Command and General Staff College, Fort Leavenworth, Kansas, AY 03-04, p. 43.
21. "James A. Thomson to Donald H. Rumsfeld", memorandum, February 7, 2005. 以下に引用。Howard D. Belote, "USAF Counterinsurgency Air-power: Air-Ground Integration for the Long War", *Air and Space Power Journal*, vol. 20, no. 3, Autumn 2006, p. 63.
22. *Ibid.*
23. U.S. Army, *Unmanned Aircraft Systems, Roadmap, 2010-2035*, p. 65.
24. Kenneth Anderson, "Self-Defense and Non-International Armed Conflict in Drone Warfare", October 22, 2010(http://volokh.com /2010/10/22/self-defense-and-non-international-armed-conflict-in -drone-warfare).
25. Michael W. Lewis, "How Should the OBL Operation Be Characterized?", *Opinio Juris*, May 3, 2011(http://opiniojuris.org/2011/05/03/how-should-the-obl-operation-be-characterized).
26. Michael W. Lewis, "Drones and the Boundaries of the Battlefield", *Texas International Law Journal*, vol. 47, no. 2, June 2010, p. 312.
27. Gregory, "The Everywhere War", art. cit., p. 242.
28. というのも、もはや既定のことだからである。周知のように、アメリカの国籍をもっていることは、標的殺害を予防することにはならない。ただし、2011年9月にイエメンにおいてドローン攻撃で殺害されたアメリカ市民のアンワル・アウラキは、おそらく、その死を決断した者たちにとっては、もはや

2. 地理学者のデレク・グレゴリーは、「つねに行なわれる戦争」ばかりでなく「いたるところで行なわれる戦争」という形態を時間的かつ空間的に分析しなければならないと述べている。Derek Gregory, "The Everywhere War", *Geographical Journal*, vol. 177, no. 3, September 2011, p. 238.

3. Steven Marks, Thomas Meer, and Matthew Nilson, "Manhunting: A Methodology for Finding Persons of National Interest", thesis, Naval Postgraduate School, Monterey, June 2005, p. 28.

4. Cf. Blackstone, *Commentaries on the Laws of England*, New York, Garland, 1978, vol. III, p. 213.

5. とはいえ、このことを完全に行なうには、現行法とは矛盾したとしても、人類に共通の敵という古風なカテゴリーを復活させなければならなくなるだろう。以下を参照。Daniel Heller-Roazen, *The Enemy of All: Piracy and the Law of Nations*, New York, Zone Books, 2009.

6. 2002年11月5日に放送された以下のインタビューを参照。"Deputy Secretary Wolfowitz Interview with CNN International", broadcast on November 5, 2002.

7. Douhet, *La Maîtrise de l'air*, *op. cit.*, p. 57.

8. Cf. Eyal Weizman, *Hollow Land: Israel's Architecture of Occupation*, London, Verso, 2007, p. 239.

9. *Ibid.*, p. 237.

10. Eyal Weizman, "Control in the Air", Open Democracy, May 2002 (www.opendemocracy.net/conflict-politicsverticality/article_810.jsp).

11. この表現は、1940年代のすでに忘れられている著者によって用いられたものだ。Burnet Hershey, *The Air Future: A Primer of Aeropolitics*, New York, Duell, Sloan and Pearce, 1943.

12. それゆえワイツマンはこう指摘している。キャンプ・デイヴィッドでの交渉の最中、イスラエルは、地上については譲歩しつつ、パレスチナの領土上空の「空中および電波空間の使用およびその管理権」を自らが保持することを求めた。地上は譲歩するが、空中は自分のものとするということだ。Weizman, "Control in the Air", art. cit.

13. Alison J. Williams, "A Crisis in Aerial Sovereignty? Considering the Implications of Recent Military Violations of National Airspace", *Area*, vol. 42, no. 1, March 2010, p. 51-59.

14. Stephen Graham, "Vertical Geopolitics: Baghdad and After", *Antipode*, vol. 36, no. 1, January 2004, p. 12-23.

2009.

10. US Army, *Field Manual 3-60: The Targeting Process*, November 2010, B-3.

11. Tony Mason, Suzanne Foss, and Vinh Lam, “Using ArcGIS for Intelligence Analysis”, Esri International User Conference, 2012 (http://proceedings.esri.com/library/userconf/feduc11/papers/tech/feduc-using-arcgis-for -intelligence-analysis.pdf).

12. “Activity based intelligence (ABI)”.

13. Keith L. Barber, “NSG Expeditionary Architecture: Harnessing Big Data”, *Pathfinder*, vol. 10, no. 5, September-October 2012, p. 10.

14. 以下に引用。Adam Entous, “CIA Drones Hit Wider Range of Targets in Pakistan”, *Reuters*, May 5, 2010.

15. Cloud, “CIA Drones Have Broader List of Targets”, art. cit.

16. 以下に引用。Ken Dilanian, “CIA Drones May Be Avoiding Pakistani Civilians”, *Los Angeles Times*, February 22, 2011.

17. Winslow Wheeler, “Finding the Right Targets”, *Time*, February 29, 2012.

18. Becker and Shane, “Secret ‘Kill List’ Proves a Test of Obama’s Principles and Will”, art. cit.

19. Center for Civilians in Conflict, *Civilian Impact of Drones, op. cit.*, p. 34. 以下も参照。Scott Shane, “Contrasting Reports of Drone Strikes”, *New York Times*, August 11, 2011.

20. Kate Clark, *The Takhar Attack, Targeted Killings and the Parallel Worlds of US Intelligence and Afghanistan*, Afghanistan Analyst Network Thematic Report, June 2011, p. 12. デレク・グレゴリーによる引用（http://geographicalimaginations.com）。

21. Gareth Porter, “How McChrystal and Petraeus Built an Indiscriminate Killing Machine”, *Truthout*, September 26, 2011.

22. *Ibid.*

23. Joshua Foust, “Unaccountable Killing Machines: The True Cost of US Drones”, *The Atlantic*, December 30, 2011.

24. 以下に引用されたサドラー・ワジールの発言。Madiha Tahir, “Louder Than Bombs”, *New Inquiry*, July 16, 2012 (http://thenewinquiry.com/essays/louder-than-bombs).

1-6 キル・ボックス

1. Giulio Douhet, *La Maîtrise de l’air*, Économica, Paris, 2007, p. 57.

article/2012/01/26/us-david-rohde-drone-wars-idUSTRE80P11I20120126).

33. Stanford International Human Rights and Conflict Resolution Clinic, *Living Under Drones: Death, Injury and Trauma to Civilians from US Drone Practices in Pakistan*, September 2012, p. 81ff (livingunderdrones.org/wp-content/uploads/2012/10/Stanford-NYU-LIVING-UNDER-DRONES.pdf).
34. *Ibid.*
35. *Ibid.*, p. 83.
36. *Ibid.*, p. 81.
37. *Ibid.*, p. 87.

1-5　生活パターンの分析

1. Defense Science Board, *2004 Summer Study on Transition to and from Hostilities*, Washington, December 2004. 以下に引用。Derek Gregory, "In another time-zone, the bombs fall unsafely", *Arab World Gerographer*, 2007, vol. 9, no. 2, p. 88-112.
2. Jo Becker and Scott Shane, "Secret 'Kill List' Proves a Test of Obama's Principles and Will", *New York Times*, May 29, 2012.
3. "Terror Tuesday".
4. 2010年3月25日のアメリカ国際法学会におけるハロルド・コーの講演〔Harold Koh, "The Obama Administration and International Law"〕。
5. Human Rights Clinic at Columbia Law School, Center for Civilians in Conflict, *The Civilian Impact of Drones: Unexamined Costs, Unanswered Questions*, September 2012, p. 8 (http://civiliansinconflict.org/uploads /files/publications/The_Civilian_Impact_of_Drones_w_cover.pdf).
6. *Ibid.*, p. 9. 以下も参照。Daniel Klaidman, *Kill or Capture: The War on Terror and the Soul of the Obama Presidency*, Boston, Houghton Mifflin Harcourt, 2012, p. 41.
7. この表現には、フランス語ではっきりとした対応語はない。それが示しているのは、形態的、「形状的」、あるいは構造的な分析のことである。生活モデル分析、生活図式分析、あるいは生活動機分析と訳すこともできるかもしれない。
8. David S. Cloud, "CIA Drones Have Broader List of Targets", *Los Angeles Times*, May 5, 2010.
9. 以下に引用。Anna Mulrine, "UAV Pilots", *Air Force Magazine*, vol. 92, no. 1, January

of Drones and Liminal Security-scapes", *Theoretical Criminology*, vol. 15, no. 3, August 2011, p. 240.

25. Weinberger, "How ESPN Taught the Pentagon to Handle a Deluge of Drone Data", art. cit.
26. Derek Gregory, "From a View to a Kill", art. cit., p. 195.
27. ビデオ映像の分析を自動化するプログラムに携わっている認知科学の分野の二人の研究者はこう指摘している。「異常な行動や脅威を与える行動を自動で探知することは、最近では、映像監視の領域で新たな関心の中心として浮かび上がってきている。この技術の目的は［…］結局のところ、そうした行動の帰結を予言することにある」。Alessandro Oltramari and Christian Lebiere, "Using Ontologies in a Cognitive-Grounded System: Automatic Action Recognition in Video Surveillance", in *Proceedings of the Seventh International Conference on Semantic Technology for Intelligence, Defense, and Security*, Fairfax, 2012.
28. Cf. Heller, "From Video to Knowledge", art. cit.
29. ARGUS-IS とは、「自律型リアルタイム地上ユビキタス監視画像化システム（Autonomous Realtime Ground Ubiquitous Surveillance Imaging System）」の頭字語であり、アメリカの著名な軍事研究機関 DARPA のプロジェクトの一つである。
30. 「ゴルゴンのまなざしシステム（Gorgon Stare system）」は、米国空軍が第 645 航空システム群（「ビッグ・サファリ」という愛らしいコードネームでいっそう知られている）を通じて開発したシステムであり、アルゴスと同じ原理を用いているが、いっそう多角的だ。構想者によれば、このシステムのおかげで、概観であっても細部であっても「街全体を観察できるようになるため、敵はわれわれが何を観察しているのかを知る術がまったくなくなり、われわれがすべてを見ることができるようになる」。Ellen Nakashima and Craig Whitlock, "With Air Force's Gorgon Drone 'We Can See Everything'", *Washington Post*, January 2, 2011. ゴルゴンのまなざしは、MQ9 リーパーに備えつけるための恒常的監視システムとして構想されていたが、最終的には、増産されてさまざまなプラットフォームに付けられるようになるかもしれない。
31. 『アイボーグ』は、2009 年にリチャード・クラボーが製作した驚くべきＢ級映画である。
32. David Rohde, "The Drone Wars", *Reuters*, January 26, 2012 (www.reuters.com/

12. ある情報エンジニアはこう指摘している。「国家の安全保障のためのデータの取り扱いの技術は、操縦士のいない飛行ドローンが生み出すさまざまな多量の情報のために構築されているわけではない」。それゆえ――「担当者が、作戦が行なわれている舞台で日常的に収集される何ペタビット〔10^{15} ビット〕ものデータをカテゴリー分けし、インデックス化し、解釈し、そこからなんらかの結論を引き出すことができるような高度かつ正確な分析ができる技術が急務である」。Heller, "From Video to Knowledge", art. cit.

13. "Too Much Information: Taming the UAV Data Explosion", *Defense Industry Daily*, May 16, 2010.

14. Heller, "From Video to Knowledge", art. cit.

15. Sharon Weinberger, "How ESPN Taught the Pentagon to Handle a Deluge of Drone Data", *Popular Mechanics*, June 11, 2012.

16. *Ibid.*

17. *Ibid.*

18. ヴァルター・ベンヤミン「ドイツ・ファシズムの理論」〔『ヴァルター・ベンヤミン著作集 1』晶文社、1969 年、66 頁〕。

19. 「精神の眼(Mind's Eye)」プログラム〔DARPA が主導する、AI を用いた映像分析の研究プログラム〕のこと。

20. Barnes, "Military Refines 'A Constant Stare Against Our Enemy'", art. cit.

21. "Too Much Information", art. cit.

22. Derek Gregory, "From a View to a Kill: Drones and Late Modern War", *Theory, Culture & Society*, vol. 28, no. 7-8, 2011, p. 208.

23. Derek Gregory, "Lines of Descent", *Open Democracy*, November 8, 2011 (www.opendemocracy.net/derek-gregory/lines-of-descent).

24. ウォールとモナハンはこう指摘している。「ドローンは、保険統計的なかたちの監視に基づいていると同時に、それを生み出してもいる。ドローンは、リスクの可能性についてデータを集めるために、そして[…]、許容できるレベルを超えたリスクをもつとみなされるノードを除去するために用いられている。部分的には、ドローンは、現代のほかの監視システムを規定する、カテゴリー的な否定的評価や社会的な選別という要請に合致した監視形態なのである」。Tyler Wall and Torin Monahan, "Surveillance and Violence from Afar: The Politics

Worlds", *Iosphere*, 2006, p. 8.

18. Cf. Sarah Kreps and John Kaag, "The Use of Unmanned Aerial Vehicles in Contemporary Conflict's Legal and Ethical Analysis", *Polity*, no. 44, April 2012, p. 282.
19. Crawford, *Manhunting, op. cit.*, p. 12.
20. これらの理論家たちは次のように告げている。「人間狩りはいっそう広範な含意および応用可能性をもっている。個々の人間の標的を無力化する能力、あるいは人間のネットワークを解体する能力は、非国家的な行為者からもたらされる脅威や［…］合衆国の利害に沿わない利害を有した組織からもたらされる脅威と戦うには決定的な能力となる」。このように定義されるならば、リストははるかに長いものとなるだろう。*Ibid.*, p. 12.
21. Jean André Roux, *La Défense contre le crime: répression et prévention*, Paris, Alcan, 1922, p. 196.

1-4　監視することと壊滅させること

1. 以下に引用。Brian Mockenhaupt, "We've seen the future, and it's unmanned", *Esquire*, October 14, 2009.
2. Gérard de Nerval, *Les Chiméres, Oeuvres I*, Gallimard, Paris, 1956, p. 37.
3. Horapollo, *Ori Apollinis Niliaci, De sacris notis et sculpturis libri duo*, Kerver, Paris, 1551, p. 222.
4. Julian E. Barnes, "Military Refines 'A Constant Stare Against Our Enemy'", *Los Angeles Times*, November 2, 2009.
5. *Ibid.*
6. *Ibid.*
7. Sierra Nevada Corporation, "Wide-Area Airborne Persistent Surveillance: The Unblinking Eye". NATO-ISTAR シンポジウムでの発表（2012 年 12 月）。
8. Cf. Arnie Heller, "From Video to Knowledge", *Science and Technology Review*, Lawrence Livermore National Laboratory, April-May 2011.
9. Cf. David Axe and Noah Shachtman, "Air Force's 'All-Seeing Eye' Flops Vision Test", *Wired*, January 24, 2011.
10. ロゴス・テクノロジー社の「恒常的監視」プログラム・リーダーであるジョン・マリオンの発言。以下に引用されている。Joe Pappalardo, "The Blimps Have Eyes 24/7: Overhead Surveillance Is Coming", *Popular Mechanics*, May 17, 2012.
11. Axe and Shachtman, "Air Force's 'All-Seeing Eye' Flops Vision Test", art. cit.

hunting/2007/09/cyber-hunting).

2. Cf. Mark Matthews, "State Lawmakers Bag Online Hunting", *Slate*, September 28, 2005.

3. 全米ライフル協会とは、合衆国憲法修正第２条によって保証された銃を所持する権利を擁護しようとする著名な団体である。

4. Cf. Kris Axtman, "Hunting by Remote Control Draws Fire from All Quarters", *Christian Science Monitor*, April 5, 2005.

5. *Ibid.*

6. "President Speaks at FBI on New Terrorist Threat Integration Center", February 14, 2003, (https://fas.org/irp/news/2003/02/wh021403b.html).

7. Eyal Weizman, "Thanatotactics", *Springerin*, June 4, 2006. (www.springerin.at/dyn/heft.php?id=49&pos=1&textid=1861&lang=en). これの別のヴァージョンが以下にある。"Targeted Assassinations: The Airborne Occupation", in *Hollow Land: Israel's Architecture of Occupation*, in London, Verso, 2007, p. 239-58. 標的殺害についてのイスラエル政府の戦略およびその行きすぎについては、以下も参照。Ariel Colonomos, "Les assassinats ciblés: la chasse à l'homme", in *Le Pari de la guerre - guerre préventive, guerre juste?*, Paris, Denoël, 2009, p. 202-40.

8. Weizman, "Thanatotactics", art. cit.

9. Rowan Scarborough, *Rumsfeld's War: The Untold Story of America's Antiterrorist Commander*, Washington: Regnery, 2004, p. 20.

10. Seymour Hersh, "Manhunt", *New Yorker*, December 23, 2002.

11. Cf. Steven Marks, Thomas Meer, and Matthew Nilson, "Manhunting: A Methodology for Finding Persons of National Interest", thesis, Naval Postgraduate School, Monterey, June 2005, p. 19.

12. Kenneth H. Poole, "Foreword", in George A. Crawford, *Manhunting: Counter-Network Organization for Irregular Warfare*, Joint Special Operations University Report, September 2009, p. vii.

13. Crawford, *Manhunting, op. cit.*, p. 7.

14. *Ibid.*

15. *Ibid.*, p. 19.

16. *Ibid.*, p. 13.

17. John R. Dodson, "Man-hunting, Nexus Topography, Dark Networks and Small

Publishing, Westminster, 2008, p. 14; Jacob Van Staaveren, *Gradual Failure: The Air War over North Vietnam 1965-1966*, Air Force History and Museums Program, Washington DC, 2002, p. 114.

5. John L. McLucas, *Reflections of a Technocrat: Managing Defense, Air, and Space Programs During the Cold War*, Maxwell Air Force Base, Air University Press, 2006, p. 139. ドローンは、きわめてローコストの武器とみなされていた。それは、「関与している人間の生命の価値および財務的なコスト」に関して、二重の節約ができるという論理による（*Astronautics and Aeronautics*, vol. 8, no. 11, 1970 , p. 43）。報道でもこの論点が取り上げられ、軍事ドローンの計画が当時進行中だった戦争の政治的な矛盾に解決をもたらすと言われている。「年始からの北ベトナムでの爆撃の強化は、アメリカ人の兵士たちの数を増し、インドシナに勾留されている数は 1,600 人以上と推定される。爆撃機から操縦士をなくすことによって、南アジアでのアメリカの制空権の維持というニクソンの政策の明白な計画に対する深刻な障壁を取り除くことができるかもしれない」。Robert Barkan, "The Robot Air Force Is About to Take Off", *New Scientist*, August 10, 1972, p. 282.

6. 戦争が終わると、このモデルは顧みられず、古典的な戦闘機のモデルに回帰することになった。軍用ドローンの計画が理論化され実験されていたにもかかわらずである。1971 年にイスラエル軍がファイヤービー・ドローンにマーヴェリク・ミサイルを備えつける実験を行なっていたことを指摘しておこう。Cf. David C. Hataway, *Germinating a New SEAD*, thesis, School of Advanced Airpower Studies, Air University, Maxwell Air Force Base, June 2001, p. 15.

7. *Ibid.*

8. Jim Schefter, "Stealthy Robot Planes", *Popular Science*, vol. 231, no. 4, October 1987, p. 66.

9. *Ibid.*, p. 68.

10. Bill Yenne, *Attack of the Drones: A History of Unmanned Aerial Combat*, St. Paul, Zenith Press, 2004, p. 85.

11. *Ibid.*

12. "President George W. Bush Addresses the Corps of Cadets", December 12, 2001.

1-3 人間狩り《マンハント》の理論的原理

1. Todd Smith, "Cyber-Hunting", Outdoor Life (www.outdoorlife.com/articles/

Skyways of Tomorrow, New York, Foreign Policy Association, 1944, p. 15-16.

8. 政治的－戦略的な面では、軍用ドローンの活用によって同種の空間的な区分けがなされる。つまり、「安全」地帯と過酷な地帯という地形学的な区別だ。ドローンと壁は同時に機能する。それらは、国内の空間の仕切りと、生死に関わる行動を一切伴わない外部への介入とを組みあわせた安全保障モデルという点において、一貫して結びついている。遠隔指令を受けた軍事力の理想は、シャボン玉のように透明なシールドで保護された国家のイメージと完全に一致する。壁の政治哲学については、以下を参照。Wendy Brown, *Walled States, Walling Sovereignty*, New York, Zone Books, 2010.

9. Clark, "Remote Control in Hostile Environments", art. cit., p. 300.

10. Marvin Minsky, "Telepresence", *Omni*, vol. 2, June 1980, 199.

11. Anonymous, "Last Word on Telechirics", *New Scientist*, vol. 22, no. 391, May 14, 1964, p. 405.

12. *Ibid.*, p. 41. この引用の最後の部分は、ヒレア・ベロックを模倣したものである。「何が起ころうともわれわれにはマキシム機関銃があるが、彼らの側には何もないからだ」。Hilaire Belloc, *The Modern Traveller*, London, Arnold, 1898, p. 41.

1-2 〈捕食者〉の系譜学

1. ヘーゲル『歴史哲学講義』〔岩波文庫、下、294 頁〕。

2. 「ぶんぶん蜂は針をもっていない。いわば、不完全な蜂である。かつて存在した、はちみつを作る古い虫の生き残り、最後の発生種である」（プリニウス『博物誌』第 11 巻 11 章、27 章）。

3. ドローンと巡航ミサイルの主なちがいは、任務を遂行してから基地に戻る能力をもつかどうかだ。「巡航ミサイルは UCAV〔無人戦闘航空機〕に近い祖先であるが、巡航ミサイルが一方向的なプラットフォームであるのに対して、UCAV が双方向的である点で異なっている。[…] 任務を遂行した後に基地に帰還し、他日にまた戦闘ができる能力が UCAV と巡航ミサイルの主な差異である」。というのも「後者は、任務を遂行した場合には基地に戻ることはない」からだ。Richard M. Clark, "Uninhabited Combat Aerial Vehicles: Airpower by the People, for the People, but Not with the People", thesis, School of Advanced Airpower Studies, Maxwell Airforce Base, June 1999, p. 4-5.

4. Cf. Steven Zaloga, *Unmanned Aerial Vehicles: Robotic Air Warfare 1917-2007*, Osprey

2012.
17. Ryan Devereaux, "UN Inquiry into US Drone Strikes Prompts Cautious Optimism", *The Guardian*, January 24, 2013.
18. Georges Canguilhem, *Le Normal et le pathologique*, PUF, Paris, 1966, p. 7.〔ジョルジュ・カンギレム『正常と病理』法政大学出版局、1987 年、9 頁〕
19. Simone Weil, *Réflexions sur la guerre, Oeuvres*, Gallimars, Paris, 1999, p. 455.〔シモーヌ・ヴェイユ「戦争にかんする省察」『シモーヌ・ヴェーユ著作集 1』春秋社、1998 年、124 頁〕
20. *Ibid.*〔同上、125 頁〕
21. *Ibid.*〔同上〕
22. この概念は以下に基づく。Frédéric Gros, *Etats de violence. Essai sur la fin de la guerre*, Paris, Gallimard, 2006.

第 1 章　技術と戦術

1-1　過酷な環境での方法論

1. Robert L. Forward, *Martian Rainbow*, New York, Del Rey, 1991, p. 11.〔ロバート・L フォーワード『火星の虹』ハヤカワ文庫、1992 年、30 頁〕
2. John W. Clark, "Remote Control in Hostile Environments", *New Scientist*, vol. 22, no. 389, April 1964, p. 300-303.
3. *Ibid.*, p. 300.
4. *Ibid.*「遠隔手（telechir）」とは、tele（遠隔）と kheir（手）からなる語である。
5. *Ibid.*, p. 300. 強調は引用者。
6. *Ibid.*
7. 「遠隔統治的（téléarchique）」という語は、1944 年にバーネット・ハーシーによって用いられ、「機械をケーブルなしで遠距離から操作すること、あるいは遠隔指令を出すこと」と定義された。「遠隔統治、つまり搭乗員のいない機械を無線によって遠隔的に制御することは、戦争が終わるまでには予期せぬ人気を博するかもしれない。ほかの諸々の装置と同様に、これは、新たな電気化学を応用しただけだ。ラジオの娘にしてテレビの親だ。遠隔統治的な制御によって操縦される、テレビカメラを備えたロボット飛行機が敵の頭上を飛び、その映像を直接転送することができるようになるかもしれない」。Burnet Hershey,

rise-from-one-a-year-to-one-every-four-days).

10. "Obama 2013 Pakistan Drone Strikes", Bureau of Investigative Journalism, January 3, 2013, (www.thebureauinvestigates.com/2013/01/ 03/obama-2013-pakistan-drone-strikes).

11. "Flight of the Drones: Why the Future of Air Power Belongs to Unmanned Systems", *The Economist*, October 8, 2011.

12. Elisabeth Bumiller, "A Day Job Waiting for a Kill Shot a World Away", *New York Times*, July 29, 2012. ここでの推測によると、これから2015年までに、米空軍には、全世界での軍事パトロールを実施するために2,000人以上のドローンの操縦士が必要になるとされている。

13. John Moe, "Drone Program Grows While Military Shrinks", *Marketplace Tech Report*, January 27, 2012.

14. 指摘しておくべきは、喫緊の見通しとして想定されるのは、古典的な機体がドローンによってすべて置き換えられるというものではなく、さまざまな「戦争様態」が混在し、そのなかでドローンが上位の地位を占めるだろうということだ。この点について同時に明記しておくべきは、こうした傾向は免れがたいものではないということだ。未来はすでに現在となっているわけではない——〔いくらかの〕未来のものが現在においてはたらいていることがあるにせよ、それは別のことだ。この点について、われわれは、ピーター・シンガーが同じ現象について行なっている目的論的で宿命論的な説明には同意しない。ドローン開発のための技術的および予算的な障壁について、彼はこう書いている。「歴史が示しているのは、こうした障壁によっても、到来する未来を妨げることはできないということだ。せいぜい、われわれが実際にこの到来に順応するのを遅らせることだけだ」。Peter W. Singer, "U-turn: Unmanned Systems Could Be Casualties of Budget Pressures", *Armed Forces Journal*, June 9, 2011. 20世紀のドローン計画の歴史が示しているのはむしろ逆のこと、つまりいくつもの計画の挫折の長い連なりである。

15. Cf. Jo Becker and Scott Shane, "Secret 'Kill List' Proves a Test of Obama's Principles and Will", *New York Times*, May 29, 2012. 以下も参照。Steve Coll, "Kill or Capture", *New Yorker*, August 2, 2012.

16. Cf. Medea Benjamin, *Drone Warfare: Killing by Remote Control*, New York, OR Books,

〔ボブ・ウッドワード『オバマの戦争』日本経済新聞出版社、2011年、22頁〕
5. 2009年11月24日のCNNの番組『アマンプール』で「アフガニスタンにおけるドローンの使用」が特集された際のデイヴィッド・デプチュラの言葉。彼はのちにインタビューでも次のように繰り返している。「このような射程をもつことで、われわれは、自宅でくつろぎつつ、そのさまざまな影響や戦闘能力を地球のどこにでも及ぼせるようになる。言い換えれば、このシステムによってわれわれは、脆弱性を発揮することなく力を発揮できるようになる」。以下を参照。David A. Deptula, "Transformation and Air Force Intelligence, Surveillance and Reconnaissance: Remarks Given at the Air Force Defense Strategy Seminar, US Air Force Headquarters", Washington, DC, April 27, 2007.
6. ここで問題になっているのは、力が晒されることがないようにするということである。あるいはむしろ、力を発揮する際に行為者の脆弱性が晒されないという条件を確保するということである。この表現はドローンの戦略的な利点を述べるものとして用いられるのに先立って、デプチュラが用いたもので、空軍の戦略家たちのレトリックにおいては馴染み深いものとなっている。一般的には、この表現は、射程の長距離化という歴史的な傾向と同一視されやすい、「遠距離戦争（remote warfare）」の手法を説明する際に用いられる。「棍棒から、槍、弓、弩、マスケット銃、鉄砲等々へと移っていった長期的な傾向を分析してみると、特殊な動機が浮かび上がってくる。敵からの攻撃を避けられるくらいの距離を保ちつつ、敵に攻撃を加えられるようにする、というものである。言い換えれば、脆弱性を発揮することなく、距離を保った影響力を発揮できるという特殊かつ合理的な欲望である。［…］脆弱性を発揮することなく遠距離から影響力を発揮するという長期的な軍事的傾向は、宇宙空間での攻撃能力を発展させることにも作用した」。Charles D. Link, "Maturing Aerospace Power", *Air and Space Power Journal*, September 4, 2001.
7. Elaine Scarry, *The Body in Pain: The Making and Unmaking of the World*, New York: Oxford University Press, 1985, p. 78.
8. Department of Defense, Report to Congress on Future Unmanned Aircraft Systems, April 2012 (www.fas.org/irp/program/collect/uas -future.pdf).
9. Chris Woods, "Drone Strikes Rise to One Every Four Days", Bureau of Investigative Journalism, July 18, 2011 (www.thebureauinvestigates.com/2011/07/18/us-drone-strikes-

プレリュード

1. Code Pink, "Creech Air Force Base: A Place of Disbelief, Confusion and Sadness", November 30, 2009.
2. Cf. Gerald Krueger and Peter Hancock, *Hours of Boredom, Moments of Terror: Temporal Desynchrony in Military and Security Force Operations*, Washington, National Defense University, 2010.
3. 引用されたやりとりは、『ロサンゼルス・タイムズ』紙のジャーナリストのデイヴィッド・クラウドが情報公開法を利用して入手した公式のコピーからとられたものである。ここに引用されているのはその抜粋のみである。原本は公刊に先だって複数の箇所で検閲がされている。全体については以下を参照。http://documents.latimes.com/transcript-of-drone-attack. 背景については以下の記事を参照。David S. Cloud, "Anatomy of an Afghan War Tragedy", *Los Angeles Times*, April 10, 2011.

（訳注）この出来事の顚末について付言しておきたい。攻撃を受けたのは、カブール南西の山岳部出身のシーア派ハザーラ民族の30人以上の男女（うち4名は6歳以下）である。まったく無実の人々で、スンニ派パシュトゥン民族が多数を占めるタリバンが支配する地域を脱するために移動していたところに攻撃を受けた。合計で23名（うち2名が子ども）が死亡、10名以上が重症を負った。アフガニスタン駐留軍司令官マクリスタルが当時のカルザイ大統領に謝罪し被害者には賠償金が支払われた。

序文

1. Department of Defense, *Dictionary of Military and Associated Terms*, Joint Publication 1-02, August 2011, 109.
2. 1970年代以降、この意味で用いられるときには「遠隔操縦機（RPV）」と言われる。
3. マイケル・モーズリー大将の言葉。以下に引用されている。Tyler Wall and Torin Monahan, "Surveillance and Violence from Afar: The Politics of Drones and Liminal Security-scapes", *Theoretical Criminology*, 15, no. 3, 2011, p. 242.
4. この表現は、合衆国国家情報長官のマイク・マコネルのものである。以下に引用されている。Bob Woodward, *Obama's Wars*, New York, Simon & Schuster, 2010, p. 6.

注

凡例

一、引用ないし参照されている文献に邦訳がある場合には書誌情報を載せ、頁数が指示されている場合には邦訳書で対応する頁数を記した。

一、引用文献に邦訳書がある場合には訳出にあたって大いに参照させていただいたが、訳語の統一の問題に加え、シャマユーがフランス語に訳出している場合、あるいはその仏語訳から引用している場合等もあり、基本的に原文のフランス語からの訳出を試みた。

一、古典や主としてドイツ語の著作について、仏訳のみが挙げられている場合、参照の便宜を考え、できるだけ邦訳書の対応する箇所を記した。

[訳者]

渡名喜　庸哲（となき・ようてつ）

1980年生まれ。慶應義塾大学商学部准教授。専攻はフランス哲学、社会思想。著書に『対立する国家と学問』（共著、勉誠出版、2018年）、『終わりなきデリダ』（共著、法政大学出版局、2016年）、『カタストロフからの哲学』（共著、以文社、2015年）、訳書に『エマニュエル・レヴィナス著作集』（共訳、法政大学出版局、2014年～2018年）、クロード・ルフォール『民主主義の発明――全体主義の限界』（共訳、勁草書房、2017年）ほか。

[著者]

グレゴワール・シャマユー（Grégoire Chamayou）

1976年生まれ。フランスの哲学研究者。現在、フランス国立科学研究所（CNRS）研究員。専攻は科学哲学。著書に『卑しい身体――18世紀から19世紀にいたる人体実験』、『人間狩り』がある。フランス語への翻訳として、クラウゼヴィッツ『戦争論』、カント『心身論集』、マルクス『フランスの内乱』、エルンスト・カップ『技術の哲学的原理』、ジョナサン・クレーリー『24/7――眠らない社会』、『KUBARK――CIA精神操作・心理的拷問秘密マニュアル』など多数。

ドローンの哲学
遠隔テクノロジーと〈無人化〉する戦争

二〇一八年八月一日　初版第一刷発行

著　者――グレゴワール・シャマユー
訳　者――渡名喜庸哲
発行者――大江道雅
発行所――株式会社 明石書店
〒一〇一-〇〇二一　東京都千代田区外神田六-九-五
電　話　〇三-五八一八-一一七一
FAX　〇三-五八一八-一一七四
振　替　〇〇一〇〇-七-二四五〇五
http://www.akashi.co.jp
装幀　　清水肇（prigraphics）
印刷・製本　モリモト印刷株式会社

（定価はカバーに表示してあります）
ISBN 978-4-7503-4692-2